既有建筑装配化外套加固技术及工程应用

苗启松 著

中国建筑工业出版社

图书在版编目（CIP）数据

既有建筑装配化外套加固技术及工程应用／苗启松
著．—北京：中国建筑工业出版社，2024.2
ISBN 978-7-112-29794-8

Ⅰ．①既…　Ⅱ．①苗…　Ⅲ．①建筑工程—加固　Ⅳ.
① TU746.3

中国国家版本馆 CIP 数据核字（2024）第 084176 号

本书共 9 章内容，分别为绪论、既有砌体结构加固方案比较研究、装配化外套结构关键连接技术、既有砌体结构装配化外套加固抗震性能研究、既有混凝土结构装配化外套加固抗震性能研究、既有结构装配化外套加固及隔震增层试验研究、外套加固结构沉降控制关键技术研究、外套加固结构专用设计软件和既有建筑装配化外套加固工程应用。

本书适合建筑结构抗震加固研究人员、设计从业人员等阅读参考。

责任编辑：李天虹
责任校对：张惠雯

既有建筑装配化外套加固技术及工程应用
苗启松　著

*

中国建筑工业出版社出版、发行（北京海淀三里河路 9 号）
各地新华书店、建筑书店经销
北京建筑工业印刷有限公司制版
天津画中画印刷有限公司印刷

*

开本：787 毫米×1092 毫米　1/16　印张：23　字数：571 千字
2024 年 7 月第一版　　2024 年 7 月第一次印刷
定价：**198.00** 元
ISBN 978-7-112-29794-8
（42114）

前　言

岁月不居，时节如流。倏忽之间，我步入土木行业已有 40 多个年头，从孜孜以求的读书岁月，到钻之弥坚的工作实践，我一直以热爱为由、专注为本砥砺奋进。经历了行业的发展与辉煌、转型与变革，物换星移几度秋，高楼大厦拔地而起，标准规范迭代更新，始终萦绕在我心头的是"让房屋更安全"的朴素理念。新建筑的安全度越来越高，可是 30 年前的老房子还安全吗？此类房屋又该如何加固呢？这才是城市房屋安全中最薄弱的一环，是亟须解决的民生难题！尽管对老旧住宅采用增大截面的传统加固技术也可以增强其抗震性能，但因其存在着经济成本高、入户施工难、环境污染大等问题，使得居民接受度非常低，从而在很大程度上制约了老旧住宅的解危工程进展。因此如何避免入户扰民，减小对既有建筑使用功能的影响，是快速推进老旧住宅解危的关键因素。那么我们能否给老旧建筑穿上"铠甲"，提高其防震能力呢？

本书提供的新型装配化外套加固技术，通过给老旧建筑穿上量身定做的"铠甲"，既有效增强了其抗震性能，也增加了老旧住宅的使用面积；而且由于其"装配化"特征，大幅缩短了工期，显著降低了加固成本，取得了良好的社会效益，深受居民欢迎。该加固方法是在房屋外围施工，不仅能提高房屋安全性，同时能提升房屋的舒适性，更能实现美化人居环境的社会效应，可谓一举三得。作者带领研究团队攻克了新方法所面临的"双重体系协调""新老结构连接"和"加固设计施工"三大难题，创新性地提出了"装配化外套加固理论"，研发了"变形协同控制技术"，构建了"全过程设计建造平台"，为提升老旧住宅抗震能力提供了切实可行的新方法和新途径。该项技术在国内外属首次提出，以聂建国院士为组长的鉴定专家委员会认为"项目成果创新性突出，应用前景广阔，达到国际领先水平"，荣获北京市科学技术进步二等奖。目前北京地区已推广应用该项技术近 100 万平方米。

本书从概念方案、构造设计、理论分析、试验验证到工程应用和推广，系统介绍了给既有建筑穿"铠甲"的科学方法和实践过程。全书共分九章：第一章为绪论；第二章介绍了既有砌体结构加固方案比较研究；第三章阐述了装配化外套结构关键连接技术，相关构件试验由中国地震局工程力学研究所和清华大学完成；第四章为既有砌体结构装配化外套加固抗震性能研究，相关的足尺结构试验由中国地震局工程力学研究所完成；第五章为既有混凝土结构装配化外套加固抗震性能研究，相关构件试验由清华大学完成；第六章为既有结构装配化外套加固及隔震增层试验研究，其中装配化外套加固砌体结构缩尺振动台试验和装配化外套加固低配筋混凝土结构缩尺振动台试验分别由南京工业大学和哈尔滨工业大学完成；第七章为外套加固结构沉降控制关键技术研究；第八章为外套加固结构专用设计软件；第九章为既有建筑装配化外套加固工程应用情况。

从"纸上得来"的理论研究，到"躬行践履"的实践检验，这中间是技术可实施化的艰难探索。在我砥砺深耕、奋楫笃行的求索过程中，得到了研究团队伙伴们的鼎力支持，在此向各位同仁致以最衷心的感谢和最诚挚的敬意！特别感谢中国地震局工程力学研究所、清华大学、南京工业大学、哈尔滨工业大学等兄弟单位的全力帮助！所有的技术革新史都是进行史，谨以此书为当下的老旧住宅略尽绵薄之力，若能成为未来老旧住宅加固技术革新的"垫脚石"，幸甚至哉！

在本书付梓之际，心中不禁感慨万千。当然，由于作者能力有限，难免有疏漏或不足之处，敬请广大读者批评指正。

作者

2023 年 12 月

目　录

第一章
绪　论

1.1 概述

随着全球经济发展速度的加快，各国都存在着一个至关重要的问题，就是旧房屋已不能满足现代经济发展的需求，而且占据大量的土地。但是拆除重建不仅费用太高，而且浪费了大量的时间，产生大量建筑垃圾。对既有建筑的改造是当前解决此问题的重要途径和手段。

第二次世界大战后，世界上经济发达的国家大致经历了三个不同的发展阶段：首先是大规模的新建阶段，其次是新建与修缮同步进行阶段，最后是对已有建筑物的维修、改造以及加固为主的阶段。在西方许多建国 50 年以上的发达国家，每年用于新建建筑的资金不到每年投入基础设施建设资金的 25%，也就是说，每年有 75% 的基建投资是用在旧建筑结构的改造加固上。

我国是世界上既有建筑存量最大的国家，目前既有建筑面积已超过 600 亿平方米。20 世纪 70 年代及以前的建筑，已超过原设计 50 年的使用年限，当初建筑标准较低，这些老旧建筑的使用功能差，且老化严重，存在安全隐患。根据国家统计局与住房和城乡建设部的数据，1980—2000 年我国新增住宅面积约 80 亿平方米，其中需要改造的约 40 亿平方米。建于 20 世纪 70~80 年代左右的老旧住宅小区普遍存在着基础设施老化、建筑年久失修、生命通道堵塞、交通组织不畅、停车矛盾突出、小区环境差、物业管理欠缺等诸多问题。近 20 年修建的诸多建筑也逐步进入功能退化期，亟待维修。大量的既有建筑存在安全性差、抗震性能差、耐久性不足、使用功能不完善、高能耗、舒适性不足等问题，不平衡不充分发展情况严重。如果把存在问题的既有建筑全部拆除是不现实的，并且是一种极大的资源浪费，还会造成严重的环境问题。

我国是世界上地震活动最频繁的国家之一，地处世界两大地震带——环太平洋地震带和地中海—喜马拉雅地震带的交汇区域。近几十年来，我国高震级地震频发，如邢台地震、海城地震、唐山地震、汶川地震、玉树地震、芦山地震、鲁甸地震等，均造成了大量人员伤亡和巨大经济损失。我国陆地面积约占全世界的 1/15，而大陆破坏性地震却占了全世界的 1/3。我国是世界上地震风险最高的国家之一，平均每 5 年发生 1 次 7.5 级以上地震，每 10 年发生 1 次 8 级以上地震。历史上，我国各省、自治区和直辖市均发生过 5 级以上的破坏性地震。我国地震多为浅源地震，震级高，破坏性大，城乡人口集中，房屋密集，地震时伤亡惨重。地震时人员伤亡有 90% 是由于房屋破坏倒塌以及伴随的次生灾害造成的，而我国城乡大量房屋设防标准偏低，房屋抗震能力普遍不足，小震大灾、中震巨灾的现象在我国频频发生，给人民生命财产带来巨大损失，也给国家社会稳定造成巨大影响。经过多年的努力，我国大部分新建建筑已具备了很好的抗震能力，但有相当一部分建设年代较早的建筑，由于当时经济水平的限制及规范的不完善，存在着大量未考虑抗震设防，或虽然考虑了抗震设防但抗震设防目标比较低的情况。

老旧小区更新改造已成为我国推进的重点项目和民生工程。城市建设发展已由增量扩张转变为存量更新，传统城市老旧社区推倒重来、大拆大建的改造方式已不适应新的发展需要。新形势下，城市老旧社区有机更新作为城市发展的必然，将会成为一项持续性的民生工程。"有机更新"理论原是吴良镛提出的城市规划理论，其核心思想是城市改造应顺应城市原有的肌理，实现有机秩序。随着经济社会快速发展和城市化进程加速推进，城市老旧社区设施陈旧、环境脏乱、治理不足等矛盾与问题越来越凸显，成为制约城市高质量发展的现实问题。近年来，党中央、国务院高度重视城镇老旧小区更新改造工作。2015 年，在中央城市工作会议上，习近平总书记提出要加快老旧小区改造。2017 年底，住房和城乡建设部在厦门、广州等 15 个城市启动了老旧小区改造试点工作，探索老旧小区更新经验。2019 年，住房和城乡建设部会同发展改革委、财政部印发了《关于做好 2019 年老旧小区改造工作的通知》，决定自 2019 年起将老旧小区改造纳入城镇保障性安居工程。从 2020 年 7 月国务院印发《关于全面推进城镇老旧小区改造工作的指导意见》，提出老旧小区改造是新时代背景下推进我国城市更新和存量土地开发建设方式转型的重要环节，到把"加快推进城市更新，改造提升老旧社区、老旧厂区、老旧街区和城中村等存量片区功能"写入"十四五"规划，该项工作已经成为中央推进的重点项目和民生工程。

既有建筑的抗震加固改造作为城市更新工作的重要部分，既可提高结构耐久性和稳定性，延长了建筑的使用年限，满足抗震设防要求和新的使用要求，也能取得显著的社会效益和经济效益。跟建造新结构相比，对既有建筑改造加固产生的建筑垃圾更少，投入的资金也会少一些，既节约了建筑资源，又不影响环境，符合可持续发展战略。若能够充分利用长期荷载作用下原结构的地基承载力增大值，基本不处理或较少处理地基就可实现结构改造，经济效益非常可观。随着人们生活水平不断提高，有些既有建筑物的使用功能已不满足现代生活的需求，但是直接进行拆迁重建，不仅费用昂贵，而且对周边环境影响较大。

在我国城镇建筑中，砌体结构与混凝土结构房屋存量巨大。砌体由块体和砂浆砌筑而成，其中块体主要指砖、砌块和石材等建筑材料，砌体结构是指承重构件由上述各种块体和砂浆砌筑而成的结构。由于砌体结构具有构造简单、施工简单、取材便捷、耐火性及耐久性良好等特点，是我国房屋建设工程中应用最为广泛的结构形式之一。混凝土结构充分利用钢筋的抗拉强度和混凝土的抗压强度，形成强度较高、刚度较大的结构，且具有耐火性及耐久性好等优点，我国多层建筑的楼盖、工业建筑以及大部分高层建筑都采用这种结构形式。

1.2 砌体结构加固研究进展

砌体结构具有悠久的建造历史，在人类建筑工程的发展史上占有十分重要的地位，如我国的故宫、长城、大雁塔、赵州桥等，国外如埃及的金字塔、希腊的雅典卫城、罗马的神庙和教堂等。砌体结构由黏土砖和砂浆两种材料砌筑而成，因易就地取材、施工简单方便、造价低、具有良好的耐久性和耐火性，有良好的隔声、隔热和保温性能，同时既是良好的承重结构，也是较好的围护结构，因此，从古至今砌体结构在国内外都得到了广泛的应用。

由于灰缝砂浆的存在，砌体在平行于和垂直于灰缝方向的力学性能具有显著差异，因此砌体材料具有典型的离散性和随机性。砖砌体的力学特征是抗压强度高而抗拉强度低，且整体性较差，由此导致砌体结构的抗震性能较差。历次震害调查表明，未经抗震设防的多层砌体结构在地震中破坏严重。1976年唐山大地震，砌体结构倒塌率为70%~90%；1993年云南普洱地震，多层砌体结构破坏率达到75%；2008年汶川地震，多层砌体结构破坏率达到50%。2015年6月，贵州发生三起砌体房屋倒塌事故，这些房屋仅在重力荷载作用下就产生了倒塌，若发生地震，可能会造成更大面积的砌体房屋倒塌。因此，研究砌体结构的抗震加固改造具有重要意义。

1.2.1 砌体结构直接加固法

砌体结构的直接加固法是指采用各类措施实现原构件截面承载力的提升。此类方法总结如下：

（1）水泥灌浆法

水泥灌浆是指利用灌浆泵或浆液自重，通过钻孔、埋管或其他方法把水泥浆液或以水泥为主要成分的浆液压送到岩体的裂隙、混凝土裂缝、接缝或空洞内的工程措施。水泥灌浆法通常适用于砌体结构裂缝的修补加固，根据灌浆的方式不同可以分为两大类：重力灌浆法和压力灌浆法。在工程上压力灌浆法应用比较广泛，这种方法通过设备产生的压力将水泥浆压入砖墙的裂缝中，使水泥浆和受损的砖墙之间产生可靠的粘结从而完成补强加固。经过水泥灌浆法加固的砌体结构能达到结构原本的强度，但不能有效提升结构的承载能力，因此需要和其他加固方法配合使用。水泥灌浆法适用于地震作用、温度应力和结构不均匀沉降等原因造成的砌体结构墙体裂缝的维修。

Wang等[1]将砂浆灌缝技术用于砌体墙片的加固中，将两片独立的墙片粘结成整体，并对施加了水平剪力和竖向轴力的加固模型进行了试验研究和数值模拟，结果表明对于损坏前加固的墙片承载力可以提高50%，对于损坏后加固的墙片可以恢复至未损坏时的承载力，采用的数值方法也可以较好地预测试验加载过程中墙片的破坏情况。

（2）面层加固法

面层加固法是增大截面加固法的一种，通过在待加固墙体侧表面增设加固材料面层，并利用加固面层的良好粘结性能同原墙体形成统一整体，以实现墙体受压、受剪承载力提升。一般包括钢筋网水泥砂浆面层加固法和钢绞线网—聚合物砂浆面层加固法。

面层加固适用于抗震措施及墙体抗剪承载力与规范要求相差不大的墙体，面层加固比板墙加固相对简单，可以不设基础，加固费用低，当原砌体的砌筑砂浆等级小于M2.5时，加固效果较好，应优先考虑采用。采用该方法加固后，墙体增加的重量较少，因此加固位置不必自下而上连续，可以根据抗震鉴定结果，仅对不满足抗震承载力要求的楼层或墙段进行加固；在底层进行加固时，面层不需要另设基础。

1）钢筋网水泥砂浆面层加固法

钢筋网水泥砂浆面层加固法即在砌体墙侧面增抹一定厚度的有钢筋网的水泥砂浆形成组合墙体的加固方法，可以显著提升构件的抗剪、抗弯承载力，同时提高砌体结构构件的抗震承载能力。此加固方法适用于提高竖向承载力的墙体加固，加固可选用单面或双面加固形式，在实际的工程中有较广泛的应用（如图1-1所示）。

图 1-1　钢筋网砂浆面层加固

在施工中，如果使用此方法加固砌体墙，首先剔凿抗震承载力不足墙体的表面抹灰层，整理干净后用拉结筋把制作好的钢筋网锚固在墙面上，最后用配置好的水泥砂浆或掺有细石子的混凝土进行墙体面层抹灰。加固后墙体的延性和抗剪、抗弯承载能力得到了很大程度的提升，结构整体性能也有所提高[2]。

许清风等[3]采用双侧钢筋网水泥砂浆加固砖墙，加固后砖墙的水平承载力提高幅度达2.5～6.1倍，耗能能力也得到明显提高。刘琛等[4]以一栋20世纪80年代典型三层砖砌体办公楼为原型，采用钢筋网水泥砂浆面层对其进行加固，对整个设计全过程进行探讨。刘沩等[5]对采用高性能水泥复合砂浆钢筋网薄层加固的空斗砌体进行了试验研究，并推导了加固墙片极限荷载承载力计算公式。王亭等[6]分别对2片未加固和钢筋网水泥砂浆抹面加固试件进行了低周反复加载试验，并将ANSYS数值模拟结果与试验结果进行了对比分析，验证了加固方法的可行性。

2）钢绞线网—聚合物砂浆面层加固法

钢绞线网—聚合物砂浆面层加固法是一种以钢绞线网片为增强材料，通过聚合物砂浆将其粘结在墙体表面的加固方法。钢绞线具有强度高、不生锈、柔软性好等优点；聚合物砂浆为水性高分子材料，不含有机溶剂，无有害挥发性气体，其抗压强度高，固化迅速，粘结性能好，耐久性和耐火性良好。采用钢绞线网—聚合物砂浆面层加固砌体墙片，可以充分发挥钢绞线网的高强度以及聚合物砂浆与原有砖墙的良好粘结作用。该加固方法主要的优点是对建筑物使用面积影响较小，即对墙体加固而言，同样的厚度可提高较高的抗震承载力，且具有优良的耐久性；缺点是施工工艺比较复杂，需要对钢绞线网进行锚固等操作。

尚守平和罗业雄[7]提出采用无机植筋代替设置穿墙拉结钢筋，采用试验方法完成了植筋参数对交接面抗剪强度的影响研究。通过对16个复合砂浆加固砌体试件的界面抗剪试验，拟合了考虑剪切销钉植筋面积的砌体—复合砂浆界面抗剪强度公式。周芬娟等[8]采用聚合物保温砂浆与钢筋网对砌体砖墙进行了抗震加固改造，通过低周反复加载试验验证其加固效果。

（3）板墙加固法

钢筋混凝土板墙加固是在原砌体墙体两侧或一侧增设现浇混凝土组合层，从而形成"砌体混凝土"组合墙体，使原墙体的抗剪承载力和变形性能得以大幅提升的一种加固方法。

钢筋混凝土板墙加固法的加固原理和施工工艺流程与钢筋网水泥砂浆面层加固法相类似。其中不同点主要体现在钢筋混凝土板墙加固法的面层使用了材料强度更高的混凝土，同时加固面层的厚度也更大，面层中钢筋的强度和配筋率均较高，经过钢筋混凝土板墙加固过的砖墙在受压承载能力和受剪承载能力方面改善明显。在混凝土板墙之间的交界处以及对应楼面处增设配筋加强带，可以代替圈梁、构造柱发挥作用，提高墙体的延性以及变形能力，增加结构的整体性。这种方法是目前砌体结构墙体加固中实际应用比较广泛的方法之一。

该加固方法施工程序为：剔凿抗震承载力不足墙体的表面抹灰层，不用处理墙体表面裂缝，然后在墙体表面进行钢筋网的绑扎，一般采用直径为10mm或12mm、竖向和水平间距为150～200mm的钢筋网，与墙体进行锚固从而提高墙体延性和抗震承载力，最后进行混凝土的喷射。该加固方法在施工过程中需要支模板，优点为耐久性和抗震性能好。由于墙体和混凝土是两种差别较大的材料，所以混凝土的强度应当尽可能地小，一般选C20即可，混凝土面层的厚度一般取60～100mm。板墙加固可大幅提高结构抗震承载力；当砌体结构的层数或高度超过规范限值时，需采用改变结构体系的加固方案，现行行业标准《建筑抗震加固技术规程》JGJ 116中规定，采用总厚度不小于140mm双面板墙进行加固，等同于增设钢筋混凝土剪力墙，改变了结构体系。采用板墙加固时，砌体实测砂浆强度等级不能太低，不宜低于M1，当砂浆强度大于M2.5时，板墙加固的加固效果较好。

钢筋混凝土板墙加固施工工艺简单，便于现场操作，主要缺点是现场施工需要进行湿作业，会导致建筑物的使用面积减少，对结构重量增加较多，不仅会改变结构所固有的特性，还可能致使原结构基础需要加固。

康艳博等[9]用混凝土板墙加固砖墙，完成了对比用墙片和加固后墙片低周反复荷载作用下的试验研究，给出单面和双面板墙加固方法的刚度和强度提高系数。于江和王萍[10]采用格构式钢板组合剪力墙对砌体结构进行加固，墙片试验结果表明加固方法可有效提高砖砌体的抗侧刚度、延性、耗能能力。

（4）外包钢加固法

外包钢加固法是指采用钢板或型钢包围在砌体构件的外表面或端角部位，利用高强灌浆料或结构胶将型钢直接粘结在被加固构件表面，并设置横向缀板或者套箍，施工时采用焊接的方式形成格构式空间骨架结构，以保证钢板与原结构具有良好的协同工作性能，适用于砌体截面尺寸受限，但又需要大幅度提高承载力的情况。

外包钢加固法的特点是二次受力，但用来加固的钢板材质厚度普遍比较薄，构件粘钢加固后二次受力状态不显著，所以此加固法较其他加固方式拥有很大优势。该方法现场施工工艺简单，周期短，钢板很薄，能尽量减少建筑面积的损失，且钢板加固设计灵活多样，其加固部位及范围可由设计需要来调整，能够大幅提高其抗剪、抗弯承载力及整体性，加固效果显著。但缺点是造价较高，钢材不耐高温，抗腐蚀性能较差。

Najif 等[11]采用捆绑钢筋的方式对无筋砌体进行加固以提高其抗剪承载力。Mustafa 等[12-13]采用钢箍带对砌体和混凝土墙进行抗震加固，试验结果表明墙体的抗震能力得到有效提高。

Thainswemong 等[14]采用钢带加固砌体墙片，采用 ABAQUS 和 SAP2000 进行了有限元数值仿真研究，与试验结果进行了对比，并提出了简化的承载力计算公式。

欧阳煜和刘能科[15]对外包钢加固受压砖柱的受力特点进行了分析，提出了外包钢加固轴心受压砖柱的极限承载力计算方法。

肖丹[16]针对板墙加固砌体结构出现超重的问题，提出采用外贴钢板加固砌体结构，并对其受力形式、受压与抗剪承载力进行了分析和有限元计算。

乾勇[17]对采用钢箍加固砖石古塔的抗震性能进行了数值模拟和试验研究。

杨威等[18]采用钢框加固和钢丝网水泥抹面加固两种方式，对开洞砌体墙片进行了加固和抗震性能试验，提出了优先采用钢框加固的建议。

张杰[19]采用 3～5mm 薄钢板用于砌体结构的抗震加固，试验研究结果表明，钢板可以显著提高砌体墙片的抗剪承载力，钢板厚度对加固效果影响显著，但屈服强度对墙体的承载力和延性影响不大，并且钢板在墙片底部的锚固非常重要。

（5）纤维增强复合材料加固法

纤维增强复合材料（Fiber Reinforced Polymer，FRP）是一种高性能型材料，包括碳纤维（CFRP）、玻璃纤维（GFRP）、芳纶纤维（AFRP）和玄武岩纤维（BFRP）等，具有强度高、自重轻、抗腐蚀性强、耐久性强等特点。FRP 材料的密度仅约为钢材的 1/8～1/4，CFRP 抗拉强度可达到 3000MPa 以上，其弹性模量大于钢材的弹性模量，GFRP 和 AFRP 的强度略低，但也达到 1500～2060MPa 以上，其弹性模量一般为钢材的一半左右。

纤维增强复合材料是纤维织物与环氧树脂等基材经胶合凝固后形成的高性能材料，利用化学粘结剂把高强复合材料粘贴到加固部位，可以有效提高构件的承载力和延性。纤维增强复合材料加固法有两种处理方式：外贴式与嵌入式。外贴式加固法是在建筑构件的表面粘贴纤维布或纤维板条，粘结剂一般使用环氧树脂等胶体材料，使纤维布或板条与构件共同作用，进而提升结构构件的变形能力，满足构件承载力要求。嵌入式需要在构件表面进行开槽，把胶体材料注入清理干净的槽内，然后在槽内放置纤维布或复合板条，构件完成养护后纤维材料能与构件整体受力，从而达到加固目的。

相较于其他砌体加固方法来说，粘贴材料加固法的特点是基本不会改变原砌体结构的受力状态和应力分布情况。加固时通常直接沿墙体裂缝发育方向粘贴布置于墙体表面，然后采用铆固、捆绑等方式完成粘贴材料的固定。此类砌体加固方法的优点是不影响原有结构截面尺寸和建筑物使用功能，能够显著提升既有砌体的强度及开裂性能，承载力提升幅度较大。但仍存在一些缺点，首先，对砌体墙片刚度提高不大，造价高且需要湿作业；其次，由于纤维粘贴材料通常处于室外露天环境，故对加固所处环境的要求相对较高，所用的粘结剂耐火性能差，因此这种加固方法不太适用于高温环境，如果发生火灾时，加固构件的承载力会因耐火性能差而急剧下降，对结构的安全性造成危害。

Bengi 等[20]对聚乙烯醇纤维砂浆面层加固的砌体墙片进行了试验研究，试验结果表明该加固方法对墙片竖向承载力提高并不明显，但对实心和空心砖砌体的水平剪切承载力的提高分别为 50% 和 250%。

Najif 和 Jason[21] 共同对纤维砂浆加固的砌体组合墙片进行了平面内和平面外的拟静力试验研究，组合墙片开洞，考虑了过梁的影响，结果表明与未加固墙片相比，纤维砂浆加固的墙片平面内承载力提高了 128%～136%，平面外承载力提高了 575%～786%。

Oliveira 等[22] 通过低强度的砖和砂浆制作古代砖砌体，采用 FRP 进行粘结加固，并进行了拉伸和剪切试验，提出了加固计算公式。

Robert 等[23-24] 对采用 CFRP 进行加固的黏土砖墙平面内抗剪性能进行了试验研究和精细有限元模拟，对墙体位移－承载力关系、裂缝的开展及 CFRP 的贡献进行了研究。

Lukasz 等[25] 在 2009—2013 年间对建于 14 世纪的波兰圣安教堂进行了长期的监测和高精度的测量，通过测量数据建立了砌体结构的三维有限元模型，并对结构进行了敏感性分析，采用了 CFRP 和钢拉杆等进行加固，数值分析结果表明结构最古老和破坏最严重的内殿需要加固，并在加固后的数年内需要对结构变形进行监测。

Terrence 等[26] 对旧金山一座具有一百多年历史的砖砌体结构基督教堂进行了加固，首先采用 Adina 对教堂进行了静力弹塑性分析，找出其中薄弱部位，然后将阁楼和周边砖墙采用尼龙材料进行拉结，采用钢筋混凝土墙对砌体砖墙进行加固，对部分砖柱采用了碳纤维布进行加固，增强了结构的整体抗震性能。

Gabriele 等[27-28] 介绍了一种计算方法，可采用各向同性的计算模型对采用 FRP 加固的砌体结构进行非线性分析，并进行了工程实践。

Vincenzo 等[29] 对采用 FRP 加固的既有砌体数值模拟方法进行了研究，采用非线性桁架单元模拟带状布置的 FRP，与试验结果对比验证了模拟方法的可行性，并对 2009 年发生的意大利 L'Aquila 地震中的 Camponeschi 宫殿进行了分析，较为准确地模拟了结构的破坏情况，对 FRP 加固后的结构也进行了分析和探讨。

Saleem 等[30] 对未加固和分别采用聚丙烯纤维（PP）及玻璃纤维（GFRP）加固的砖砌体房屋进行了 1/4 缩尺模型的振动台试验，其中加固时采用了最小配筋率 0.06%，FRP 纤维厚度和宽度分别为 0.5mm 和 20mm，纤维网眼宽度为 400mm，PP 纤维宽度为 50mm，其余网格布置情况与 FRP 相同。试验结果表明：未加固的砌体房屋在多遇地震下即呈现明显的脆性破坏特征；尽管没有出现倒塌，但采用 PP 加固的房屋在强震输入下也失去了继续使用的功能；由于采用 FRP 加固模型的配筋率仅为 0.06%，在强震输入下也出现了脆性破坏；但 FRP 和 PP 相结合稍微增加造价即可显著提高无筋砌体结构的承载力和耗能能力。

Saleem 等[31] 制作了 5 个 1/4 缩尺单层箱型带洞口模型，其中一个模型为无筋砌体模型，另外四个采用了不同数量和布置的纤维增强聚合物（FRP），数量通过纤维带的宽度、间距以及内、外表面布置进行区别。输入相同的地震动进行激励，并对模型的基底剪力、位移和破坏模式进行了分析，结果表明 FRP 可以大大提高无筋砌体的抗震性能。

韦昌芹与周新刚[32] 采用两种不同的加固方案，制作了 4 片砌体墙片，通过水平低周往复荷载试验研究了采用 CFRP 加固后砌体墙片的延性和承载力，提出了简易计算公式。并且在分析试验结果的基础上，建立了碳纤维应变与墙体侧向位移、墙体抗剪强度关系，提出了碳纤维加固墙体承载能力和变形的计算方法[33]。

黄奕辉等[34] 为了研究纤维增强材料包裹加固砖柱的轴压性能，进行了 42 个（14 组）玻璃纤维（GFRP）布全长包裹加固砖砌体柱和 12 个（4 组）未加固砖柱的轴压试验。试验结果表明，采用 GFRP 布包裹加固砖柱能明显提高轴压极限强度与峰值应变，加固后试件的极限强度与粘贴层数呈线性关系。提出了轴心受压砖柱的极限强度与峰值应变计算公式，与试验结果吻合较好。

刘丽[35]与谷倩[36]等采用试验方法验证了喷射玻璃纤维聚合物加固试件的抗剪承载力提高效果，试验结果表明其对抗震性能的改善以及保障洞口安全方面均优于粘贴碳纤维布加固方法。

左宏亮等[37]采用 ANSYS 模拟各种不同的碳纤维布粘贴方式，对各种碳纤维布粘贴方式的砌体墙片抗剪承载力进行计算和比较。在砖砌体墙表面粘贴的碳纤维布能够提高墙体的抗剪承载力、增加墙体的整体性、改善墙体抗震受力性能。

周德源[38]制作了 8 个带圈梁构造柱的墙片，其中 2 个墙片作为参照，2 个采用玄武岩纤维增强聚合物加固，另外 4 个墙片加载到一定的破坏程度后进行加固，然后再加载。进行了平面内的往复加载试验，并对试验结果进行了讨论，最终提出了相应的承载力估算方法。

杜永峰等[39-40]采用聚丙烯纤维砂浆加固多孔砖砌体墙片，对墙片在低周反复水平荷载作用下的破坏特征、裂缝发展过程、滞回特性、刚度衰减规律进行对比分析，探讨聚丙烯纤维砂浆加固多孔砖砌体结构对抗震性能的影响。

玄武岩纤维（BFRP）具有良好的物理、力学性能，且价格低廉，但其在震后受损结构加固中却未得到广泛使用。雷真等[41-42]通过墙片试验和一栋缩尺比为 1∶4 的三层砌体结构模型振动台试验，表明玄武岩纤维加固法可以提高砌体的抗震性能。

1.2.2 砌体结构间接加固法

砌体结构的间接加固法是指通过增设各类辅助构件来改变原砌体结构构件的传力途径或受力状态，即利用减小原构件荷载效应的设计思路来达到加固目的的一类方法。此类方法总结如下：

（1）外加预应力加固法

预应力是为改善结构或构件在使用条件下的工作性能和提高其抗裂性而预先施加的压应力，抵消服役期间由外部荷载产生的拉应力，提高构件的刚度，推迟裂缝出现的时间。人们最先是在混凝土结构中施加预应力来提高其刚度，此方法充分发挥了混凝土结构材料性能的特点。砌体结构的材料特性与混凝土十分相似，抗拉、抗剪强度远小于抗压强度，研究表明砌体结构抗拉、抗剪承载力约为抗压强度的 1/10，这也决定了砌体结构主要适用于以受压为主的构件。预应力混凝土结构问世后，预应力砌体结构的想法也被国外学者提出：在既有砌体结构的体外或者体内特定位置设置高强度钢绞线、型钢或者钢筋，通过对其施加预应力，使得预应力筋和既有结构共同受力、协同工作，进而提高既有结构的刚度和抗震承载力（如图 1-2 所示）。

对砌体施加预应力的方式一般有两种，即施加横向预应力和竖向预应力，横向预应力可以有效约束砌体，砌块开裂压碎后也能较好地保证整体性；沿着与砂浆缝垂直的方向施加竖向预应力提高了材料之间的摩擦，提高了砌体的抗剪承载力，延缓其开裂，该方法对结构影响小、工期短，但施工较为复杂。预应力筋的位置有体外预应力筋和体内预应力筋两种，体外预应力筋一般采用无粘结预应力筋；体内预应力又可分为先张法和后张法。

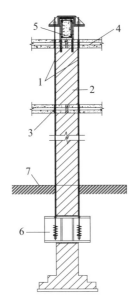 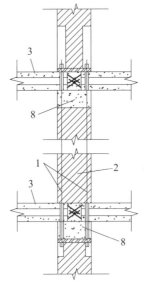

（a）多层墙体贯通加固做法　　　　（b）单层墙体加固做法

1—无粘结预应力筋；2—墙体；3—楼板；4—屋面板；5—压顶梁；6—基础传力垫块；7—首层地面；8—圈梁

图 1-2　预应力加固砖墙示意图

Ahmet 等[43]对后张法预应力箍带加固砌体结构进行了1/10缩尺模型振动台试验研究。Yang 等[44]采用无粘结预应力钢丝绳对无筋砌体进行加固，并对6个不同足尺试件进行了试验研究，结果表明提高了砌体墙体平面内抗剪承载力和延性，并提出了简化计算公式。

新西兰基督城艺术中心中的两栋石材砌体建筑在1984年采用后张预应力法进行了抗震加固，这两栋建筑在2011年坎特伯雷地震中表现良好，未出现严重破坏，而未加固建筑损坏严重[45]。

Jennifer 等[46]采用 DRAIN-2DX 对12个厚度为0.1m，宽度为0.81m，高度为3.54m，采用预应力加固的砌体墙片进行了数值模拟研究，得到了各构件的承载力与加载位移的关系，对预应力大小、砌体类型、材料弹性模量、预应力施加角度的影响进行了对比分析。研究结果表明，砌体抗拉强度、弹性模量及预应力筋的数量对构件极限承载力有直接影响。

Francesca 等[47]对黏土砖砌体墙的平面内承载力进行了试验研究和有限元模拟，还对横向及竖向均穿孔，并采用普通钢筋或预应力筋的砌体墙片进行了试验研究，结果表明该配筋砌体墙片具有良好的延性及耗能特性[48]。

Franklin[49]制作了足尺砌体试验模型，对不同的墙片分别采用了不同布置方式的玻璃纤维（GFRP）加固、施加竖向后张预应力加固，进行了水平往复加载试验，试验结果表明上述几种加固方案都是有效的。

尹新生等[50]在砌体墙上施加横向体外预应力，形成横向预应力砖砌体墙，并对横向预应力砖砌体墙进行抗裂、抗剪性能的试验研究。

周乐伟[51]在理论分析和砌体墙片预应力斜拉筋加固试验研究的基础上，对相关设计方法和施工工艺进行了探讨。

兰春光[52]、刘航[53-54]、韩明杰[55]和徐秀凤[56]等采用竖向无粘结预应力筋对砌体墙体进行加固，进行了大量的试验研究，结果表明该项加固技术可以大幅度提高砖砌体墙体的抗裂能力、受剪承载力和延性。徐秀凤[57]将基于性能的加固设计思想应用于砌体结构中，对后张预应力加固进行了试验和数值模拟研究。

（2）增设扶壁柱加固法

增设扶壁柱加固法是指在砌体外侧增设若干扶壁柱形成整体，对砌体起到支撑、限制等间接加固效果，从而提升原砌体结构的承载力和延性性能的一类砌体加固方法。该方法的特点是加固成本低廉，可在一定程度上强化砌体结构的整体性和稳定性，缺点是，在结构的受剪承载力方面不容易满足规范要求，对砌体抗震性能的提升效果较为有限。此外，由于扶壁柱加固砌体房屋在地震中并不能有效限制墙体内倾倒塌，通常不宜用作抗震设防地区的房屋加固。

增设扶壁柱加固法属于增大截面法的一种，当窗间墙或承重墙承载力不够，但砖砌体尚未被压裂，或只有轻微裂缝者，可采用此方法加固来提高砌体结构的承载能力和稳定性。扶壁柱的设置位置相对灵活，窗间墙以及横墙位置均可以新增扶壁柱。常用的扶壁柱有砖砌和钢筋混凝土两种，其优点是施工工艺简单，造价低。这种方法可以提高砌体结构的承载能力和整体稳定，但提高的程度比较有限，所以增设扶壁柱法的使用受到了很大的限制，仅应用于非地震地区。

（3）外加圈梁构造柱加固法

外加圈梁构造柱加固法属于增大截面加固法的一种。在楼、屋盖处增设圈梁（外墙设圈梁、内墙可设替代内墙去圈梁的拉杆），在砌体墙交接处等增设钢筋混凝土构造柱，形成约束砌体墙的加固方法。利用外加圈梁、混凝土柱，在水平和竖向将多层砌体结构的墙段加以分割和包围。构造柱与圈梁、地梁、基础梁整体浇筑，组成空间骨架，以提高建筑物的整体刚度和整体的延展性，形成对砌体结构墙体的有效约束，从而增加了建筑物的稳定性，加强建筑物的抗震能力。

我国很多砌体房屋在建造时没有把结构的整体抗震性能考虑进去，结构缺乏可靠的整体性连接，直接表现是结构未设置整体构造措施，或设置不满足要求，结构整体性很差，地震作用下这些房屋因整体连接效应差，易发生坍塌，必须进行整体性加固。

外加钢筋混凝土圈梁构造柱加固法（如图 1-3 所示）的普遍应用是在 1976 年唐山大地震发生之后，虽然圈梁构造柱的增设对砖墙的受剪承载力的提升作用不明显，但由于圈梁构造柱的增设使原本整体性较差的砌体结构拥有弱框架体系的结构特性，对于结构的整体性、延性以及耗能性能有着比较明显的提升，延缓了墙体裂缝的开展速度，使结构具有较好的抗倒塌能力。该加固方法主要是为了解决砌体结构整体性不足的问题。外加圈梁和构造柱不是为了提高结构的抗震承载力，而是为了提高结构的变形能力及延性。在进行加固时必须保证圈梁和构造柱的可靠连接，这是它们共同工作的重要前提，这可以避免地震来临时结

图 1-3 老旧砌体住宅圈梁构造柱加固

11

构的突然倒塌。新增构造柱的位置应在楼梯间四角、纵墙和横墙连接处及不规则平面的角落等应力比较集中的部位，且构造柱必须通高设置、不能错位，与圈梁形成一个封闭系统。外加的圈梁和构造柱可利用拉结钢筋等锚固措施与原墙体可靠连接，同时也应保证新增圈梁和构造柱与原圈梁和构造柱可靠连接从而使结构形成一个整体。该加固方法的重点和难点就是新增构件与原有构件的可靠连接及其与各层楼板和基础的锚固结点是否能具有足够的强度和刚度。此加固法在砌体结构的整体加固工程中应用很广泛，施工工艺也很成熟，但外加圈梁构造柱大多是现浇形式，作业方式复杂，且现浇形式混凝土部分需支模后浇筑并养护，施工周期一般较长，需要湿作业施工，而且还影响周围环境。对此方法进行改进，将现浇形式用预制形式替代，可较好地解决这个问题。

Rafaela 等[58-59]通过对各个加载步的构件开裂、屈服和倒塌情况进行三维有限元模拟，基于分步倒塌分析对老旧砌体建筑的抗震性能进行了评估，以葡萄牙里斯本的一栋建筑为例进行了研究，并对采用圈梁构造柱等几种加固方案加固后的建筑倒塌性能进行了比较。

徐荣桓[60]建造了采用圈梁构造柱加固的两层单开间砌体试验模型，进行了拟动力试验和数值模拟研究，结果表明外加圈梁和构造柱对砌体有较好的约束作用。

（4）隔震加固法

采用隔震技术对老旧建筑进行加固，可以减少输入上部结构的能量，将原来由建筑结构构件塑性变形吸收地震能量，转变为由隔震层隔绝和吸收地震能量，降低地震对上部结构的破坏，达到提高建筑结构抗震能力的目的，与传统抗震加固方法相比，其加固思想从原来的"硬抗"转变成为"疏导"，是一种全新的抗震加固思路。另外，基础隔震加固时，一般仅对建筑结构基础部分施工，不影响上部结构的功能和正常使用，是一种经济适用的抗震加固技术，特别适用于高烈度区需加固的中小学校舍、医院以及古建筑等。

减隔震技术也在砌体结构加固中得到了较好的应用，如：Antonello 等[61]对圣维森特修道院进行了抗震加固，该修道院为砌体结构，采用了隔震方式进行加固，在欧盟结构评估联合研究中心欧洲实验室进行了拟动力试验研究。

El-Borgi 等[62]对位于突尼斯市中心具有500多年历史的某宫殿抗震加固方法进行了研究，加固方法涉及增设钢框架、黏滞流体阻尼器等，并进行了有限元分析计算。

El-Attar 等[63]对建于公元1349年的某清真寺塔的抗震加固方法进行了分析，采用有限元方法对高阻尼隔震支座和竖向锚固钢筋加固的清真寺进行了分析。

Christis 等[64]对位于塞浦路斯首都尼科西亚的某教堂拟采用黏滞流体阻尼器进行抗震加固，并进行了有限元模拟。

Syrmakezis 等[65]对历史性建筑、纪念碑等的抗震加固方法进行了概述，其中包括消能减震方法。

Miguel 等[66]对葡萄牙某5层老旧砌体建筑加固方案进行了详细对比分析，包括增加钢筋混凝土墙、基底隔震、增设黏滞流体阻尼器等，最后采用了增设阻尼器方案。

Branco 等[67]以葡萄牙里斯本常见的"Frontal wall"为研究对象，利用NiTi合金超弹性力学特性，制成了超弹性阻尼器，对砖木结构进行了墙片进行了加固，并进行了拟静力往复加载试验研究。

张洪锟[68]对砌体校舍的隔震加固进行了研究，一般仅对建筑结构基础部分施工，不影响上部结构的功能和正常使用，是一种经济适用的抗震加固技术，特别适用于高烈度区需加固的中小学校舍。

北京西藏中学男生宿舍楼[69]，建于 1985 年前后，宿舍楼为地上 6 层，建筑面积 2564.4m²。该建筑为砖混结构，基础为条形基础，地上承重墙体 1～3 层采用 100 号红机砖、100 号混合砂浆砌筑，4 层以上墙体采用 75 号红机砖、75 号混合砂浆砌筑，楼板为预制圆孔板，圈梁、构造柱及现浇楼板的混凝土设计标号均为 200 号。场地类别为Ⅱ类场地，设计地震分组为第一组，后续使用年限 40 年。橡胶隔震支座设置在砌体房屋上部结构与基础之间受力较大的位置，如纵横向承重墙交接处等。

基础隔震技术应用在砖混结构加固工程中，墙体托换是重要环节，隔震支座施工难度较大。本工程采用双夹梁式托换，由墙体两侧的纵向托梁和横向抬梁构成，横向抬梁的作用有两个：一是对两侧托梁的拉接作用；另一个是通过砖墙的"内拱效应"承担大部分竖向荷载，然后传给两侧纵向托梁，最后转换成隔震支座处的集中荷载。而托梁下的隔震支座，因其竖向刚度非常大，可作为整个墙梁构件的竖向支座。施工工序为：水准测量→室内外土方开挖→施工放样控制标高→上、下横向抬梁定位及墙体开洞→隔震层上、下部托梁及横向抬梁施工→待上、下托梁混凝土强度达到 100% 后支撑特制千斤顶→设置竖向位移监测点及监测器→隔震支座设计位置处构造柱及墙体切割→隔震支座安装就位→隔震支座下支墩施工→隔震支座上支墩施工→切割隔震层墙体，实现结构体系转换→砌筑隔震沟、挡土墙→浇筑底层楼板，主要工序施工现场照片如图 1-4 所示。

（a）开挖

（b）墙体开洞

（c）托梁及抬梁施工

（d）支座安装

图 1-4　隔震加固施工步骤

 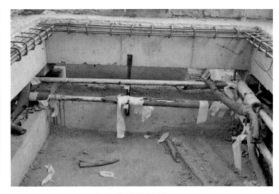

（e）支座上下支墩施工 　　　　　　　　　（f）管线软连接

图 1-4　隔震加固施工步骤（续）

1.3　混凝土结构加固研究进展

　　混凝土是由水泥、砂、石子、水、外加剂、掺和料等多种成分组成的一种性能多样化的材料。混凝土作为主导的结构材料用于土木工程已有一百多年的历史。混凝土结构出现于 19 世纪中期，距今已有 150 多年的历史，与砌体结构、木结构相比，混凝土结构的历史并不算长。但是，混凝土结构充分利用钢筋的抗拉强度和混凝土的抗压强度，可形成强度较高，刚度较大的结构，且具有耐火性及耐久性好，可模性好，维护费用低，结构造型灵活，整体性好的优点，适用于抗震结构。我国多层建筑的楼盖、工业建筑以及大部分高层建筑都采用这种结构。钢筋混凝土结构加固方法很多，有增大截面加固法、置换混凝土加固法、外包钢加固法、预应力加固法、改变结构传力途径加固法、外部粘钢加固法、减隔震技术加固法以及粘贴纤维增强复合材料加固法等，其中大多数方法已相当成熟。

1.3.1　混凝土结构直接加固法

（1）增大截面加固法

　　增大截面加固法是指在拟加固构件某一侧或多侧增加截面面积及配筋量提高被加固构件的承载能力的加固方法，使建筑物结构构件加固后达到承载力增加或者刚度提升的效果。在实施加固作业前，应对建筑物进行现场检测，结合计算分析结果，制定科学的加固方案，根据实际情况并考虑施工可操作性，可能为构件单侧、构件双面、构件三面及构件四面，用混凝土对其进行包裹，增大构件的截面面积，当单纯用混凝土加大截面面积后构件的加固性能达不到建筑工程抗震要求时，可以在外侧混凝土里适当插入钢筋或型钢，增强构件的承载力。

　　增大截面加固法可以有效增强建筑物结构的整体稳定性，主要应用于以混凝土结构为主的建筑工程项目（如图 1-5 与图 1-6 所示）。其加固效果与原结构在加固时的应力水平、材料性能、施工工艺、结合面构造处理及是否卸载加固等因素直接相关。

图 1-5 钢筋混凝土柱增大截面加固

图 1-6 剪力墙增大截面加固

（2）置换混凝土加固法

置换混凝土加固法是将现有结构或构件中的混凝土结构中强度、硬度较低、承受荷载能力较弱的缺陷混凝土凿除，换成强度等级较高并满足设计要求的混凝土，从而达到提升承载力的效果。

置换混凝土加固法施工较为简单，在实际工程应用中成本较低，对原有结构的加固效果明显，能完全恢复结构原貌，维持原有结构形式，保持原有整体（楼层）刚度，且不影响建筑物的使用面积和使用空间。根据实际工程情况，该加固方法可分为有支撑置换混凝土加固法和无支撑置换混凝土加固法，在置换混凝土过程中，若处理或操作不当则会对无需置换的构件造成不同程度的损伤，容易对原本混凝土结构内的钢筋造成损伤，说明施工过程存在一定风险性，需要对结构进行强度和稳定性验算。

（3）外包钢加固法

外包钢加固法是一种广泛采用的混凝土构件加固方法，通常采用型钢或钢板外包在原构件表面、四角或两侧，并在混凝土构件表面与外包钢缝隙间灌注高强水泥砂浆或环氧树脂浆料，同时利用横向缀板或套箍作为连接件，以提高加固后构件的整体受力性能，适用于需要大幅度提高截面承载能力和抗震能力的钢筋混凝土柱及梁的加固。外包钢加固法的优点是构件截面尺寸增加不多，同时其承载能力和抗震能力可大幅度提高；加固后原构件上的混凝土因受外包钢缀板的约束变成三向受力的约束混凝土，构件的延性得到提高；施工不需要模板，施工速度较快。

外包钢一般采用角钢，也可用槽钢或钢板，粘贴在外层的型钢可以对内部的混凝土起到良好的保护作用。在实际工程应用中，通常用于需要大幅度提升原本构件的承载力但又不允许结构的截面面积显著增大的情况。该加固方法对构件受力性能提升明显，对建筑物原有的空间结构影响较小，湿作业较少，但不适用于 600℃ 以上高温场所，且该加固方法容易造成大量的钢材浪费，加固成本较大。

外包钢加固法可分为干式和湿式两种。干式外包钢法，型钢和原构件之间无任何粘结，型钢与原构件不能整体工作，彼此只能单独受力，工艺简便，对周围环境影响小，但承载力提高不如湿式外包钢法有效。湿式外包钢法用乳胶水泥或环氧树脂化学灌浆等方法将角钢粘贴在柱四角，角钢之间焊以缀板相互连接，新旧材料之间有较好的协同工作能力，其整体性好，但湿作业工作难度较大。在荷载作用下，角钢套箍对核心混凝土有侧向约束作用，使混凝土的轴向抗压强度提高，但同时由于核心混凝土对角钢的侧向挤压，使角钢处于压弯受力状态，导致其受压承载力有所降低，且后加角钢存在应力滞后现象，承载能力难以充分发挥。

（4）粘贴钢板加固法

粘贴钢板加固法是采用高性能的环氧类粘结剂，将钢板粘贴在钢筋混凝土结构物的受拉区域薄弱部位，使钢板与混凝土形成统一的整体，用以代替需增设的补强钢筋，利用钢板良好的抗拉强度达到增强构件承载能力及刚度的一种加固方法。

粘贴钢板加固法适用于受弯或大偏心受压的钢筋混凝土构件，粘贴钢板所占的空间小，构件截面尺寸没有明显变化，对原构件的承载力和刚度却有明显提升。粘贴钢板加固法具有施工操作简单、湿作业工作量较少、额外增加的重量少、施工周期较短等优点，但不适用于高温和相对湿度较大环境。

采用粘钢加固的钢筋混凝土梁，其正截面承载力可按钢筋混凝土受弯构件正截面承载力的方法计算；当构件斜截面抗剪承载力不够时，可采用粘贴 U 形箍板或斜向钢板条进行加固。在钢筋混凝土结构构件采用粘钢加固时，其正截面的受弯承载能力提高幅度，不应超过 40%，并应验算其受剪承载力，避免因受弯承载力提高后而导致构件受剪破坏先于受弯破坏；其目的是为了控制加固后构件的裂缝宽度和变形，也是为了强调"强剪弱弯"设计原则的重要性。

1976 年，Solomon 等[70]通过对钢板夹心梁板结构的受弯试验研究，提出了一些关于正截面承载力计算的指导建议。1982 年，Jones 等[71]通过粘钢加固梁试验研究，得到了粘钢加固梁的受力破坏模式。对于约束混凝土的研究发现混凝土柱受约束后其强度、延性和极限压应变能达到非约束混凝土的数倍之高[72]。

（5）粘贴纤维增强复合材料加固法

粘贴纤维增强复合材料（碳纤维、玻璃纤维和芳纶纤维等）加固法，是指采用结构胶粘剂将纤维复合材料粘贴在原构件薄弱部位的混凝土表面，使之形成具有整体性的复合截面，与被加固结构形成整体，共同受力，以限制裂缝开展，提高构件承载能力和延性的一种加固方法。

粘贴纤维增强复合材料加固法几乎不会对构件的截面面积造成影响，具有施工简单、施工工期短的优点，适用于配筋较低或钢筋锈蚀严重的梁、板的抗弯和抗剪加固。

1975 年 Saucies 等[73]对使用玻璃纤维加固受弯构件进行了试验研究；1991 年 Saadatmanesh 等[74]对使用纤维片材加固梁进行了试验研究和正截面承载能力计算等。各国也相继提出了使用复合材料加固的规范或指导性文件，如 CEB-fib 的报告[75]，美国应用技术委员会的 ACI 440[76]等。

Eshghi 等[77]通过 3 个未加固对比柱及 3 个 CFRP 加固柱的抗震性能试验，对 3 种轴压比下 CFRP 加固柱的刚度衰减率进行了研究，研究发现，CFRP 可以有效减缓荷载峰值以后柱的刚度衰减。

Roy 等[78]在对 3 个钢筋混凝土柱进行 CFRP 抗震加固效果研究时，还考察了 CFRP 加固对柱纵向钢筋屈服的影响。研究发现，未加固对比柱的破坏发生在塑性铰区域且钢筋迅速屈服，而 CFRP 加固柱的裂缝出现在柱子与柱脚的连接处，钢筋屈服时刻明显延缓。由此可见，CFRP 加固可以有效地延缓柱内纵向钢筋的屈服，柱的抗弯性能得到提高。

Saadatmanesh 等[79]还对 GFRP 及 CFRP 加固钢筋混凝土柱的耗能性能进行了研究，

研究表明，CFRP 加固柱耗能性能好于 GFRP 加固柱的耗能性能。

Realfonzo 等[80]进行了角钢辅助 CFRP 或 GFRP 加固方柱的试验研究，分别在 0.2 和 0.4 两种轴压比下，采用 2 层和 4 层 CFRP 及 GFRP 对含光圆和变形两种钢筋的柱进行加固。

Perrone 等[81]将 CFRP 条竖向嵌入柱的拉压侧面并采用 CFRP 条带对柱进行横向加固，该加固方式可提高混凝土柱的承载力、延性及耗能能力。

Kim 等[82]采用 CFRP 条带对钢筋混凝土方柱进行了抗震加固研究。

Xiao 等[83]采用预制的 CFRP 复合板对搭接不足钢筋混凝土柱进行了抗震性能的加固试验，柱的长细比为 4.3，轴压比为 0.05。CFRP 复合板加固于柱的塑性铰区域。研究发现，CFRP 复合板加固柱的承载力比缺陷柱有明显提高。

Bailey 等[84]对 8 个经受高温的钢筋混凝土柱进行了 CFRP 抗震加固试验。研究中先将试件以 5℃/h 的速度升温至 50℃，冷却后采用单层 CFRP 进行加固，并进行抗震试验。研究发现，温度升至 50℃时柱极限承载力会下降至原强度的 50%，高温后柱呈现出明显的剪切破坏。CFRP 加固可以明显改善柱的抗震性能，加固单层 CFRP 后柱的极限承载力可恢复至未损伤柱的 98%。

1.3.2 混凝土结构间接加固法

（1）预应力加固法

预应力加固法是指在增设的补强杆件或在原构件被扩大的断面中，用预应力钢拉杆或型钢撑杆对结构构件进行加固的方法。其特点是通过施加预应力，强迫后加的拉杆或撑杆受力承担原构件的部分荷载，改变原结构内力分布，并降低原结构应力水平，致使一般加固构件中所特有的应力应变滞后现象得以完全消除，因而后加部分与原结构能较好地共同工作，使结构总承载力可以显著提高，可减小结构的变形、使裂缝宽度缩小甚至完全闭合。预应力加固法具有加固、卸荷及改变原结构内力分布的三重效果，主要适用于要求提高承载力、刚度和抗裂性及加固后占空间小的混凝土承重结构，尤其是高应力状态下的大型结构。

体外预应力就是设置在混凝土体外的预应力筋给混凝土施加的预应力。体外预应力混凝土也称无粘结预应力混凝土，是一种预应力筋直接设置在体外，或者预应力筋设置在混凝土体内，但无需进行孔道灌浆的无粘结预应力混凝土。体外预应力技术由于具有施工方便、经济可靠，预应力筋（束）可以单独防腐甚至可以更换等特点，可应用于混凝土结构的加固工程中。

（2）增设支点加固法

增设支点加固法是指在梁、板这样的大跨度构件的跨度之间增设支撑点，将多跨简支梁变为连续梁，通过减小构件跨度和改变构件内力分布的原理，达到增大原构件承载力的目的。该加固方法是借助于外用的支承点构件，而支承点构件可以按照工程需要自主选择安装和拆卸且施工简单，但由于一般的外用支承结构体积较大，对建筑物空间结构有较大影响，比较适用于整个建筑的加固，或适用于对使用空间要求不高的结构。

增设支点加固法的加固形式按增设支点的支承情况不同，分为刚性支点和弹性支点两种。刚性支点法通过支承结构的轴心受压或轴心受拉将荷载直接传递给基础或柱等构件，由于支承结构的轴向变形远远小于被加固结构的挠曲变形，对于被加固结构而言，支承结构在外荷载作用下没有竖向位移或位移小到可忽略，可简化按不动支点考虑，结构受力较为明确，内力计算大为简化。弹性支点法通过传力构件的受弯或桁架作用间接地将荷载传递给其他可作为支点结构的一种加固方法，由于传力构件的变形和被加固结构的变形属同一数量级，外荷载作用下新支点与原结构支座的相对位移较大，支承结构只能按弹性支点考虑，内力分析必须考虑变形协调关系，计算较为复杂。相对而言，刚性支点加固对结构承载力提高幅度较大，弹性支点加固对结构使用空间的影响程度较低。

（3）增设构件加固法

增设构件加固法是在原有构件基础上增加新的构件，用以减少受荷面积，改变建筑结构的受力体系或增加建筑结构的整体性，从而达到结构加固之目的。当原结构的结构体系明显不合理时，若条件许可，可通过结构体系的改变，使地震作用由增设的构件承担，从而保护局部构件不受损害。这类方法通过在原有结构构件以外增设构件来有效提高结构抗震承载力、变形性能和整体性，它主要是对某些承载力、变形不足的构件进行补偿。针对不同的结构可选取不同的构件，常用的有：增设墙体加固法、增设支撑加固法、增设柱子加固法及增设拉杆加固法。采用该方法时，必须要考虑所增设的构件对结构整体计算和抗震性能的影响。

以钢筋混凝土框架结构增设剪力墙为例，可以把框架结构转换成具有多道抗震防线的框架－剪力墙结构，显著增加了结构的抗侧刚度，减小了地震对结构构件的破坏程度，大幅提高了原框架结构构件的安全性。

增设剪力墙[85]是混凝土结构一种常用的整体抗震加固方法。剪力墙的布置通常是完全或部分地填充于框架的某些跨内，当完全填充于框架跨内时，需与梁和两根柱子有可靠的连接，后者成为剪力墙的边界单元。剪力墙加固可以改变既有结构的结构形式，使原来的侧向刚度较小的框架结构转变为具有多道抗震设防、侧向刚度较大的框剪结构，从而显著地降低结构的侧向位移，大大减轻主体结构构件的破坏程度。增设剪力墙抗震加固方法的不足之处为：它可能需要对基础进行加固以抵抗显著增加的倾覆弯矩，而基础加固通常施工难度大，费用比较高；增设的剪力墙须和相邻的梁柱构件形成一个整体，连接部位施工比较复杂；此外剪力墙还具有自重大，阻断了室内的使用空间等缺点。

增设钢支撑[85]是混凝土结构一种非常有效的整体抗震加固方法。与增设剪力墙相比，它具有不阻断室内的使用空间、自重轻、对建筑的使用功能干扰小等优点。钢支撑加固方法可分为带框架钢支撑加固和钢支撑直接加固两种方法，内嵌框架钢支撑加固框架的抗震性能优于钢支撑直接加固框架，但内嵌钢框架与混凝土框架之间的连接施工难度大，该抗震加固技术的费用比较高。

穆卫平等[86]以钢筋混凝土框架结构为研究对象，介绍了不同抗震加固方法的优缺点及其应用情况，通过对框架结构体系采用增设混凝土剪力墙加固、增设钢支撑加固、扩大截面法加固后结构内力变化分析和在罕遇地震作用下的弹塑性反应分析，为选择合理的加固方法提供依据。

常征等[87]采用增设钢支撑加固法对既有医院建筑钢筋混凝土框架结构进行了试验研究，并结合工程实例，汇总了医院建筑钢筋混凝土框架结构的抗震加固技术。

（4）减隔震技术加固法

消能减震技术是在建筑某些特定位置增设消能装置，与主体结构共同工作组成减震结构体系，当遭遇突发地震时代替主体结构消耗输入的地震能量，有效减小结构地震反应的抗震加固方法。此类技术具有加固修复高效、后期方便维护替换、对主体结构及建筑使用功能影响小等优势，目前作为一种积极有效的抗震加固手段，消能减震技术已成功扩展应用于各类住宅房屋和中高层民用建筑工程中。

曲哲等[88]介绍了一种摇摆墙体系在框架结构抗震加固中的应用。能够有效控制结构在地震作用下的侧向变形模式，且能够以多种方式与消能减震装置结合，提高结构的耗能能力，进而提升结构整体的抗震能力。

吴徽等[89]对某既有 8 层 RC 框架结构按照 1 : 2.5 的比例进行缩尺，制作一个两榀两层三跨的 RC 框架子结构模型。采用外贴防屈曲支撑 RC 框架的方式分别加固子结构模型每榀的中间跨，并进行拟静力抗震性能试验，结果表明防屈曲支撑在地震作用时耗散的地震能量占到结构总耗能的 66.9% 以上。

黄海涛等[90]利用附加防屈曲支撑（BRB）钢筋混凝土框架对既有钢筋混凝土框架结构进行减震加固。设计 3 榀钢筋混凝土框架，其中 2 榀为附加设置 BRB 加固框架的钢筋混凝土框架，另外 1 榀为纯钢筋混凝土框架以作对比。通过低周反复加载试验结果表明：所设计的附加钢筋混凝土框架、预埋件、连接构造受力可靠，附加设置 BRB 的钢筋混凝土加固框架具有良好的减震耗能能力，改善既有框架结构抗震性能。

郭子雄等[91]进行 3 榀采用摩擦耗能支撑修复震损框架试件和 2 榀对比框架试件在水平往复荷载作用下的抗震性能试验，研究成果可为震损框架的加固改造提供参考。

20 世纪 80 年代初期建造的北京市建筑设计研究院有限公司 C 座科研楼工程，采用装配整体式预应力板柱结构体系，存在整体刚度不足、耗能能力差、水平构件承载力不足、结构竖向安全性等问题，采用了核心筒周圈剪力墙增设 250mm 厚钢筋混凝土加强层、柱头增设腋撑式金属耗能阻尼器（如图 1-7 所示）、暗梁粘钢补强、板柱连接节点增设钢牛腿等加固措施[92]。

图 1-7　柱头增设腋撑式金属耗能阻尼器

1.4 装配化外套加固方法

1.4.1 工程背景

（1）北京市老旧砌体住宅

北京市于 20 世纪六七十年代建造了大量多层砌体结构住宅（如图 1-8 所示），很多采用了北京市建筑设计研究院有限公司编制的"64 住 2""73 住乙""74 住 1"及"76 住 1"等系列住宅标准图，在建造时无抗震措施。这些老旧砌体住宅除采用单纯砖混结构砌体结构形式外，还有大量的内模外砖结构（指外墙采用实心砖砌体嵌砌、内墙采用现浇混凝土墙的结构）、内浇外挂结构（指外墙采用外挂预制混凝土墙板、内墙采用现浇混凝土墙的结构）、内板外砖结构（指内墙采用预制混凝土墙板、外墙采用实心砖砌体墙的结构）。这些建筑至今已使用了 40 余年，多数未进行过抗震加固，存在着结构材料老化、整体抗震性能差、居住舒适度低的问题。据不完全统计，截至 2016 年底，北京市约有 1500 万 m² 老旧砌体住宅需要进行抗震加固改造。

（2）北京市前三门高层剪力墙住宅

北京市前三门地区有约 57 万 m² 的高层剪力墙住宅建于 1976 年左右（如图 1-9 所示），共 40 余栋，这批建筑多半有一层地下室，地上建筑层数为 10～16 层不等，层高均为 2.9m。建筑形式分为三种：第一种为两侧具有阳台的内廊式高层板楼；第二种为一侧阳台，另一侧外挑走廊的高层板楼；第三种为高层塔楼。以上建筑均采用内浇外挂式结构，其中内纵墙与内横墙采用现浇混凝土剪力墙，外墙板采用预制混凝土组合墙板，外墙为非承重围护结构，剪力墙未设置约束边缘构件，仅有门窗洞口处部分设置了粗钢筋，并采用 130mm 厚的预制混凝土楼盖，抗震性能低下。

图 1-8 北京市典型老旧砌体住宅　　　　图 1-9 前三门典型高层剪力墙住宅

（3）既有钢筋混凝土框架结构校舍

汶川地震中，钢筋混凝土框架结构校舍的抗震性能明显低于预期，中小学建筑中柱距一般较大，梁截面较大，容易导致强梁弱柱；以往的常规设计中未考虑楼板的影响，也导致了梁的抗震承载力高于柱承载力；框架结构相对较柔，地震作用下附属结构的破坏也导致了很多人员伤亡；框架结构的框架柱同时是抗侧力构件和承重构件，框架柱破坏后容易出现倒塌。

当原框架结构的梁柱承载力不足或抗震构造措施不足，但侧向刚度可满足要求时，可以对原框架构件采用增大截面、粘贴碳纤维／钢板、外包型钢等方法。当侧向刚度不足，可采用增大截面的方法。但上述直接加固原构件的方法会导致建筑功能中断。

直接对框架构件进行加固的方法成本较高，因此多数情况下框架结构采用增设抗震墙、翼墙、钢支撑、消能支撑等方法进行抗震加固。在校舍加固工程当中，针对校舍抗震构造措施不满足乙类建筑抗震设防标准的情况，而抗震构造措施的提高在部分情况下极难通过加固技术实现，并且构造措施的加固会极大破坏室内环境，学校无法正常上课。

以北京十一学校初中部教学楼抗震加固为例，该教学楼建成于 2000 年，为 5 层现浇钢筋混凝土框架结构，建筑面积 7000m²。依据《建筑抗震鉴定标准》GB 50023—2009、《建筑工程抗震设防分类标准》GB 50223—2008 相关要求及建设方实际需求，该建筑后续使用年限定为 50 年、重点设防类。经现场检测、原有图纸核查、抗震鉴定验算，该结构抗震构造措施及抗震承载力验算均不满足国家相关规范要求，需进行抗震加固。最终选用增设剪切型阻尼器（外贴式）加固方案，如图 1-10～图 1-13 所示，原框架边柱外侧增设短墙，用于阻尼器安置；边梁外侧加宽，用于约束短墙，边梁加宽部分，通过键槽、植筋、角钢卡件等与原边梁连接；短墙与阻尼器直接设置柔性连接；为减小新老结构连接设计的难度，限制单个阻尼器的出力上限为 250kN。同时，为避免因边梁加固造成结构出现"强梁弱柱"形式的破坏，对边梁加宽区域的配筋进行了严格控制。

北京十一学校高中教学楼采用钢筋混凝土框架结构，加固采用的金属剪切型阻尼器，在室内采用了与钢支撑组合布置的方式（图 1-14），对于边框由于建筑立面的限制，采用与初中部教学楼相同的外贴式。丰台实验学校综合楼为钢筋混凝土框架结构，采用外贴消能钢框架子结构方式加固（图 1-15），设置黏滞阻尼器减震。

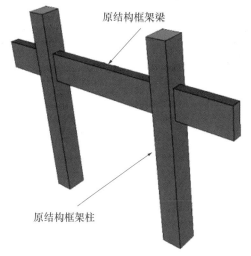

图 1-10　加固前示意图

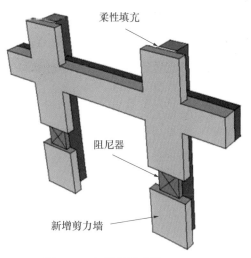

图 1-11　加固后示意图

图 1-12　加固施工中　　　　　图 1-13　加固后建筑立面

图 1-14　北京十一学校采用金属剪切型阻尼器加固　　　图 1-15　加固后的丰台实验学校综合楼

1.4.2　加固方法的提出

现行行业标准《建筑抗震加固技术规程》JGJ 116—2009 指出应从提高结构整体抗震性能的角度对结构进行加固，抗震加固应遵循以下原则：

① 结构抗震加固方案应根据抗震鉴定结果综合分析后确定，分别采用房屋整体加固、区段加固或局部构件加固，加强结构整体性、改善构件的受力状况，提高结构综合抗震能力。

② 减小扭转效应。加固的总体布局，应优先采用增强结构整体抗震性能和有利于消除不利因素的方案，宜尽可能使加固后结构质量和刚度分布较均匀、对称，应避免因局部的加强而导致结构刚度或强度突变。

③ 改善构件的受力状况。抗震加固设计时，应注意防止结构的脆性破坏，避免结构

的局部加强使结构承载力和刚度发生突然变化，以框架结构为例，加固后宜尽量消除"强梁弱柱"等不利于抗震的受力状态。

④ 减小场地反应。加固方案宜考虑建筑场地情况和现有建筑的类型，尽可能选择能减小地震反应的加固结构体系，避免加固后结构的自震周期与场地的卓越周期吻合，使加固后的地震反应减小。

⑤ 加强抗震薄弱部位的抗震构造措施。抗震薄弱部位、易损部位和不同类型结构的连接部位，其承载力或变形能力宜采取比一般部位增强的措施。

⑥ 新增的抗震墙、柱等竖向构件应有可靠的基础，但加固方案中宜减少地基基础的加固工程量，多采取提高上部结构抵抗不均匀沉降能力的措施。

⑦ 新增构件与原有构件之间应有可靠连接。抗震加固时，新、旧构件的连接是保证加固后结构整体协同工作的关键，应采取相应措施进行处理。

⑧ 加固方案应便于施工，尽量减少对生产、生活、环境的影响。应优先考虑外加固，减少对内部活动的干扰。

目前，我国抗震加固主要以传统加固方法为主，主要通过提高承载力和增加结构变形能力来实现。其中以提高承载力为目标的抗震加固方法，对于提高结构的抗震性能、减少地震损伤有很好的效果。典型做法如增设抗震墙和增设钢支撑框架。以增加结构延性为目标的抗震加固方法，主要集中于对框架梁柱的加固。典型的做法如粘钢加固法和粘碳纤维加固法。

基于"有机更新"理论核心思想，建筑结构抗震加固技术发展的理想模式是，尽量减小甚至消除加固施工对建筑功能的中断和影响，在不降低使用性能的条件下实现抗震性能的提升，就像有机体的新陈代谢那样，在发挥正常功能的同时完成有机体的更新。现行标准规范中的加固方法一般需要中断建筑功能的使用，对建筑内部装修和设施也会造成很大破坏；对建筑内部的普遍加固会导致抗震加固实施困难，造成巨大的资源浪费，加之在施工中造成严重的振动、噪声和粉尘污染，带来严重的环境污染问题，已难以适应当代经济社会可持续发展的要求，因而需要着力研究与推广新型抗震加固方法。有必要对可避免内部施工的抗震加固方法进行研究，以减少资源浪费、减轻对环境的污染、提高抗震加固的可实施性、保障生命财产安全。

以北京地区 20 世纪 70 年代常用的"74 住 1"户型为例，既有多层砌体住宅对加固方法有特殊的要求，具体表现为：

1）原结构抗震构造和承载力均不满足要求。以"74 住 1"户型为例（如图 1-16 所示），住宅纵向抗震承载力一般不满足要求，在外墙外侧采用板墙加固时，会占用阳台内的使用面积；住宅横向也不满足抗震要求，如采用常规加固方法则需要加厚内部墙体。

2）原建筑户型小、使用面积紧张，内部加固实施困难。仍以"74 住 1"户型为例（如图 1-16 所示），各户型的建筑面积均为 50 m^2 左右，卫生间使用面积不足 2m^2。如在加固时增加墙体厚度，会影响使用空间、造成户内原有设备管线及装修的破坏，势必会增加工程造价、延长工期，引起居民反对而导致实施困难。

3）施工工期紧张，对施工扰民问题敏感。住宅加固施工过程中，存在大量的噪声、粉尘污染问题，会对住户的日常生活造成很大影响，因此从避免扰民角度考虑应尽量缩短施工工期；另外，现场工期延长还会带来施工措施费、人工费等各种费用的增加，导致工程总造价上升；较长的施工工期还会带来施工安全性问题，更为难以处理。因此，需采用工期短、污染少的加固方案。

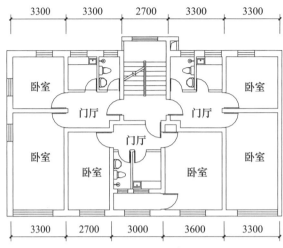

图 1-16　"74 住 1"甲单元建筑平面布置图

　　由于结构抗震性能较差，如采用传统的砌体结构整体抗震加固方法，如"钢筋网砂浆面层加固法""钢筋混凝土板墙加固法"等，需对建筑内部墙体同时进行加固，这就会造成建筑使用功能中断、原有内装修破坏、占用现有建筑内部使用空间等一系列问题，从工程可实施性角度而言，存在巨大困难。因此，为解决上述难题，从避免内部加固、减少入户施工、减少对住户影响、缩短施工工期的角度出发，北京市建筑设计研究院有限公司创造性地提出了一种基于装配式技术的综合加固体系，提出了采用装配化外套结构进行砌体住宅加固的方法（以下简称装配化外套加固方法），以推动既有多层砌体住宅抗震加固的实施。该加固方法的思路如图 1-17 所示，在既有建筑两侧增设装配式外套结构，横向和纵向分别外套和外贴预制钢筋混凝土墙，外套结构与既有结构紧密结合、共同工作，在外套结构基础底板下设置旋转钻进预制复合桩，调整外套结构与既有结构之间沉降差。

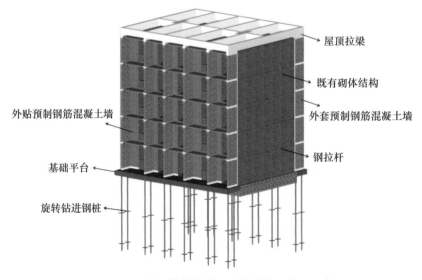

图 1-17　既有砌体结构装配化外套加固方法示意

加固后的砌体结构属于由砌体与混凝土两种材料组成的混合结构，加固后的混凝土结构则包含配筋率与强度较低的旧混凝土结构和配筋率与强度较高的新混凝土结构。该技术具有以下优点：1）安全可靠，抗震能力高；2）现场湿作业少，施工周期快，对周围居民干扰小，环境影响小；3）对住户干扰小，入户工作量小，居民不必搬出；4）保温节能及外立面装饰改造一体化解决；5）综合造价低，经济性好。这种体系化的整体式外套加固方案，改变了传统技术"头疼医头、脚疼医脚"的加固理念，通过附加延性及耗能更好的新结构，改善了老结构地震作用下的变形模式，从根本上改变了原结构抗震不利的动力特征。

装配化外套加固技术不仅适用于既有砌体结构，也可应用于既有高层钢筋混凝土结构。以前三门地区典型高层剪力墙住宅为例，加固前后的平面布置图分别如图 1-18 和图 1-19 所示。原有结构外墙为预制外挂墙体，无法承受竖向荷载和水平地震作用，承重墙体呈鱼骨式，结构抗扭性能差，抗震能力低下。外套加固后的结构具有以下优点：1）从根本上解决了抗扭刚度低下的问题，将原一阶扭转振型调整为平动振型，极大增强了结构的整体性和抗震能力；2）外贴纵墙能够承担大部分水平地震作用，间接地保护了内纵墙；3）外套横墙与既有横墙组成复合构件，大大提升了该方向的承载力；4）新加阳台增加了使用面积。既有混凝土结构装配化外套加固示意图如图 1-20 所示，该方案不仅适用于既有高层剪力墙结构，也可以用于低多层低配筋率剪力墙结构、内浇外砌和内浇外挂结构。

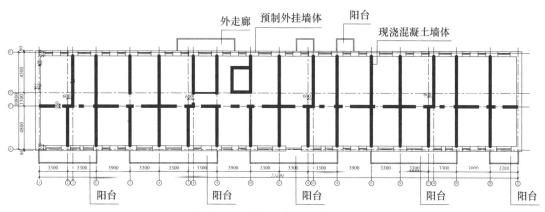

图 1-18 原有结构平面布置图

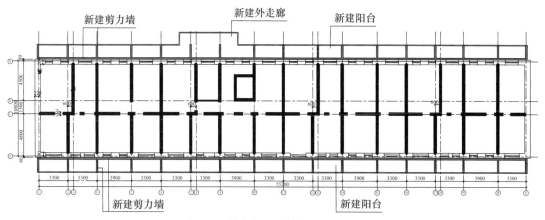

图 1-19 外套加固后结构平面布置图

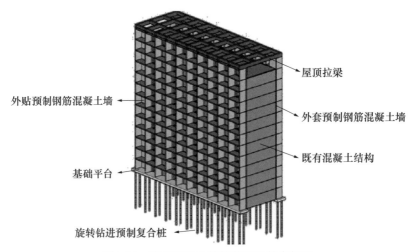

图 1-20　既有混凝土结构装配化外套加固

　　结构是作为一个整体来抵御地震作用的，保证整体结构的抗震能力才是实现抗震设防目标的根本。为此，首先要在充分理解结构"整体抗震性能"的基础上，认识到结构体系层次加固与构件层次加固相比的优越性。基于城市"有机更新理论"的核心思想，分析建筑结构抗震加固技术发展趋势，建筑结构"不入户加固"的新型装配化外套加固方法，更能体现可持续发展战略。

　　基于构件的加固方法和基于结构体系的加固方法各有所长，在实践中应结合工程具体情况综合制订加固方案。总体来说应以提高整体结构抗震能力的加固为主，以提高构件抗震能力的加固为辅。外套结构加固就是利用外套结构与原有结构的协同工作，改变原结构的结构体系，进而改善原结构的受力状态和变形模式，从而提高结构的整体抗震性能，是一种基于结构体系的加固方法。建筑产业化的关键是工业化生产和施工，既有建筑装配化外套加固技术可以将抗震加固和建筑工业化有机结合，最大限度地实现建筑工业化生产和施工，实现高效抗震加固。

　　外套结构加固方案分为分离式和整体式两种：分离式加固方案由于新、旧结构的质量、刚度的差异，地震中容易引起相互碰撞，引起房屋破坏甚至倒塌；整体式加固方案受力模型比较复杂，目前尚无合理可靠的计算方法，需要结合原结构的抗震性能进行专门研究。外套结构加固方案另一个突出优点就是能够和结构加层联系起来，大规模地拆建或新建房屋，会造成资源的浪费，投入大、速度慢，故采用加层改造技术是旧房改造的发展方向之一。对旧房进行外套结构加层改造既可以增加建筑的使用面积，又可以改善房屋的使用功能，对缓解城市建设用地紧张、改善人民居住条件都具有现实意义。

　　为贯彻国家生态文明建设要求，结合中国新型城镇化建设需求，积极开展预制装配式混凝土结构建筑产业化关键技术研究，提升建筑产品品质、提高建造效率、减少劳动用工，实现建筑业资源节省、节能减排、绿色环保可持续发展目标，具有十分重要的意义。既有建筑装配化外套加固技术可最大限度地实现建筑工业化生产和施工，节能减排。

1.4.3　关键科学技术问题

　　采用装配化外套结构方法加固后的砌体结构属于由砌体材料与混凝土组成的混合结

构，超出我国相关规范的要求。由于国外采用砌体结构的国家多为第三世界国家，发达国家的这种结构类型很少，且多为文物建筑类，因此，国外并无相关领域的研究内容。国内少部分学者曾对采用外套结构加固砌体房屋的方法进行过理论方面的计算分析，但并无相关试验研究及工程应用。既有低配筋混凝土结构外套加固与既有砌体结构外套加固的方法和原理类似，目前国内外相关领域的研究极少。

项目组依托北京市住房和城乡建设委员会建筑结构抗震加固专题重大项目《老旧住宅抗震加固工业化成套技术研究》和《前三门地区低配筋高层剪力墙结构加固改造综合技术研究》，以既有结构与装配化外套结构共同工作的机制为主线，对砌体结构装配化外套加固、低配筋混凝土结构装配化外套加固等关键问题进行研究。为支撑装配化外套加固技术工程应用推广，需解决如下关键科学技术难题。

（1）加固结构抗震和抗倒塌能力验证

从装配化外套加固技术的机理出发，结构横墙方向为由既有砌体或混凝土墙片与外套预制混凝土墙片组成的组合构件，纵墙方向为既有砌体或混凝土墙片与外贴混凝土墙片组成的三明治型墙片，整体结构由原来仅依靠既有结构自身抵抗地震作用，转变为新老结构共同受力具有多道抗震防线的混合结构，减小了结构的层间变形，降低对既有结构的损伤破坏程度，解决既有结构的地震安全性问题。

从构件和整体结构两个维度入手，结合理论分析、数值仿真和试验研究等手段，论证其刚度、承载力、塑性变形能力、耗能能力和抗倒塌能力能否满足现行国家标准的要求，能否达到"大震不倒"的抗震设防目标。探索结构在地震作用下的破坏原因、倒塌机理和倒塌模式，为装配化外套加固方法的完善和应用提供科学技术支撑。

（2）新老结构连接技术

既有建筑结构外套加固后的结构实属二次组合结构，加固材料与旧混凝土材料之间的界面问题，随加固材料的不同各有特征，是一个非常复杂的问题，新旧材料结合性能的好坏直接关系到加固效果。结构受力时，尤其是当临近破坏时，结合面会出现拉、压、弯、剪等复杂应力，特别是受弯或偏压构件，结合面的剪应力是相当大的。新旧材料能否共同工作，关键在于结合面剪力能否有效地传递。许多试验表明，新旧材料结合面往往是一个薄弱环节，其抗剪强度远远低于整浇结构材料的抗剪强度，外套结构中混凝土的收缩、弹性变形、塑性变形、徐变等与旧砌体或混凝土存在差异，甚至出现裂缝，结合面上抗渗、抗冻性能均会降低。

为确保新旧材料共同工作的可靠性、耐久性，需攻克新老结构连接技术难题，提出新型节点构造形式，并对加固结构的结合面和相应的节点进行大量的试验研究，确保新老结构可以有效地共同工作。

（3）外套结构沉降控制技术

在装配化外套加固方法中，不均匀沉降会使外套加固建筑的使用寿命降低并且还会影响到建筑的使用安全。采用外套预制结构加固既有建筑结构时，既有结构的基础沉降变形已经趋于稳定，但外套结构的基础沉降还未完成，外套结构与既有结构基础存在沉降差。当加固结构的地基产生不均匀沉降时，就可能会引起上部结构的变形，破坏新旧结构的内力平衡，引起结构内力重分布，在结构某些部位产生裂缝。沉降严重时还会引发建筑物结构整体倾斜，甚至整体倒塌。因此，外套预制结构应与既有结构紧密结合、共同工作，这不仅关系到结构正常使用的安全，还与结构抗震安全息息相关，外套结构沉降控制技术是保证结构整体性的关键。

对于既有建筑装配化外套加固来说，由于施工场地窄小、障碍物多，还需满足市区施工的绿色环保要求，其基础和施工难度很大，同时为配合上部结构加固，外套结构沉降控制技术还应满足工业化要求。

1.5 研究内容与方法

1.5.1 研究内容

主要研究工作包括以下几个方面：

（1）多层砌体结构装配化外套加固关键技术研究

以北京市于20世纪70年代建造的多层砌体结构住宅为研究对象，进行构件试验、外套预制结构加固足尺模型试验和加层结构缩尺模型振动台试验研究，作为多层砌体结构装配化外套加固技术的依据，并编写相关技术标准和图集，完善多层砌体结构装配化外套加固的技术体系。

（2）低配筋混凝土结构装配化外套加固关键技术研究

以北京市前三门地区的40余栋高层鱼骨式低配筋率剪力墙结构住宅为研究对象，进行构件试验、外套预制结构加固结构缩尺模型试验和加层结构缩尺模型振动台试验研究，作为低配筋混凝土结构装配化外套加固技术的科学依据，完善混凝土结构装配化外套加固的技术体系。

（3）外套加固结构沉降控制关键技术研究

由于外套结构的桩基础离原房屋外墙距离仅有1m左右，常用桩型较难施工，针对新老结构不均匀沉降难题，为与外套预制结构工业化技术体系相适应，研发了新型旋转钻进预制复合桩，采用专用机械旋转钻进方式成桩，之后进行桩端、桩侧后注浆，从而形成一种钢桩与注浆体组成的复合型桩基，并进行了试验研究。

（4）设计与施工平台研发

对既有建筑装配化外套加固技术中特有的施工过程模拟问题，开发了相应的结构设计软件，可大幅提高相关工程设计的工作效率，具有良好的推广应用前景。对新型旋转钻进预制复合桩施工技术进行了研究，开发了配套专用施工机械。

（5）工程应用研究

对装配化外套加固技术在多层砌体结构、低配筋混凝土剪力墙结构中的应用进行了研究。

1.5.2 研究方法

在研究过程中，将理论分析、数值模拟和试验研究三种方法密切结合。具体操作时循序渐进，先开展理论分析和数值模拟，然后与试验结果进行对比验证，再推广到实际工程结构的应用中。

（1）理论分析的方法

由上述传统结构加固方案可以看出，尚未有能够很好地满足施工便捷、施工工期短、现场湿作业量小、抗震性能提高明显等要求的结构加固方案。首先对国内、外砌体和混凝土结构抗震加固技术进行了总结和归纳，分析其中各种加固方法的优缺点。针对学科和工程重大需求，从问题的基础根源出发，采用理论分析等方法，结合既有结构的具体特点，提出一种较为可行的加固概念方案。

（2）数值模拟的方法

装配化外套加固方法需要进行大量的构件试验研究和大型的整体结构模型试验研究，试验复杂、周期长。结构试验价格昂贵，包括结构模型的制作、试验加载架、加载仪器、防倒塌装置、拆除费用等，因此，可进行试验的试件数量是有限的。由于受到众多因素的影响，结构试验的前期方案设计必须通过数值模拟解决，通过定性地评估结构性能随这些因素的变化规律，从中选取具有代表性的因素加以试验验证。

对于大型整体结构模型试验，其前期设计方案复杂，试验方案的科学制定，试验过程测点的最佳位置、仪表量程选择都需要大量的数值模拟提供理论指导。此外，数值模拟可以直观地显示结构模型中不易观察到的试验现象，如钢筋应力、混凝土应变等，在结构试验量测中经常出现应变计失效导致不能测量数据的情况，而数值模拟则可以实现连续动态观察，通过计算机执行的数值分析模拟结构或构件实际受力全过程反应，结合少量实测资料对不同参变量作系统分析，是改进复杂结构设计理论的有效方法。

数值模拟可以加速理论、试验研究的进程，是试验研究顺利开展和成功的重要保证。在装配化外套加固技术的概念方案提出后，即采用数值模拟的方法对其与传统加固方法进行了对比研究，并对加固结构的抗倒塌能力进行了定量分析。

（3）试验研究的方法

为考察新老结构的连接性能、加固后整体结构的抗震性能，需要进行大量的构件试验研究、大型的整体结构模型拟静力和拟动力试验、整体结构缩尺模型振动台试验研究。

1.6 本书主要内容

本书针对既有建筑装配化外套技术及工程应用，首先通过理论分析对既有建筑装配化外套加固方案进行了概念设计，然后通过数值仿真手段对装配化外套加固方法在实际工程中的加固效果进行了定量评估，并与其他传统加固方案进行了对比分析，在此基础上对装配化外套加固方法进行完善，接着以实际既有结构为原型，设计了外套加固结构、装配化外套加固的既有砌体结构、装配化外套加固的低配筋混凝土结构、装配化外套加固并隔震增层结构，从中提炼出典型构件、连接节点和结构形式，通过试验研究和数值模拟相结合的方法，对采用装配化外套加固方法加固的既有结构抗震能力进行论证，接下来研发了旋转钻进预制复合桩和专用施工机械，解决了既有结构与外套结构之间不均匀沉降的难题，形成了装配化外套加固技术体系，并设计了专用加固结构设计软件，为其应用推广奠定了坚实的基础，最后结合北京市老旧小区房屋抗震节能综合改造工程，对实际工程应用进行了详细介绍。本书的主要内容如下：

1）第一章　绪论。首先介绍了既有建筑加固的研究背景，从国内外对既有砌体结构、混凝土结构加固研究两方面，综述了现有的加固方法、理论研究、数值模拟和试验研究现状，介绍了既有建筑装配化外套加固方法的理论基础和关键技术。

2）第二章　既有砌体结构加固方案比较研究。提出了针对既有砌体结构加固的倒塌数值仿真方法，基于 IDA 的结构抗倒塌能力评价方法，以既有工程案例建立圈梁构造柱加固方案、钢筋网砂浆面层加固方案、装配化外套加固方案的有限元模型，并以未加固模型作为对比，进行抗倒塌能力分析和定量评估。

3）第三章　装配化外套结构关键连接技术。为研究装配化外套结构的抗震性能，开展了一系列连接节点试验研究，包括预制剪力墙型钢连接、预制剪力墙抗剪键连接和预制剪力墙型钢法兰螺栓连接的抗震性能试验研究，旨在研究装配化外套加固方法在连接层面的力学性能。

4）第四章　既有砌体结构装配化外套加固抗震性能研究。根据北京地区常见砌体住宅结构布置，并在第三章连接层面的研究基础上，设计并制作了外贴预制墙板，进行了拟静力试验，设计制作五层足尺砌体结构模型进行拟静力试验和拟动力试验研究，并在以上试验研究的基础上开展了砌体结构破坏机理理论分析与设计方法研究，以有限元分析的手段进行了老旧住宅加固方案参数分析与优化工作。

5）第五章　既有混凝土结构装配化外套加固抗震性能研究。以前三门高层剪力墙住宅抗震加固工程的低配筋剪力墙结构为例，在第三章连接层面的研究基础上，开展单边、双边加固的抗震性能试验、1/2 缩尺的整体模型的拟静力和拟动力试验，分析并评估了外套加固技术对结构抗震性能影响。

6）第六章　既有结构装配化外套加固及隔震增层试验研究。针对采用隔震增层的装配化外套结构加固砌体结构和低配筋混凝土结构上的抗震性能，分别对北京市 76 住 1 或 73 住乙结构体系的砌体结构房屋，以及既有前三门高层低配筋剪力墙住宅，开展了外套加固及增层隔震振动台试验。

7）第七章　外套加固结构沉降控制关键技术研究。考虑到不均匀沉降控制、装配化和施工便捷性这三方面的需求，提出了一种新型的旋转钻进预制复合桩。对外套结构加固采用的旋转钻进预制复合桩进行了机理分析、试验研究和工程桩试桩的压桩试验，最终予以定型，提出了该桩型的设计方法。

8）第八章　外套加固结构专用设计软件。对既有砌体装配化外套加固设计难点进行了论述，开发了专用分析设计软件 Fecis-RM，解决了现有软件的应用限制，满足砌体加固的设计需要，并可推广到其他类型既有结构装配化外套设计中。

9）第九章　既有建筑装配化外套加固工程应用。选取既有砌体结构、低配筋混凝土结构和钢筋混凝土框架结构作为典型实际工程案例，对装配化外套加固的应用情况进行详述，包括加固设计方案、构造措施、计算分析、施工过程和绿建改造等。

第二章

既有砌体结构加固方案比较研究

2.1 概述

如何改善砌体的脆性性质，增强其抗震性能是工程界普遍关心的问题。分析老旧砌体结构在强震作用下的倒塌破坏原因和破坏机理对指导老旧砌体住宅的抗震加固工作、提高砌体结构抗地震倒塌能力具有重要意义。目前，针对既有砌体结构的传统加固手段主要有圈梁构造柱加固法、钢筋网砂浆面层加固法和板墙加固法：

1）圈梁构造柱加固法［图 2-1（a）］

当圈梁设置不符合结构抗震设防要求时，当纵横墙交接处存在明显缺陷时，当结构整体性较差时，应增设圈梁进行加固。外墙圈梁宜采用现浇钢筋混凝土，内墙圈梁可用钢拉杆或在进深梁端加锚杆代替。已有试验表明，采用构造柱和圈梁等延性构件对砌体结构形成分割、包围，必要时在墙体内设置水平拉结钢筋的构造措施，可提高砌体结构的变形能力及耗能能力。

2）钢筋网砂浆面层加固法［图 2-1（b）］

钢筋网砂浆面层加固法主要应用于墙体受压承载能力、抗侧刚度严重不足时候的加固。通常在除去原有墙体粉刷层后，在墙体两侧附设直径 4～8mm 的钢筋网片，然后喷射砂浆或细石混凝土，俗称夹板墙。夹板墙可以大幅提高砖墙的承载力、抗侧刚度以及墙体的延性。对于承载力严重不足的窗间墙或楼梯踏步承重墙，需要在墙的四角外包角钢，以提高其承载能力。

3）板墙加固法［图 2-1（c）］

板墙加固法是在砌体墙侧面浇筑或喷射一定厚度的钢筋混凝土，形成抗震墙的加固方法。当墙体承载力不满足规范规定或设计要求时，可以采用此方法。

常用的各类加固方案或多或少都存在着一定的局限性，主要问题归纳为以下几点：

1）需要入户施工，居民需搬迁。政府难以安排大量周转房来解决加固房屋居民的居住问题。同时，居民周转工作的组织、实施的难度也比较大。

2）需要较大的施工场地，对社区居民影响很大，扰民严重。

3）传统加固方法主要为现场浇筑或喷射混凝土施工，现场施工质量控制难度大，喷射混凝土反弹量大，浪费较多，对施工场地周围环境影响比较大。

4）抗震能力较低、影响建筑外观。施工周期长，传统砌体结构加固方案的施工周期约 4～6 个月。

综上所述，传统的圈梁构造柱、钢筋网砂浆面层和板墙加固法为现场湿作业且噪声较大，其中钢筋网砂浆面层和板墙加固法虽然具有较好的加固效果，但都需要入户施工，居民协调困难，且板墙加固法还会导致室内面积减少。

装配化外套加固法［图 2-1（d）］是在既有多层砌体住宅两侧增设外套结构，从而达到纵、横两个方向加固的目的。

基于砌体结构倒塌数值仿真技术，对采用不同加固方法的砌体房屋抗倒塌能力进行对比研究，为砌体抗震加固方法的选择提供科学技术支撑。详细论述了基于 ABAQUS 平台的砌体结构倒塌数值仿真方法，以既有工程项目为例，选取多组地震波，对不同加速度幅值激励下的结构进行倒塌数值仿真，对未加固和加固后的砌体房屋地震下的抗倒塌能力进行评估和对比，分析结构倒塌过程和地震响应，得到地震强度与结构倒塌概率的关系曲线，获得结构的平均抗倒塌能力和结构的倒塌储备系数[93-95]，并将上述成果作为既有砌体结构抗震加固的重要支撑。

（a）圈梁构造柱加固法

（b）钢筋网砂浆面层加固法

（c）板墙加固法

（d）装配化外套加固法

图 2-1　既有砌体结构加固方法

2.2　砌体结构倒塌数值仿真方法

基于显式有限元法的结构倒塌数值仿真方法涉及结构构件单元的类型选取、材料的动力本构、构件接触等问题。

2.2.1　单元类型选取

结构构件一般包括梁、柱、剪力墙、楼板等，各种构件单元类型选取如下：

（1）墙体和楼板壳单元模型

砌体墙体的有限元模型主要有两种不同的模式：1）分离式模型，即将砌块和砌块之间的灰缝按实体单元建模，分别采用不同的材料模型，并将砌块与灰缝的交界面处做接触单元处理，考虑粘结、滑移等效应。离散式模型适合墙片模型建模，不适用于整体结构建模。2）整体式模型，即将整个砌体墙体视为各向同性的均匀连续体，忽略块体与砂浆间的相互作用。整体式模型忽略了砂浆之间的相互作用，不能区分灰缝的开裂、块体滑移及开裂等失效机理，关键在于材料模型的本构关系、破坏准则的选取，但适用于整体结构建模。砌体墙、钢筋混凝土墙和砌体结构外纵墙与外贴钢筋混凝土墙组成的组合墙采用整体式模型分析时，可采用分层壳单元模拟。

壳单元主要用于模拟厚度方向尺寸远小于另外两维尺寸，且垂直于厚度方向的应力可以忽略的结构。ABAQUS 中三维壳单元有三种单元列式：一般壳单元、薄壳单元和厚壳单元。对于壳单元来说，其每个单元节点上有 6 个自由度。当一个薄壁构件的厚度小于整体结构尺寸（一般小于 1/10），并且厚度方向的应力可以忽略时，ABAQUS 建议用壳单元模拟构件。

对于钢筋混凝土剪力墙和楼板，假设混凝土层和钢筋层之间无相对滑移，将钢筋和混凝土作为一个整体考虑，即视为连续均匀材料，采用分层壳单元模拟，钢筋对于结构的贡献通过 Rebar Layer 来实现，如图 2-2 所示。Rebar Layer 法是将钢筋以钢筋层的形式引入实体单元中去，钢筋层通过三维壳单元或者膜单元模拟，通过材料属性（Property）定义将钢筋层的力学特性赋予这个壳单元或者膜单元，从而完成对混凝土内钢筋的定义。分层壳单元基于复合材料力学原理，将壳单元分层，各层根据需要设置不同的厚度、材料性质，每层设置适当数目的积分点，在沿厚度方向的每一个积分点上独立地计算应力和应变。分层壳单元考虑了面内弯曲—面内剪切—面外弯曲之间的耦合作用，比较全面地反映了壳体结构的空间力学性能。

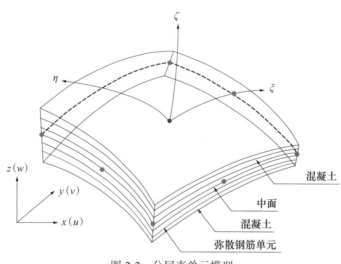

图 2-2　分层壳单元模型

（2）纤维梁单元模型

常用的梁元模型有塑性铰模型和纤维模型两类，纤维模型直接从材料的本构关系出发，比塑性铰模型更加准确。ABAQUS 提供的梁单元正是这类纤维模型，可以较好地模拟混凝土梁柱构件在地震作用下的受力特性（图 2-3）。梁、柱采用纤维梁单元 B31，该单元基于 Timoshenko 梁理论，可以考虑剪切变形刚度，程序首先计算截面上每个积分点上的材料的单轴应力－应变关系，然后综合截面上所有积分点的应力－应变关系计算整个截面的力－位移、弯矩－转角的关系，进而沿梁单元长度方向动态积分得到整个单元的反应。

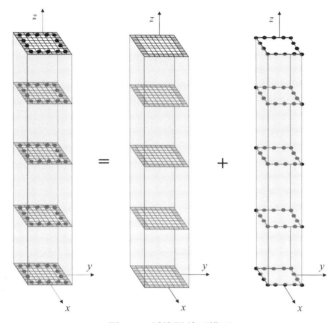

图 2-3　纤维梁单元模型

在 ABAQUS/Explicit 平台下，钢筋混凝土梁采用组合单元法进行模拟，即通过等效的钢筋梁单元和混凝土梁单元组合模拟，此时一根混凝土梁柱构件包括两个或多个梁单元，且钢筋梁单元和混凝土梁单元共节点。

2.2.2　材料动力本构

将材料动力本构分成三类，分别为：（1）壳单元混凝土本构，即剪力墙与楼板中的混凝土材料，也可用于砌体材料的模拟；（2）纤维梁单元混凝土本构，即框架梁与框架柱的混凝土材料；（3）钢筋材料本构，即框架梁与框架柱、剪力墙与楼板中的钢筋及型钢材料。

（1）壳单元混凝土本构

壳单元混凝土一般采用 ABAQUS 中自带的塑性损伤模型（Concrete Damaged Plasticity Model），该模型可考虑混凝土材料拉压强度的差异，刚度、强度的退化。在塑性损伤模型中定义损伤因子用以修正材料在加载过程中弹性模量的降低情况，损伤因子越大材料的损伤越严重，通过引入损伤因子参数将材料的拉伸开裂和压缩破碎两个主要失效机制体现出来。当混凝土的受力状态从受拉变为受压时，裂缝闭合，抗压刚度恢复至原有的抗压刚度；当混凝土的受力状态从受压变为受拉时，混凝土的抗拉刚度无法恢复。采用损伤因子修正材料弹性模量的降低，体现材料拉伸开裂和压缩破碎两个主要失效机制。伴随着混凝土材料进入塑性状态程度逐渐增大，其刚度逐渐降低。在弹塑性损伤模型中上述刚度的降低分别由受拉损伤因子 d_t 和受压损伤因子 d_c 来表达，如图 2-4 所示。材料拉／压弹性阶段相应的损伤因子为 0，材料进入弹塑性阶段后损伤因子增长较快，其中当混凝土受压达到峰值强度时受压损伤因子为 0.2～0.3。

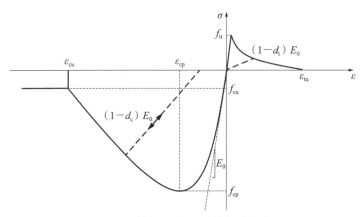

图 2-4 壳单元混凝土塑性损伤本构

（2）纤维梁单元混凝土本构

在地震作用下，混凝土处于一种拉压循环往复的复杂应力应变状态，采用纤维梁模型模拟混凝土梁柱构件时，需要一种适用于纤维梁单元的滞回本构模型。已有学者利用 UMAT/VUMAT 接口，在 ABAQUS 中加入了混凝土和钢筋的单轴滞回本构模型，用来模拟混凝土梁柱构件在地震作用下的受力特性，并在此基础上完成钢筋混凝土框架结构在大震作用下的弹塑性动力时程分析。

根据 ABAQUS 的子程序接口 UMAT/VUMAT，开发了 3 种非约束混凝土本构、2 种钢管混凝土本构和 1 种约束混凝土本构（图 2-5）。其中 Concrete04 和 Concrete05 分别为基于韩林海模型和 Mander 迭代准则的圆钢管和方钢管约束混凝土本构，Concrete01、Concrete02 和 Concrete06 为 Opensees 中应用的本构，Concrete03 为《混凝土结构设计规范》GB 50010—2010（2015 年版）附录中的本构，以上本构模型均可用于动力弹塑性分析和倒塌分析。

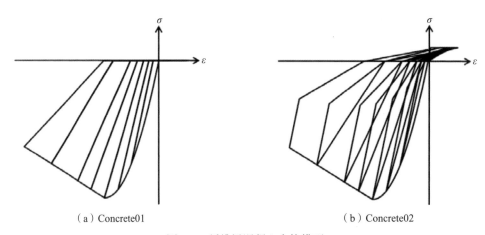

（a）Concrete01 （b）Concrete02

图 2-5 纤维梁混凝土本构模型

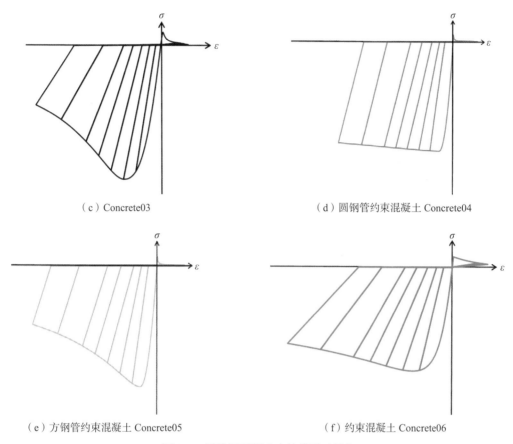

（c）Concrete03

（d）圆钢管约束混凝土 Concrete04

（e）方钢管约束混凝土 Concrete05

（f）约束混凝土 Concrete06

图 2-5　纤维梁混凝土本构模型（续）

（3）钢筋材料本构

　　框架梁与框架柱中的钢筋及钢梁、剪力墙与楼板中的钢筋都需要利用 UMAT/VUMAT 接口，采用自定义的用户子程序。开发了 4 种钢筋本构（图 2 6），其中 Steel01 为经典的双线性随动强化模型，Steel02 和 Steel03 均为 Opensees 中的本构，Steel04 为《混凝土结构设计规范》GB 50010—2010（2015 年版）附录中的本构。

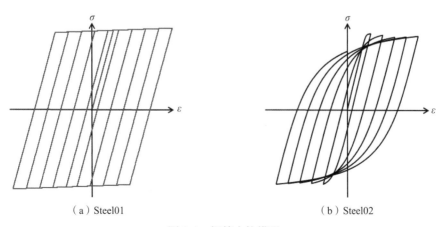

（a）Steel01

（b）Steel02

图 2-6　钢筋本构模型

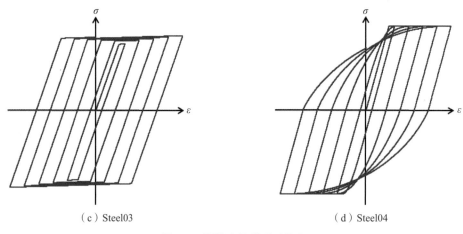

（c）Steel03　　　　　　　　　　　　（d）Steel04

图 2-6　钢筋本构模型（续）

2.2.3　单元消失问题

单元消失问题一般分两类，一种是生死单元，另一种是通过单元损伤失效近似的模拟单元消失，实际上为保证计算的稳定性，采用近似的损伤失效也可取得较好的效果[95]。

在通用有限元软件中，单元的生死功能一般是通过修改单元刚度的方式实现的。为了达到让单元死掉的效果，通用有限元软件程序并不是真正去掉"死"的单元，而是通过将单元刚度设置为 0 或者乘以一个很小的系数。在荷载向量中，与被杀死单元相联系的单元荷载也被设置为 0，当然其质量、阻尼等一切对计算有影响的参数都会被设置为 0。当单元死掉时，其应变也被设置为 0。

在隐式分析平台 ABAQUS/Standard 中，单元生死一般可以通过关键字 "*model change，remove" 和 "*model change，add" 进行控制，可以满足模拟施工过程等需求，但上述方法并不能适用于显式分析平台 ABAQUS/Explicit 中。在通用有限元软件 MSC.MARC 中，可以采用 UACTIVE 生死单元子程序来实现构件的退出工作，可以根据单元的不同选取不同的失效准则将其杀死。在 ABAQUS/Explicit 平台下，可以使用 VUMAT 用户子程序实现，当单元某个积分点的材料应变或应力达到失效条件时，可以使该积分点的材料退出工作。

单元损伤失效是单元消失的另一种近似模拟方法，当单元产生塑性损伤并逐渐加大时，单元的刚度逐渐减小，可以近似模拟单元消失。在 ABAQUS/Explicit 平台下，关键字 "*SHEAR FAILURE" 和 "*TENSILE FAILURE" 可以模拟单元损伤失效的过程，可用于模拟材料特性中容易把握的金属材料的失效，如切削仿真。以上失效准则过于简单，并不适用于建筑结构的混凝土材料失效，但 ABAQUS 自带的塑性损伤模型（Concrete Damaged Plasticity Model），刚度的降低分别由受拉损伤因子和受压损伤因子来表达。塑性损伤模型可以应用于壳单元，因此，可以采用该材料模型近似模拟结构中剪力墙和楼板中混凝土的刚度退化，为了计算能够收敛，通常保留一定的残余弹性模量，即给构件保留了一定的残余刚度，同时，还可以采用关键字 "*SECTION CONTROLS" 定义壳截面的刚度退化程度。

在 ABAQUS 中，实现梁单元和壳单元的方法和流程如图 2-7 所示。

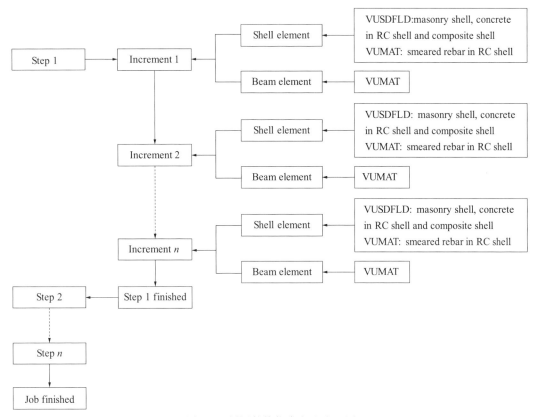

图 2-7　倒塌数值仿真方法流程图

（1）梁单元消失问题

梁单元的消失采用"杀死单元"方法，杀死单元是单元中各积分点处材料塑性应变发展到一定的程度，对结构承载力的贡献很小，通过设置一定的条件使该积分点处材料退出工作，当所有单元中所有积分点都退出工作，则该单元退出工作。

在通用有限元软件 MSC.MARC 中，采用 UACTIVE 生死单元子程序来实现构件的退出工作，可以根据单元的不同选取不同的失效准则将其杀死。在 ABAQUS/Explicit 平台下，可以使用 VUMAT 用户子程序实现，当单元某个积分点的材料应变或应力达到失效条件时，可以使该积分点的材料退出工作。由于框架梁与柱混凝土、钢筋及钢材等材料都采用 VUMAT 用户子程序，可定义状态变量控制单元的消失。

（2）壳单元消失问题

当采用 VUMAT 用户子程序模拟壳单元中钢筋时，可采用与纤维梁单元相同的单元删除方法。

ABAQUS 自带的塑性损伤模型能够考虑混凝土材料的刚度退化，具有近似"损伤失效"的特点。"损伤失效"的方法保留了一部分材料残余刚度，但同时保留了质量，对于占结构绝大部分总质量的剪力墙和楼板来说，采用该方法可以保留结构的绝大部分质量。该方法属于近似方法，特别是残余刚度对结构承载力究竟有多大影响，评估较为困难，需要对该方法进行改进。

VUSDFLD 子程序可以对积分点场变量进行重新指定，适用在所有的单元积分点上，因为材料定义包括了用户定义的场变量，可调用 ABAQUS 自带的子程序 GETVRM 来提取，得到各个积分点的应力、应变、塑性应变、等效塑性应变等，还可以调用 VSPRINC 子程序得到各积分点的主应力、主应变等。用户子程序 VUSDFLD 中对场变量的任何改变是局限于积分点的，节点的场变量值不受影响。在每个 Increment 开始时，各材料积分点的应变、应力数值由 VUSDFLD 子程序完成场变量的重定义，可指定其中的一个状态变量来表征材料是否失效，实现与 VUMAT 相同的功能，甚至可以替代 VUMAT 中的材料积分点删除方法。由于 ABAQUS/Explicit 模块采用中心差分法。显式求解是对时间进行差分，不存在迭代和收敛问题，最小时间步取决于最小单元的尺寸，因此采用显式分析方法时，对单元的网格尺寸划分要求非常高，也需要较小的时间步长保证计算结果的精确性，整体结构倒塌分析中，每个 Increment 一般为 $1.0 \times 10^{-6} \sim 1.0 \times 10^{-5}$s 量级，采用 VUSDFLD 子程序能够保证计算精确性。

2.2.4 单元倒塌过程中的接触

倒塌过程中，构件碎片的冲击和堆载对下部结构的破坏影响很大，为了实现上述过程的模拟，需要在模型中定义接触关系。利用 ABAQUS 的自体接触，可以实现倒塌过程中单元之间的碰撞和结构碎片堆积。显式有限元能够高效率地实现单元接触搜索，可以采用罚函数或者拉格朗日乘子法实现接触力计算。

2.2.5 连续倒塌时程分析方法

连续倒塌属于显式计算范畴，一般采用中心差分法。结构运动方程如下：

$$M\ddot{x} + C\dot{x} + Kx = -MI\ddot{x}_g \tag{2-1}$$

式中：x——位移；
$\dot{x}$——速度；
$\ddot{x}$——加速度；
M——结构质量矩阵；
C——阻尼矩阵；
K——刚度矩阵；
$\ddot{x}_g$——地震加速度；
I——单位列向量。

中心差分法中，利用 $t-\Delta t$、t 和 $t+\Delta t$ 时刻的位移 $x_{t-\Delta t}$、x_t、$x_{t+\Delta t}$ 近似表示 t 时刻的速度和加速度如下：

$$\dot{x}_t = \frac{1}{\Delta t^2}(-x_{t-\Delta t} + x_{t+\Delta t}) \tag{2-2}$$

$$\ddot{x}_t = \frac{1}{2\Delta t}(x_{t-\Delta t} - 2x_t + x_{t+\Delta t}) \tag{2-3}$$

为了求解 $t+\Delta t$ 时刻的位移，将 t 时刻的速度和加速度近似式（2-2）和式（2-3）代入时刻 t 的运动方程（2-1），得到：

$$\hat{M}x_{t+\Delta t} = \hat{Q}_t \tag{2-4}$$

$$\hat{M} = \left(\frac{1}{\Delta t^2}M + \frac{1}{2\Delta t}C\right) \tag{2-5}$$

$$\hat{Q}_t = Q_t - \left(K - \frac{2}{\Delta t^2}M\right)x_t - \left(\frac{1}{\Delta t^2}M - \frac{1}{2\Delta t}C\right)x_{t-\Delta t} \tag{2-6}$$

利用中心差分法初步求解运动方程的算法可归纳为：

1）形成刚度矩阵 K，质量矩阵 M 和阻尼矩阵 C；

2）给定 x_0、$\dot{x}_0$，并求解 $\ddot{x}_0$；

3）选定时间步长 Δt，并计算积分常数 $c_0 = 1/\Delta t^2$、$c_1 = 1/2\Delta t$、$c_2 = 2c_0$、$c_3 = 1/c_2$；

4）计算 $x_{t-\Delta t} = x_0 - \Delta t\dot{x}_0 + c_3\ddot{x}_0$；

5）形成有效质量矩阵 $\hat{M} = c_0M + c_1C$，并对 $\hat{M}$ 进行三角分解：$\hat{M} = LDT^{\mathrm{T}}$；

6）时刻 t 的有效荷载 $\hat{Q}_t = Q_t - (K - c_2M)x_t - (c_0M - c_1C)x_{t-\Delta t}$；

7）求解时刻 $t + \Delta t$ 的位移 $LDT^{\mathrm{T}}x_{t+\Delta t} = \hat{Q}_t$；

8）计算时刻 t 的加速度 $\ddot{x}_t = c_0(x_{t-\Delta t} - 2x_t + x_{t+\Delta t})$ 和速度 $\dot{x}_t = c_1(-x_{t-\Delta t} + x_{t+\Delta t})$。

由于求解 $x_{t+\Delta t}$ 时，结构刚度矩阵 K 不出现在公式的左端，因此中心差分法不需要对刚度矩阵 K 进行三角分解，这种积分格式称为显式积分格式。当质量矩阵 M 和阻尼矩阵 C 都是对角阵时，利用递推格式［式（2-7）］时不需要进行矩阵的求逆，直接利用下式即可得到位移的各分量：

$$x_{t+\Delta t}^{(i)} = \frac{\hat{Q}_t^{(i)}}{\frac{1}{\Delta t^2}M_{ii} + \frac{1}{2\Delta t}C_{ii}} \tag{2-7}$$

其中 $x_{t+\Delta t}^{(i)}$ 和 $\hat{Q}_t^{(i)}$ 分别是向量 $x_{t+\Delta t}$ 和 Q_t 的第 i 个分量，M_{ii} 和 C_{ii} 是质量矩阵 M 阻尼矩阵 C 的第 i 个对角元素。

由于中心差分法不需要对结构刚度矩阵 K 进行三角分解，在用它求解有限元系统的动力学方程时，也不需要组装系统的总体刚度矩阵。有限元系统的节点弹性力 F_{E} 可以在单元一级上计算：

$$F_{\mathrm{E}} = \sum_e G^{e\mathrm{T}}K^e x^e \tag{2-8}$$

可见，在计算式（2-7）中的等效荷载 $\hat{Q}_t$ 时，Kx_t 项是通过累积各单元的贡献 $K^e x^e$ 来完成的，不需要组装系统的总体刚度矩阵 K，所需的存储量小。

ABAQUS 的显式模块 ABAQUS/Explicit 分别采用中心差分法进行动力时程积分。在用中心差分法对结构进行动力分析时，由于结构一般都是软化结构，即随变形的增加而变软，刚度降低，但质量不变，则结构的自振周期变长，计算的稳定性变好。由式（2-8）可见，中心差分法一般不使用刚度阻尼，因其影响结构运动方程的解耦和并行计算。显式求解是对时间进行差分，不存在迭代和收敛问题，最小时间步取决于最小单元的尺寸，过小的时间步往往导致求解时间非常漫长，因此采用显式分析方法时，对单元的网格尺寸划分要求非常高，也需要较小的时间步长保证计算结果的精确性。

2.3 基于IDA的结构抗倒塌能力评价方法

2.3.1 IDA方法和地面运动强度指标

由于地震是一个非线性动力过程，目前研究结构抗地震倒塌能力主要还是依赖于数值仿真。但数值仿真时程分析结果依赖于所输入地震波。为了实现基于时程分析全面合理评价结构的抗震性能，近年来基于大量地震波的增量动力分析方法（Incremental Dynamic Analysis，简称IDA方法）得到了广泛的应用。

IDA方法是基于动力弹塑性时程分析法，能够很好地考虑包括动力效应、损伤累积、结构倒塌全过程等诸多Pushover分析难以解决的问题，故而在结构的抗倒塌性能评价方面具有突出的优势。IDA方法通过输入逐步增大强度的地震记录对结构进行弹塑性时程分析，得到结构在不同强度地面运动下的破坏情况，进而可以对结构的抗震性能进行全面评价。

地震动的选取是IDA方法中非常重要的部分。考虑到地震动之间的差异性，结构的IDA分析需要建立在大量地震动输入的基础上，美国ATC-63报告建议对不少于20条地震记录进行分析。

选用合理的地震动强度指标对多个地震动记录进行调幅，来反映不同程度的地面运动强度，可以大大降低结构地震响应分析的离散性。目前在结构抗震分析中有多种地震动强度指标，如我国规范采用地面峰值加速度PGA作为强度指标，日本采用地面峰值速度PGV作为强度指标，美国ATC-63采用结构基本周期对应的加速度谱值$S_a(T_1)$作为强度指标等。

2.3.2 结构的倒塌储备系数

为了比较不同结构抗地震倒塌能力的差异，美国ATC-63报告建议了倒塌储备系数（Collapse Margin Ratio，简称CMR），即比较结构的实际抗地震倒塌能力和设防需求之间的储备关系。如果结构在某一地面运动强度下［以$S_a(T_1)$作为地面运动强度指标］，有50%的地震波输入发生了倒塌，则该地面运动强度就是该结构的平均抗倒塌能力。将此地面运动强度与结构的设计大震强度比较，就可以得到结构的倒塌储备系数CMR，即：

$$CMR = \frac{S_a(T_1)_{50\%}}{S_a(T_1)_{大震}} \tag{2-9}$$

式中：$S_a(T_1)_{50\%}$——50%地震输入出现倒塌时对应的地面运动强度$S_a(T_1)$；

$S_a(T_1)_{大震}$——规范建议罕遇地震下的$S_a(T_1)$，对于我国结构，$S_a(T_1)_{大震} = \alpha_{T1,大震} \cdot g$；

$\alpha_{T1,大震}$为规范规定对应于周期T_1的大震水平地震影响系数；g为重力加速度。

由于CMR是用概率表达的结构抗倒塌能力指标，考虑了地震动不确定性的影响，尽管CMR分析还有诸多问题（如地震波的样本数是否足够，倒塌数值仿真模型是否合理，多向地震动输入影响，设计与实际资料是否足够完备，场地特异性是否突出等），但就目前而言，CMR指标为评价不同结构的抗倒塌能力提供了一个较为科学的标准。

2.3.3 地震动的选取

对选取的地震记录（总地震动数记为 N_{total}）逐步增大地震动强度，记在某一地震动强度下有 $N_{collapse}$ 个地震记录发生倒塌，则 $N_{collapse}/N_{total}$ 称为该地震动强度下结构的倒塌概率（Collapse Possibility）。随着地震强度不断增大，倒塌概率也会不断增大，由此可以获得地震强度与结构倒塌概率的关系曲线，该曲线称为结构的地震易损性曲线（Collapse Fragility Curve），进而得到 CMR，为评价结构的抗倒塌能力提供更科学的方法。

近场地震动以短持时高能量脉冲运动为特征，具有强方向性效应、长周期速度和位移脉冲效应，高频能量丰富。砌体结构刚度较大，周期一般在 0.4～0.5s，北京市地处华北平原地震带，历史上多次发生大地震。按照规范的要求，北京设计地震分组主要为第一组和第二组，应考虑近场地震。如表 2-1 所示，选取由 FEMA P695 中推荐的 21 条具有代表性的近场地震波进行 IDA 分析，21 条地震波反应谱平均值如图 2-8 所示。

表 2-1 FEMA P695 报告建议的用于 IDA 结构倒塌易损性分析的地震动记录

序号	地震波编号	地震矩震级	年份	地震波名称	PGA_{max}（g）	PGV_{max}（cm/s）
脉冲型地震：						
1	181	6.5	1979	Imperial Valley-06	0.44	111.9
2	182	6.5	1979	Imperial Valley-06	0.46	108.9
3	292	6.9	1980	Irpinia, Italy-01	0.31	45.5
4	723	6.5	1987	Superstition Hills-02	0.42	106.8
5	802	6.9	1989	Loma Prieta	0.38	55.6
6	821	6.7	1992	Erzican, Turkey	0.49	95.5
7	828	7.0	1992	Cape Mendocino	0.63	82.1
8	1063	6.7	1994	Northridge-01	0.87	167.3
9	1086	6.7	1994	Northridge-01	0.73	122.8
10	1165	7.5	1999	Kocaeli, Turkey	0.22	29.8
11	1605	7.1	1999	Duzce, Turkey	0.52	79.3
非脉冲型地震：						
12	126	6.8	1984	Gazli, USSR	0.71	71.2
13	160	6.5	1979	Imperial Valley-06	0.76	44.3
14	495	6.8	1985	Nahanni, Canada	1.18	43.9
15	496	6.8	1985	Nahanni, Canada	0.45	34.7
16	741	6.9	1989	Loma Prieta	0.64	55.9
17	753	6.9	1989	Loma Prieta	0.51	45.5
18	825	7.0	1992	Cape Mendocino	1.43	119.5
19	1004	6.7	1994	Northridge-01	0.73	70.1
20	1048	6.7	1994	Northridge-01	0.42	53.2
21	1176	7.5	1999	Kocaeli, Turkey	0.31	73

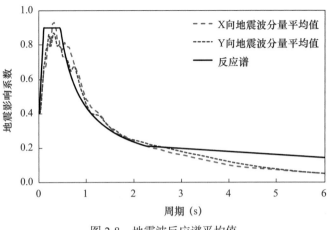

图2-8 地震波反应谱平均值

地震波采用三向输入，每个模型每个加速度共计算42个工况，XY工况代表X : Y : Z =
1 : 0.85 : 0.65，YX工况代表X : Y : Z = 0.85 : 1 : 0.65。IDA分析中，加速度增量为
0.025g，先施加重力荷载（持时6s），然后施加地震惯性力。结构采用Rayleigh阻尼模型，
结构第1、2阶阻尼比取0.05。结果以PEER数据库中地震波的序号进行命名。

2.4 砌体结构加固方案抗倒塌能力比较研究

2.4.1 原型结构

北京市海淀区甘家口四号楼建于1977年，为5层砖混结构住宅（如图2-9所示），采
用横墙承重，平面尺寸为10.3m（宽）×46.38m（长），建筑高度15.5m，各层层高均为
3.1m。墙体采用烧结普通黏土砖，内墙厚度为240mm，外墙厚度为370mm。楼盖为预
制钢筋混凝土圆孔板，屋盖为预制钢筋混凝土圆孔板及加气混凝土板。1～3层砖强度为
MU5.0，4、5层砖强度为MU7.5，1～5层砂浆强度为M2.5。采用天然地基，建筑场地为
Ⅱ类场地。采用实际检测的砌体、砂浆强度进行抗震鉴定计算，发现1～4层横墙、纵墙
抗震能力不足。

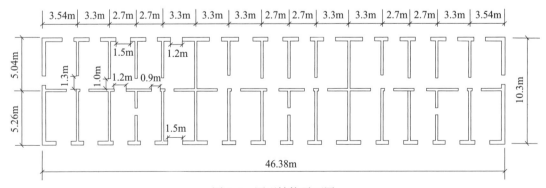

图2-9 原型结构平面图

44

2.4.2 加固方式

考虑后续使用年限 30 年，采用三种加固方式如下：

（1）圈梁构造柱加固

采用圈梁构造柱加固时，圈梁和构造柱尺寸均为 240mm×240mm，混凝土强度等级为 C30，配筋率为 0.2%，各层各开间采用 Q235 级 φ16 钢拉杆。加固后的结构如图 2-10 所示。

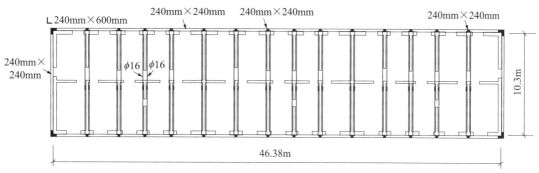

图 2-10　圈梁构造柱加固结构平面

（2）外套加固

采用外套结构进行加固如图 2-11 所示，北侧和南侧横墙外套钢筋混凝土墙长度分别为 1350mm 和 1500mm，厚度为 200mm，外纵墙外贴外套钢筋混凝土墙厚度为 120mm 厚，混凝土强度等级为 C30，钢筋强度等级为 HRB400。

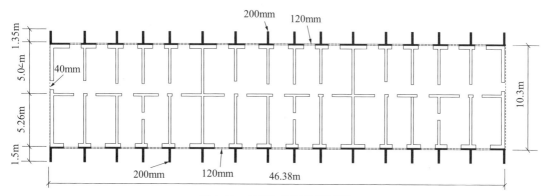

图 2-11　外套加固结构平面图

（3）钢筋网砂浆面层加固

面层的砂浆强度等级采用 M10，面层的厚度为 30mm，采用双面钢筋网，钢筋直径为 6mm；网格尺寸为 300mm×300mm。

以未加固结构模型作为对比，并建立了三种加固方案对应的三维有限元模型，分别如图 2-12 所示。

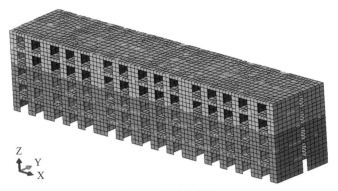

（a）未加固结构模型

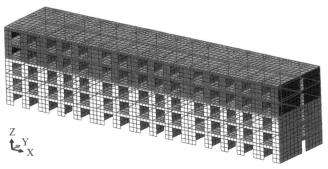

（b）圈梁构造柱加固结构模型

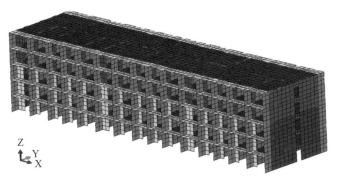

（c）外套加固结构模型

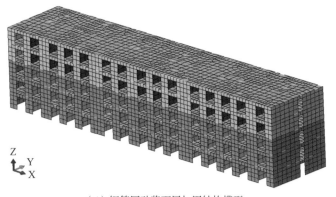

（d）钢筋网砂浆面层加固结构模型

图 2-12　加固结构有限元模型

结构的前六阶振型周期见表 2-2。前三个模态主要分别在 X 方向、Y 方向和扭转方向。采用圈梁构造柱加固技术使整体刚度略有提高，而采用外套结构加固方法使整体刚度显著提高。

表 2-2　结构前六阶振型周期对比（单位：s）

阶数	未加固	圈梁构造柱加固	钢筋网砂浆面层加固	外套加固	振型描述
1	0.41	0.39	0.26	0.25	一阶 X 向平动
2	0.31	0.27	0.22	0.17	一阶 Y 向平动
3	0.29	0.26	0.19	0.17	一阶扭转
4	0.17	0.15	0.11	0.12	二阶扭转
5	0.14	0.14	0.08	0.08	二阶 X 向平动
6	0.11	0.09	0.08	0.08	二阶 Y 向平动

2.4.3　模型参数

弹性模量可取 $E = 1600f$，砖砌体的泊松比可取 $\mu = 0.15$。砌体计算参数根据砌体、砂浆等材料的实际检测结果并参照《砌体结构设计规范》GB 50003—2011 取值，采用塑性损伤模型。预制楼板采用壳单元模拟，板边节点与墙体节点位移协调，厚度为 60mm，采用塑性损伤模型，近似模拟装配整体式楼板。

ABAQUS 提供的混凝土塑性损伤本构模型能够反映混凝土和砂浆在循环荷载作用下的拉压强度差异以及刚度和强度退化，分别采用受拉损伤因子 d_t 和受压损伤因子 d_c 进行模拟，并将其定义为塑性应变的函数。弹性阶段受压损伤因子 d_c 为零，进入塑性阶段后迅速增大，峰值抗压强度时的受压损伤因子约为 0.2～0.3。混凝土和砌体材料的受压状态应力－应变曲线和损伤因子变化曲线分别如图 2-13 和图 2-14 所示，受拉状态应力－应变曲线和损伤因子变化曲线分别如图 2-15 和图 2-16 所示。钢筋和钢材均采用双线性随动强化模型模拟。各种结构材料骨架线参数如表 2-3 所示。

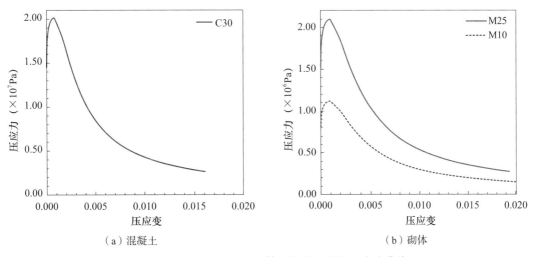

（a）混凝土　　　　　　　　　（b）砌体

图 2-13　C30 级混凝土和砌体材料受压应变－应力曲线

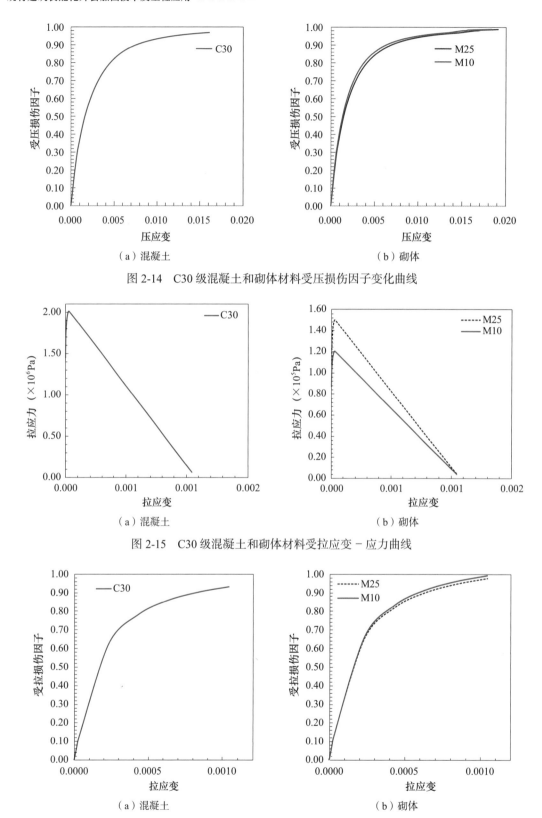

（a）混凝土　　　　　　　（b）砌体

图 2-14　C30 级混凝土和砌体材料受压损伤因子变化曲线

（a）混凝土　　　　　　　（b）砌体

图 2-15　C30 级混凝土和砌体材料受拉应变－应力曲线

（a）混凝土　　　　　　　（b）砌体

图 2-16　C30 级混凝土和砌体材料受拉损伤因子变化曲线

砌体墙、混凝土墙、砌体混凝土组合墙均采用分层壳模型，其中的砌体／混凝土材料采用塑性损伤模型，当单元产生塑性损伤并逐渐加大时，单元的刚度逐渐减小，仅含有一定的残余刚度，可以近似模拟单元消失，降低单元删除时对应应变值对倒塌仿真结果的影响。考虑砌体墙受压、受拉和受剪破坏三种情况，对应应变阈值分别为 0.01、0.01 和 0.003，塑性压应变和拉应变达到 0.01 时对应受压和受拉损伤因子分别达到 0.93 和 0.98。钢筋单元及钢梁中积分点失效准则为积分点压应变大于 0.01 或拉应变大于 0.1，分别对应钢筋受压屈服或受拉断裂。

表 2-3　结构材料骨架线参数（单位：MPa）

材料	弹性模量	抗压屈服强度	抗压极限强度	抗拉屈服强度	抗拉极限强度
MU7.5，M2.5	1.93×10^3	2.09	0.02	0.13	0.01
MU7.5，M1.0	1.09×10^3	1.10	0.01	0.12	0.01
C30	3.0×10^4	20.1	4.0	2.01	0.2
Q235	2.0×10^5	235	350	235	350
HRB400	2.0×10^5	400	550	400	550

2.4.4　结构倒塌模式分析

（1）未加固结构抗倒塌能力分析

未加固的既有砌体结构在 RSN1048YX-0.175g 工况下的倒塌破坏过程如图 2-17 所示，图中蓝色单元表示有积分点全部或部分失效的墙，红色单元表示无积分点破坏的墙，灰色单元表示考虑混凝土材料刚度退化但不考虑单元积分点删除的楼板。通过观察蓝色单元的数量和位置可以确定结构的破坏程度和位置，蓝色单元越多，结构的损伤越严重。第 10.95s，既有砌体结构纵墙部分过梁出现破坏，中间横墙底部墙体破坏，与砌体结构的剪切破坏模式一致；第 11.95s，结构左侧的底部墙体损伤破坏进一步加剧；第 12.25s，结构左侧第 4 和第 5 个开间的纵墙和横墙损伤破坏严重，结构左侧有局部倒塌的趋势；第 12.45～13.20s，产生倒塌的墙体从左侧向中部发展；第 13.50s，整体结构倒塌，既有砌体结构的竖向位移如图 2-18 所示，结构左侧最大竖向位移达 6m，说明未加固结构倒塌严重。

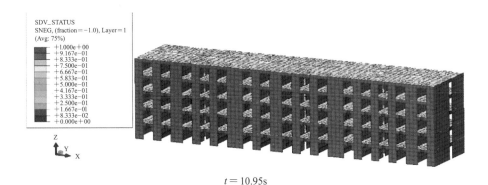

$t = 10.95\text{s}$

图 2-17　RSN1048YX-0.175g 工况下未加固结构倒塌破坏过程

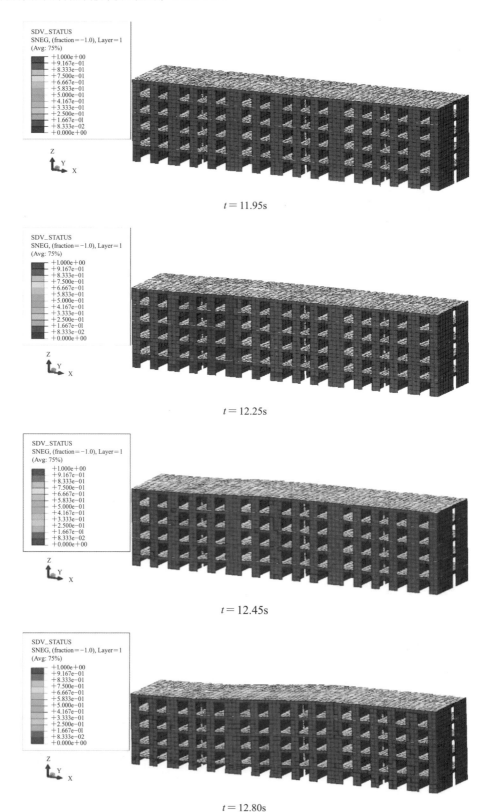

$t=11.95$s

$t=12.25$s

$t=12.45$s

$t=12.80$s

图 2-17　RSN1048YX-0.175g 工况下未加固结构倒塌破坏过程（续）

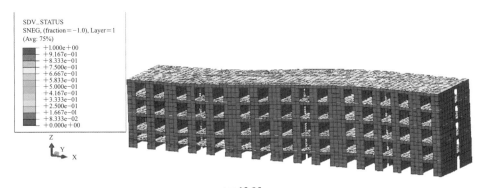

$t = 12.95\text{s}$

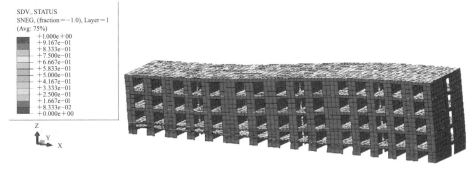

$t = 13.20\text{s}$

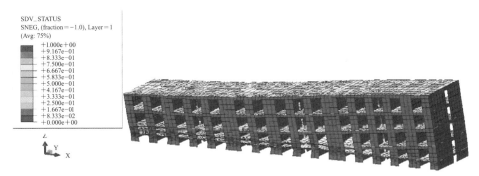

$t = 13.50\text{s}$

图 2-17 RSN1048YX-0.175g 工况下未加固结构倒塌破坏过程（续）

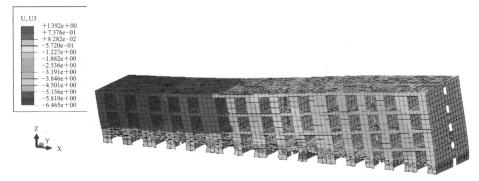

图 2-18 RSN1048YX-0.175g 工况下第 13.50s 未加固结构倒塌状态（竖向位移，单位：m）

（2）圈梁构造柱加固结构倒塌过程分析

在 RSN1048YX-0.175*g* 工况下，圈梁构造柱加固结构的倒塌过程如图 2-19 所示。第 13.30s，砌体纵、横墙部分过梁损坏，中部横墙底部及右侧山墙底部墙体破坏；第 14.00～14.50s，山墙右侧及底部横墙破坏进一步加剧，结构有倒塌趋势；第 15.23s，整体结构倒塌，竖向位移如图 2-20 所示，中部最大竖向位移为 0.50m。通过对未加固结构与圈梁构造柱加固结构倒塌过程的对比研究，发现圈梁构造柱显著提高了砌体结构的延性，延缓了结构倒塌时间，且倒塌程度较轻。

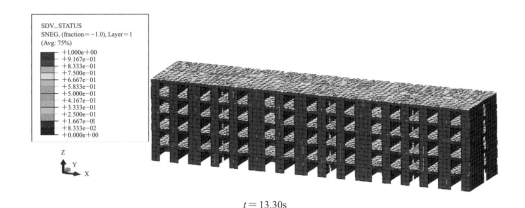

t = 13.30s

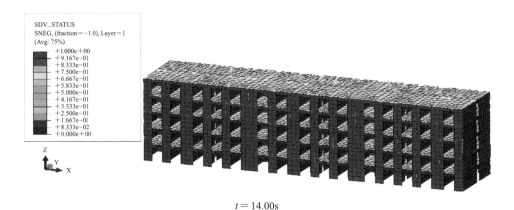

t = 14.00s

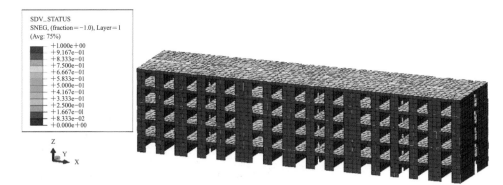

t = 14.20s

图 2-19 RSN1048YX-0.175*g* 工况下圈梁构造柱加固结构倒塌破坏过程

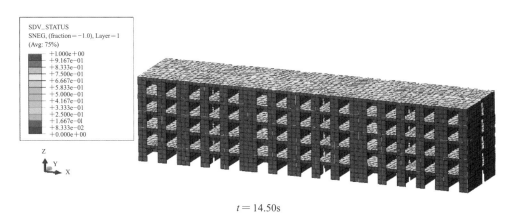

$t=14.50\text{s}$

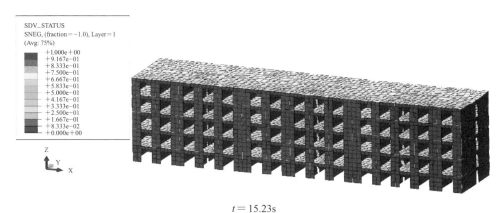

$t=15.23\text{s}$

图 2-19　RSN1048YX-0.175g 工况下圈梁构造柱加固结构倒塌破坏过程（续）

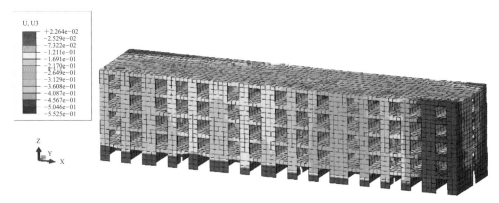

图 2-20　RSN1048YX-0.175g 工况下第 15.23s 圈梁构造柱加固结构倒塌状态（竖向位移，单位：m）

（3）外套加固结构倒塌过程分析

加速度幅值为 0.30g（后续使用年限 30 年）时，外套加固结构没有发生倒塌，直到加速度幅值达 0.45g 时，外套加固结构在 RSN1048YX-0.45g 工况下倒塌过程如图 2-21 所示。当地震加速度幅值继续增大时，破坏最为严重的部分工况显示纵墙中部破坏严重，如图 2-22 所示，由于原结构采用横墙承重，未发生局部严重倒塌和整体结构倒塌。

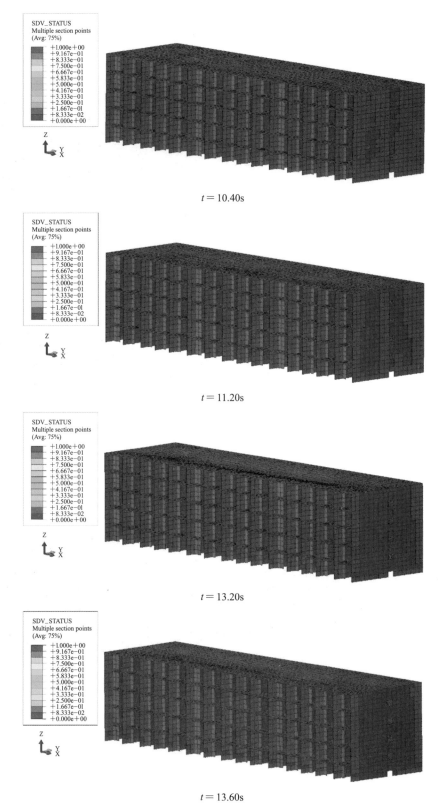

$t = 10.40$s

$t = 11.20$s

$t = 13.20$s

$t = 13.60$s

图 2-21　RSN1048YX-0.45g 工况下外套加固结构倒塌过程

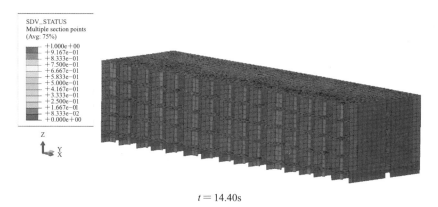

$t = 14.40\text{s}$

图 2-21　RSN1048YX-0.45g 工况下外套加固结构倒塌过程（续）

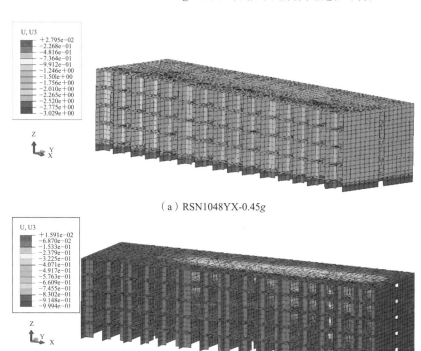

（a）RSN1048YX-0.45g

（b）RSN828XY-0.50g

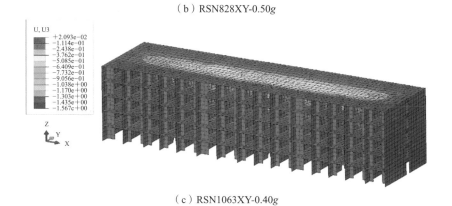

（c）RSN1063XY-0.40g

图 2-22　外套加固结构部分工况下的最终倒塌状态（竖向位移，单位：m）

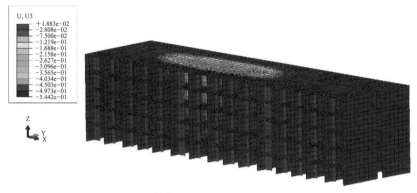

（d）RSN1176YX-0.425g

图 2-22　外套加固结构部分工况下的最终倒塌状态（竖向位移，单位：m）（续）

（4）钢筋网砂浆面层加固结构倒塌过程分析

加速度幅值为 0.30g 时，采用双面钢筋网砂浆面层加固的砌体结构均未产生倒塌，随着加速度的进一步加大，部分工况出现倒塌。在 RSN1165XY-0.40g 工况下，如图 2-23 所示，t＝9.60s 时底部墙体出现破坏，并出现整体结构倒塌。在 RSN182YX-0.50g 工况下，如图 2-24 所示，t＝11.20s 时底部墙体出现破坏，并出现整体结构倒塌。

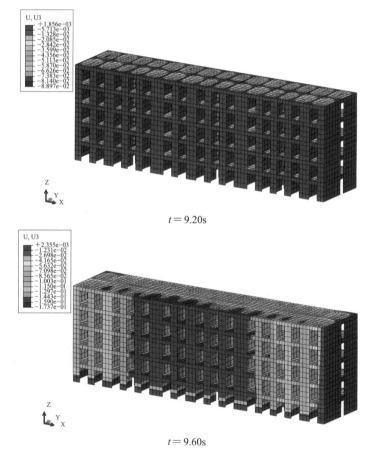

t＝9.20s

t＝9.60s

图 2-23　RSN1165XY-0.40g 工况下钢筋网砂浆面层加固结构倒塌过程

$t = 10.00\mathrm{s}$

图 2-23 RSN1165XY-0.40g 工况下钢筋网砂浆面层加固结构倒塌过程（续）

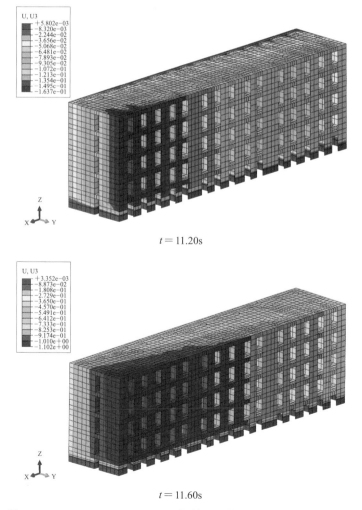

$t = 11.20\mathrm{s}$

$t = 11.60\mathrm{s}$

图 2-24 RSN182YX-0.50g 工况下钢筋网砂浆面层加固结构倒塌过程

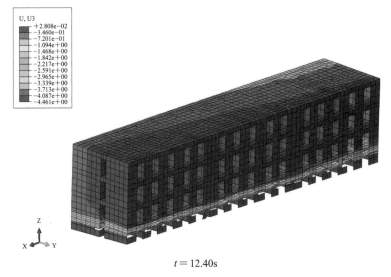

$t = 12.40\text{s}$

图 2-24　RSN182YX-0.50g 工况下钢筋网砂浆面层加固结构倒塌过程（续）

2.4.5　结构位移和基底剪力反应分析

　　比较四种结构在 RSN160XY-0.175g 和 RSN160YX-0.175g 工况下的位移响应，如图 2-25～图 2-28 所示，分别为 X 和 Y 方向结构顶层和底层位移比较曲线。结果表明，圈梁构造柱加固结构的加固效果并不明显，外套加固结构的位移响应最小，加固效果最为显著。

　　X 方向层间位移角对比见表 2-4。未加固、圈梁构造柱加固、钢筋网砂浆面层加固和外套加固模型得到的最大层间位移角分别为 1/270、1/254、1/904 和 1/1547。对 Y 方向加固效果以砌体部分承担的基底剪力进行对比。从数值模型中可以提取出砌体部分承受的基底剪力，以进行比较，如图 2-29 所示。外套加固结构中砌体部分承受的最大剪力约为 $4.0 \times 10^3\text{kN}$，未加固和圈梁构造柱加固模型计算结果分别为 $8.0 \times 10^3\text{kN}$ 和 $8.3 \times 10^3\text{kN}$。外套加固墙体承担了大部分剪力，砌体承受的剪力降低了 50%。

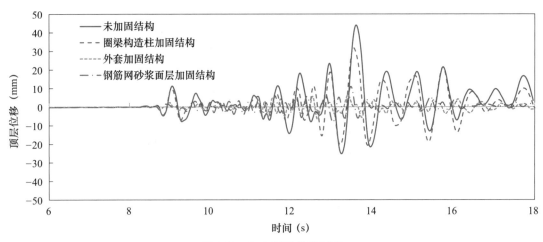

图 2-25　X 向顶层位移时程

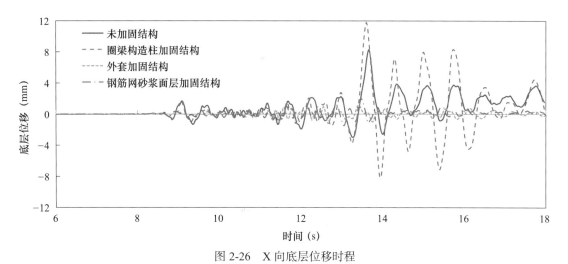

图 2-26 X 向底层位移时程

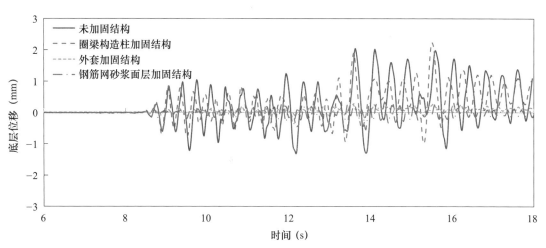

图 2-27 Y 向顶层位移时程

图 2-28 Y 向底层位移时程

表 2-4　结构 X 向层间位移角

楼层	未加固结构	圈梁构造柱加固结构	钢筋网砂浆面层加固	外套加固结构
1	1/362	1/254	1/1526	1/2506
2	1/282	1/381	1/904	1/1547
3	1/270	1/435	1/993	1/1743
4	1/296	1/549	1/1515	1/2655
5	1/538	1/1158	1/3494	1/4942

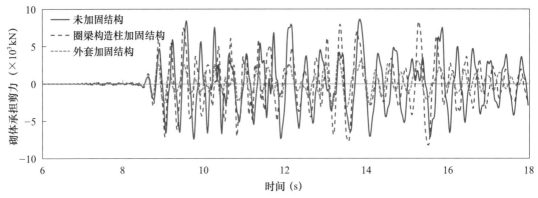

图 2-29　砌体部分承担 Y 向剪力

2.4.6　倒塌储备系数分析

$S_a(T_1)_{50\% \text{collapse}}$ 越大，或 CMR 越大，则结构的抗地震倒塌能力就越强。$S_a(T_1)_{50\% \text{collapse}}$ 反映的是结构抗倒塌能力的绝对量，其值随抗震设防烈度的提高而增大。CMR 反映的是结构抗倒塌能力的相对量，即相对于设防烈度的结构抗地震倒塌能力。$S_a(T_1)_{50\% \text{collapse}}$ 相当于结构抗力项，$S_a(T_1)_{\text{MCE}}$ 相当于作用项，而 CMR 是一个相对量。当作用项增大（相应遭遇烈度大），或抗力项减小（相应设防烈度低），都会使 CMR 减小，倒塌率增大。所以结构抗地震倒塌能力评估应同时考虑其绝对抗力和相对安全度。

如图 2-30 所示，比较四种模型得到的倒塌概率随地震动强度变化曲线，从图中可以看出未加固和圈梁构造柱加固呈明显的脆性破坏特征，在地震动达到一定强度时，结构出现倒塌，强度增大时，倒塌概率迅速达到 50%，外套加固和钢筋网砂浆面层加固模型的延性要优于未加固和圈梁构造柱加固模型。如图 2-31 所示，未加固结构、圈梁构造柱加固结构、外套加固结构和双面钢筋网砂浆面层加固结构的 $S_a(T_1)_{50\% \text{collapse}}$ 分别为 0.186g、0.247g、0.426g 和 0.507g，CMR 分别为 0.62、0.79、1.42 和 1.69。考虑结构后续使用年限 30 年，对应的地震加速度幅值为 0.30g。当 CMR 小于 1.0 或 $S_a(T_1)_{50\% \text{collapse}}$ 小于 0.30g 时，说明结构不能满足后续使用年限 30 年的要求，因此，未加固结构和圈梁构造柱加固结构均不能满足后续使用年限 30 年的要求。对于外套加固结构，当加速度幅值为 0.30g 时，加固结构的倒塌工况均为中间既有砌体结构的局部倒塌，所有工况均未发生整体倒塌，即使加速度达到 0.40g，在发生倒塌的工况中，仅 3 个工况产生整体倒塌，其余工况均为既有砌体结构局部倒塌。

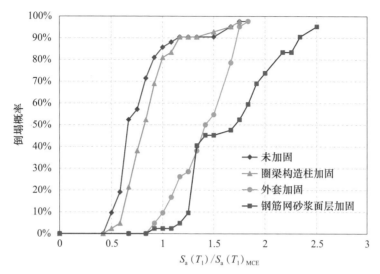

图 2-30 四种模型倒塌概率比较曲线

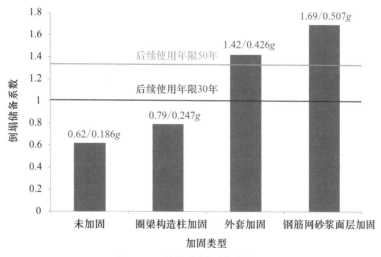

图 2-31 结构抗倒塌能力对比

2.4.7 分析结论

采用精细化有限元模型，对未加固结构、圈梁构造柱加固结构、外套加固结构和钢筋网砂浆面层加固结构的倒塌性能进行了数值仿真比较研究。主要结论如下：

1）未加固的既有砌体结构倒塌储备系数 CMR 为 0.62，圈梁构造柱加固可提高结构的延性，结构倒塌储备系数 CMR 为 0.79，二者均无法满足后续年限 30 年要求；

2）外套加固和钢筋网砂浆面层加固结构倒塌储备系数 CMR 分别为 1.42 和 1.69，均满足大震不倒的抗震设防要求。

2.5　本章小结

基于 ABAQUS 有限元软件平台，对地震作用下既有砌体结构加固进行数值仿真研究，通过将外套加固结构法与传统的加固方法进行比选，建立有限元模型并和未加固结构对比，进行倒塌分析、结构位移和基底反力、倒塌储备系数分析，结论如下：

1）提出了既有砌体结构加固数值仿真方法。对地震作用下结构倒塌分析方法进行了详细介绍，对纤维梁单元和分层壳单元的失效删除方法进行了详细说明。模拟的倒塌过程结果表明，提出的方法具有良好的可行性。

2）以甘家口四号楼砌体结构为例，对结构在地震作用下的倒塌过程进行模拟，采用外套加固的砌体能够达到后续使用年限 50 年的要求，且除极少数工况出现整体倒塌外，模式均为中间的既有老旧墙体局部倒塌，整体结构并未发生倒塌。外套加固结构抗倒塌能力略小于双面钢筋网砂浆面层加固结构，但也能够大幅提高结构抗震能力，由于其不用入户施工，湿作业少，绿色环保，可操作性强，从多角度进行综合比较表明外套加固方案更优于双面钢筋网砂浆面层加固方案。

第三章

装配化外套结构关键连接技术

3.1 概述

既有砌体结构和既有混凝土结构的装配化外套加固示意图分别如图 1-17 和图 1-20 所示,该方法是一种提高结构综合抗震能力的方法,通过可靠的构件间连接将装配化外套结构与既有结构组成整体混合结构,形成多道抗震防线,增大刚度,提高承载力,减小层间变形[96],达到不需要对既有结构内部进行抗震加固的目的。因此,装配化外套结构中各预制墙片之间的节点连接性能极为关键。针对工程实际情况提出了预制剪力墙型钢连接节点、预制剪力墙抗剪键连接和预制剪力墙型钢法兰螺栓连接共三种形式[97],对其进行了试验研究,主要内容如下:

(1)预制剪力墙型钢连接节点试验

针对外套结构中采用预制剪力墙的水平缝,其连接可采用型钢连接节点,即预制墙板边缘构件位置设置型钢以替代边缘构件纵筋。同时,预制剪力墙墙板的型钢是凸出预制构件表面的,该型钢在完成螺栓连接或焊接连接后可作为施工临时支点,这样可实现类似钢结构安装的施工组织方式,进而提高施工效率。为考察横墙方向外套预制剪力墙水平接缝的抗弯、抗剪承载力及墙体的变形能力等,设计并制作了 3 个型钢连接节点试件进行低周往复加载试验。

(2)预制剪力墙抗剪键连接试验

水平缝是预制剪力墙连接中最重要的位置,在采用外套预制结构加固砌体房屋时,该水平缝可能会需要承担整个楼层的很大一部分剪力,而且该水平缝可能会出现非常不利的拉弯剪状态。因此,除设置预制剪力墙端部型钢,还在剪力墙墙板中部设置了型钢抗剪键,以保证该连接位置在各种受力状态下的抗剪能力。针对型钢-混凝土组合装配式剪力墙结构中水平连接缝的抗剪键进行试验研究,共制作了 5 个试验模型,进行了 5 组不同轴压比下往复加载拟静力试验。

(3)预制剪力墙型钢法兰螺栓连接试验

预制剪力墙型钢连接节点试验中,边缘构件位置的型钢之间采用焊接连接实现。这种焊接连接方式具有构造简单、材料用量少的优点,但由于外套结构加固施工时不一定允许现场焊接施工,还需研究型钢法兰螺栓连接方式。因此,设计制作了 6 组共 15 个型钢对接的法兰螺栓连接节点,并进行了拟静力试验对其抗震性能进行了验证。

3.2 预制剪力墙型钢连接节点抗震性能研究

水平缝是影响预制剪力墙抗震性能的一个重要因素,采用的水平缝连接形式为剪力墙边缘构件处设置型钢连接及中部设置型钢抗剪键连接,并针对水平缝抗震性能进行试验研究[96-97]。

3.2.1 试验设计

该试验的试件立面及加载位置如图 3-1 所示。上、下部分墙体均为工厂预制，并将上部墙体预埋的型钢与下部墙体端部预埋的钢板焊接。共设计了 3 个试件，编号为 GJ1～GJ3。基础梁截面为 500mm×900mm，预制墙板截面为 3500mm×1500mm×250mm。墙体混凝土强度等级为 C30，钢材材质为 Q235，上下部墙体连接处设置 150mm 厚 C35 混凝土后浇带。上、下墙板连接处中部通过 H 型钢抗剪键焊接在一起。3 个试件端部连接型钢均采用角钢，其他设计参数见表 3-1。

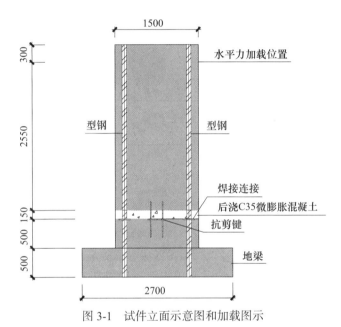

图 3-1 试件立面示意图和加载图示

表 3-1 试件设计参数

编号	连接型钢厚度（mm）	型钢端板厚度（mm）	抗剪键腹板厚（mm）	轴压比
GJ1	8	14	14	0
GJ2	8	14	14	0.28
GJ3	8	14	14	0.56

通过位于墙体顶部的水平千斤顶施加水平往复荷载，通过竖向千斤顶施加轴向荷载。在试验过程中，竖向千斤顶能沿水平方向移动，以确保竖向力作用线始终垂直于地面。

试验时先施加指定的竖向轴压力，再施加水平往复荷载。3 个试件上施加的竖向轴力不同，分别为 0kN、1500kN 和 3000kN。屈服前通过位移控制，屈服后通过力控制。图 3-2 为加载制度示意图。

在抗剪键及型钢的钢板表面设置应变片，用于测量型钢在荷载作用下的应变。在每级加载后记录裂缝出现时间、加载过程中的裂缝宽度、裂缝形状等裂缝发展过程及变化情况。

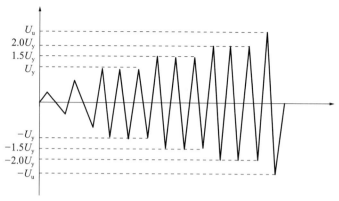

图 3-2　加载制度示意图

3.2.2　试验结果

（1）承载力、耗能及滞回特性

表 3-2 为各试件的极限承载力 F 以及总耗能 E_p。图 3-3 对比了 3 个试件的承载能力，图 3-4～图 3-9 为试验得到的各试件滞回曲线及骨架线[98]。

表 3-2　试件极限承载力 F 及总耗能 E_P

	GJ1	GJ2	GJ3
F（kN）	334.7	649.7	935.4
E_P（kJ）	312.1	445.2	438.1

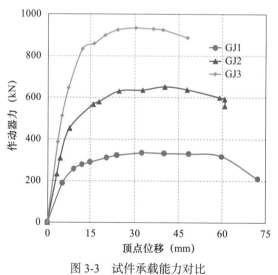

图 3-3　试件承载能力对比

表 3-2 和图 3-3 结果显示，试件 GJ1 轴压水平最低，其荷载－位移曲线最长、峰值荷载最小；试件 GJ3 轴压水平最高，其荷载－位移曲线最短、峰值荷载最大。这说明承载能力受轴压水平的影响，轴压水平越高承载力越高，但延性越差，该趋势与现浇墙片试验的趋势一致。

试件 GJ1、GJ2、GJ3 的滞回曲线如图 3-4、图 3-6 和图 3-8 所示，骨架线如图 3-5、图 3-7 和图 3-9 所示。各试件的荷载－位移滞回曲线中部捏拢，呈弓形。总体而言，用型钢来连接上、下部分墙体能保证构件具有较好的抗震性能。

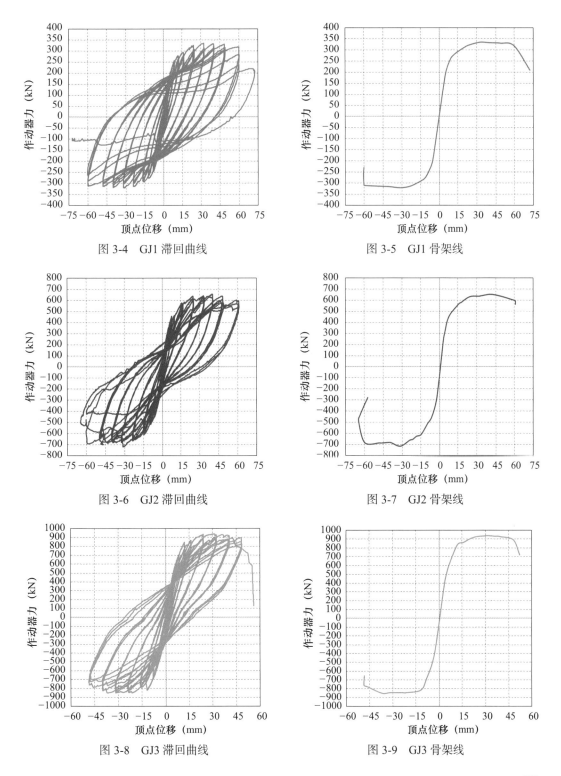

图 3-4　GJ1 滞回曲线　　　　　　　　　　图 3-5　GJ1 骨架线

图 3-6　GJ2 滞回曲线　　　　　　　　　　图 3-7　GJ2 骨架线

图 3-8　GJ3 滞回曲线　　　　　　　　　　图 3-9　GJ3 骨架线

（2）位移延性系数

对于抗震构件而言，延性是表明构件耗能能力的一个重要指标。构件延性可通过位移延性系数 μ 来体现，具体计算公式如下：

$$\mu = \frac{\varDelta_u}{\varDelta_y} \tag{3-1}$$

式中：$\varDelta_u$——试件的极限位移值；

$\varDelta_y$——试件的屈服位移值。

各试件的延性指标如表3-3所示。结果表明，构件轴压比越大，延性系数越低，与现浇混凝土墙片试验结果类似。

表3-3　各试件延性指标

编号	屈服位移（mm）	极限位移（mm）	延性系数
GJ1	11.5	63.7	5.54
GJ2	13.7	60.8	4.45
GJ3	11.6	50.3	4.34

（3）等效黏滞阻尼系数

表3-4列出了各试件的等效黏滞阻尼系数计算结果。如图3-10所示，该系数与位移幅值正相关。说明在往复荷载作用下，随着试件屈服及损伤的发展，各个试件的耗能能力逐渐增强。

表3-4　各试件等效黏滞阻尼系数 h_e

编号	屈服荷载时 h_e	峰值荷载时 h_e	破坏荷载时 h_e
GJ1	0.119	0.227	0.266
GJ2	0.115	0.185	0.211
GJ3	0.099	0.161	0.197

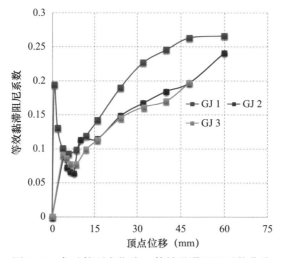

图3-10　各试件顶点位移－等效黏滞阻尼系数曲线

（4）破坏过程

各试件最终破坏形态如图 3-11～图 3-13 所示。裂缝发展和试件破坏的过程记录如下：

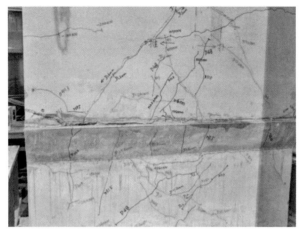

图 3-11 GJ1 最终破坏形态图

试件 GJ1 加载至 100kN 时，上部预制墙体底面水平缝处出现第一条裂缝，该裂缝为水平裂缝；加载至 240kN 时，下部预制墙体抗剪键位置出现斜裂缝；当水平位移为 12mm 时，后浇带中部开始出现竖向裂纹；当水平位移达到 23mm 时，裂缝继续扩展，并不断出现新裂缝。当水平位移达到 60mm 时，上部墙体两端混凝土压溃，构件接近破坏。

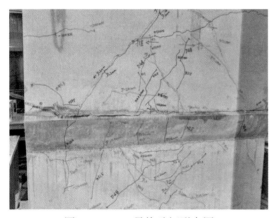
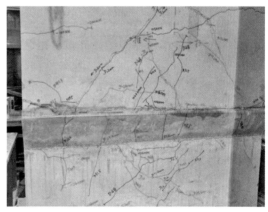

图 3-12 GJ2 最终破坏形态图　　　　　图 3-13 GJ3 最终破坏形态图

试件 GJ2 位移加载至 12mm 时，上部预制墙体可见水平裂缝，下部预制墙体在宽度中间位置出现斜向裂缝；位移加载至 32mm 时，上部预制墙体受压侧根部有垂直裂缝；当水平位移值达到 48mm 时，受压侧混凝土压酥；当水平位移值达到 60mm 时，墙体两端混凝土剥落，角钢被拉断，试件破坏。

试件 GJ3 加载至 600kN 时，上、下部墙体与后浇带交界处发生开裂；加载至 720kN 时，下部墙体根部开裂，后浇带处裂缝扩展，加载制度改为位移控制；当墙顶水平位移达到 12mm 时，上部预制墙体可见水平裂缝，下部预制墙体在宽度中间位置出现斜向裂缝；水平位移值为 40mm 时，受压侧下部墙体混凝土压酥，承载力开始下降；水平位移值为

60mm 时，受拉侧下部墙体钢板连接处焊缝拉开，试件破坏。

3.2.3 试验结论

根据试验现象观察和各试件性能参数，可得如下结论：

1）各试件的破坏方式均为延性破坏方式，破坏状态为弯剪破坏。

2）各试件在静力往复加载下的滞回曲线饱满，不同轴压水平下的试验现象与现浇混凝土墙体试验现象基本一致。

3）各试件极限位移角均满足规范要求，塑性变形能力较好，且具有较好的耗能能力。

综上所述，该预制剪力墙型钢连接节点具有较好的抗震承载力和延性，破坏方式与现浇剪力墙类似，可用于外套预制结构加固的外加横墙上下墙板之间的连接。

3.3 预制剪力墙抗剪键连接抗震性能研究

3.3.1 试验设计

（1）试件设计

试件主要由预制上下墙板、型钢抗剪键及位于底部的预制基础梁组成。基础梁截面为 400mm×400mm（高×宽），预制墙板高 1300mm，截面宽 1100mm，厚 200mm。该试验总共设计了 5 个试件，试件的编号为：JD-1～JD-5，5 个试件预制部分的混凝土强度等级均为 C30，钢板材质均为 Q235B。试件设计和加载位置如图 3-14 所示。上、下墙体为工厂预制，通过钢板抗剪键与预埋在上、下墙体里的钢板焊接使上、下墙体连接在一起，钢板抗剪键尺寸以及预埋在墙体里的钢板尺寸如图 3-15 所示。

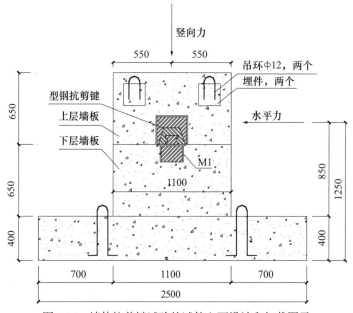

图 3-14 墙体抗剪键试验的试件立面设计和加载图示

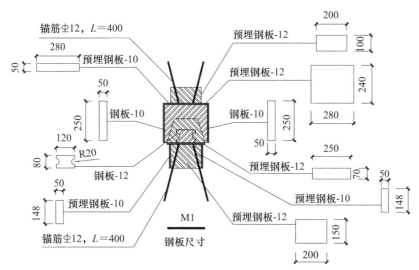

图 3-15　连接上、下墙体的钢板抗剪键尺寸和预埋钢板尺寸

墙体配筋图及其剖面图如图 3-16 和图 3-17 所示，各构件配筋均相同，具体配筋如下：上墙板的水平筋和竖向筋均为双面φ8@150，下墙板的水平筋和竖向筋均为双面φ8@100，位于上、下墙板水平缝两侧的水平钢筋均为 2φ16。抗剪键的具体做法如图 3-17 所示，钢板厚度有 10mm 和 12mm 两种，抗剪键与预埋钢板的焊接采用 E43 系列焊条，焊缝等级为二级。图 3-18 为上、下墙体的预埋钢板锚筋设计图，锚筋用于锚固预埋在上、下墙体里的钢板，保证在试验过程中，预埋钢板不会被拔出，抗剪键处的锚筋直径为 12mm，锚固长度均为 400mm，锚筋与抗剪键之间用 E43 系列的焊条连接在一起。基础梁在预制构件厂与预制下墙板整浇在一起。墙体由北京市政路桥建材集团有限公司在工厂进行预制，在北京建筑工程学院（现北京建筑大学）结构实验室进行抗剪键的焊接、坐浆以及低周往复加载试验[99]。

需要注意的是，JD-4、JD-5 的抗剪键与 JD-1～JD-3 不同，JD-4 和 JD-5 的抗剪键中部有削弱，具体如图 3-19 所示。

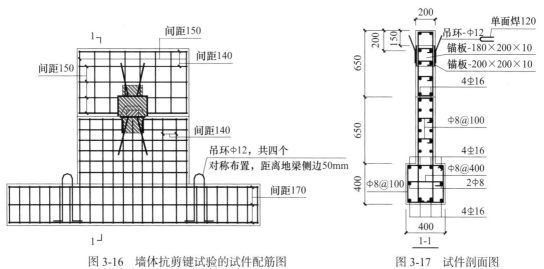

图 3-16　墙体抗剪键试验的试件配筋图　　　　　图 3-17　试件剖面图

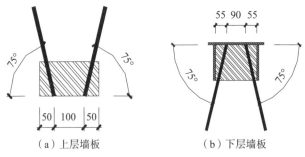

图 3-18　上、下墙体预埋钢板锚筋设计图

（a）JD-1～JD-3 的抗剪键

（b）JD-4 和 JD-5 的抗剪键

图 3-19　JD-1～JD-5 的抗剪键对比

（2）试件制作

试件制作期间的照片如图 3-20 所示，试件样品如图 3-21 所示。各试件的设计参数见表 3-5。

（a）抗剪键的布置

（b）下墙板和基础梁的整体模具

图 3-20　试件制作照片

图 3-21　试件样品

表 3-5　试件设计参数表

试件编号	截面尺寸（mm）	试件高宽比 l/b	钢板厚度（mm）	轴压比 $N/f_c A$
JD-1	1100×200	1.18	12	0
JD-2	1100×200	1.18	12	0.127
JD-3	1100×200	1.18	12	0.254

试件编号	截面尺寸（mm）	试件高宽比 l/b	钢板厚度（mm）	轴压比 N/f_cA
JD-4	1100×200	1.18	12	−0.006
JD-5	1100×200	1.18	12	−0.016

试验的加载装置主要由反力架、抱梁、竖向千斤顶和水平千斤顶等组成，如图 3-22 所示。加载现场照片如图 3-23 所示，竖向千斤顶可以随着墙体顶部的水平位移而左右移动，确保竖向力的作用线始终与地面是垂直的。

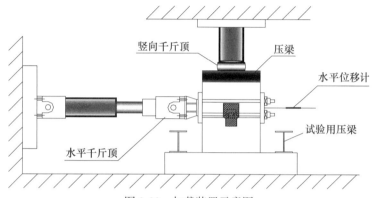

图 3-22　加载装置示意图

（a）竖向轴力为压力时的加载　　（b）竖向轴力为拉力时的加载

图 3-23　加载现场照片

对于试件的加载制度，施加轴力时竖向力先加载至预定值，试验过程中保持这个值不变，然后采取低周往复的方式施加水平力。5 个试件（编号为 JD-1～JD-5）的竖向轴力分别为 0kN、400kN、800kN、−20kN 和 −50kN（负号表示轴向拉力）。水平力的加载方案为：试件在名义屈服前采用力控制，各级荷载循环往复一次，名义屈服后则进行位移控制，各级位移循环往复三次，规定推力为正，拉力为负，加载制度示意图如图 3-24 所示。

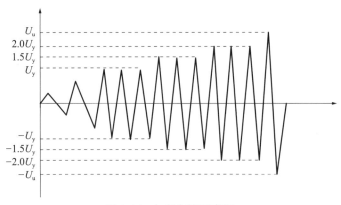

图 3-24　加载制度示意图

（3）测试内容及测点布置

1）水平位移的测量

水平位移的测量如下：在距离墙顶 450mm 处（水平力作用点）设置位移计，通过数据采集系统测出该点的水平位移值。同时在基础梁处设置位移计，测量基础梁与地面之间的相对滑移。

2）应变的测点布置

型钢抗剪键应变测点的布置见图 3-25，具体试验中应变片的布置如图 3-26 所示。

（a）JD-1～JD-3　　　　　　　　　（b）JD-4 和 JD-5

图 3-25　型钢抗剪键应变测点布置

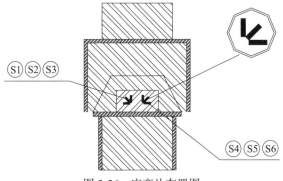

图 3-26　应变片布置图

3.3.2 试验结果及分析

（1）承载力、耗能及滞回特性

表 3-6 为各试件的极限承载力 F 及各试件的总耗能 E_p。试件总耗能的计算是按荷载－位移滞回曲线的外包络线所围成的面积。图 3-27 所示是 5 个试件的承载力曲线的比较，图 3-28～图 3-37 所示分别为试件 JD-1～JD-5 的荷载－位移滞回曲线和骨架线。

表 3-6　各试件的极限承载力 F 和耗能实测值 E_p

试件	JD-1	JD-2	JD-3	JD-4	JD-5
极限承载力 F（kN）	180.65	377.79	839.51	126.01	94.59
总耗能 E_p（J）	10651.71	52372.65	231780.7	3001.41	7186.40

由表 3-6 和图 3-27 可以看出，竖向力对试件的极限承载力有明显的影响，试件 JD-1（轴向压力为 0kN）的极限承载力明显高于试件 JD-4 和 JD-5（轴向压力分别为 −20kN 和 −50kN）的极限承载力，但低于 JD-2 和 JD-3（轴向压力分别为 400kN 和 800kN）的极限承载力。

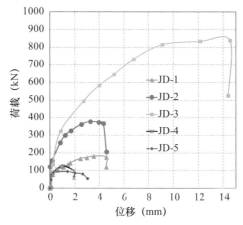

图 3-27　各试件的承载力比较

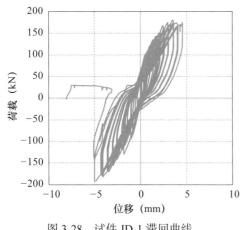

图 3-28　试件 JD-1 滞回曲线

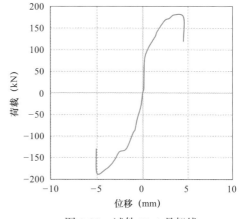

图 3-29　试件 JD-1 骨架线

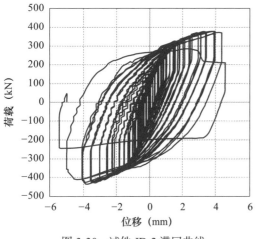

图 3-30 试件 JD-2 滞回曲线

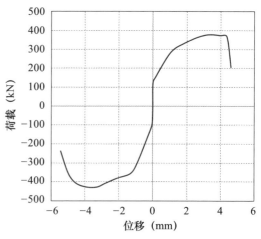

图 3-31 试件 JD-2 骨架线

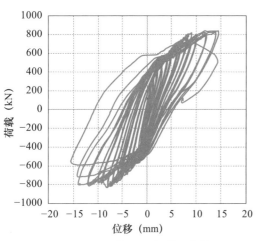

图 3-32 试件 JD-3 的滞回曲线

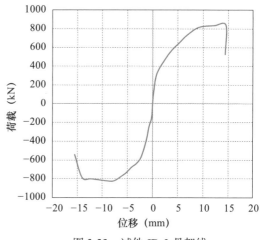

图 3-33 试件 JD-3 骨架线

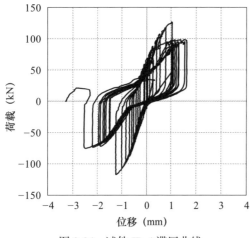

图 3-34 试件 JD-4 滞回曲线

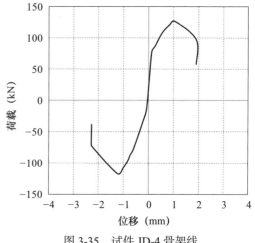

图 3-35 试件 JD-4 骨架线

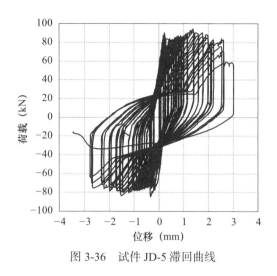

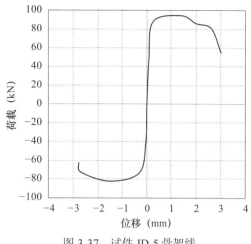

图 3-36 试件 JD-5 滞回曲线　　　　图 3-37 试件 JD-5 骨架线

从图 3-28～图 3-37 可以看出，在不同的轴向压力作用下，各试件的滞回曲线所包围的面积差别较大，其中的捏拢现象主要是由于试件在水平力的反复作用下，斜裂缝自产生之后，反复开张、闭合导致了刚度的退化。

轴向压力为 0kN、400kN 和 800kN 时的滞回曲线分别如图 3-28、图 3-30 和图 3-32 所示，从图中可以看出，JD-3 的滞回曲线所包围的面积明显大于 JD-1 和 JD-2，说明轴向压力的大小影响着构件的耗能能力，在一定范围内，轴向压力越大，构件的耗能能力越大。轴向压力分别为 −20kN 和 −50kN 时的滞回曲线分别如图 3-34 和图 3-36 所示，通过比较可以发现，轴向拉力的存在对构件的水平抗剪承载力不利，随着轴向拉力的逐渐增大，构件的极限承载力急剧下降，但是极限位移却有所增长，总体来说，轴向压力的存在可提高构件的抗侧承载力，但是降低了构件的延性。

（2）试件抗震性能分析

通过对 5 个试件的试验结果具体分析，评价构件的抗震性能的主要参数指标如表 3-7 所示。轴向拉力作用下的试件 JD-4 和 JD-5，随着拉力的增大，开裂荷载、屈服荷载和峰值荷载会相应地变小，说明轴向拉力对构件的承载力是不利的。

表 3-7 各试件抗震性能参数指标

试件编号	开裂荷载（kN）	屈服荷载（kN）	峰值荷载（kN）	开裂位移（mm）	屈服位移（mm）	峰值荷载位移（mm）	极限位移（mm）	延性系数
JD-1	95	153	181	0.8	1.98	3.5	4.56	2.30
JD-2	160	310	377	0.3	1.43	3.3	4.41	3.08
JD-3	555	716	839	2.6	6.52	14.4	14.46	2.22
JD-4	50	104	126	0.2	0.50	1.0	1.60	3.20
JD-5	50	86	95	0.05	0.24	1.4	2.63	10.96

表 3-8　各试件等效黏滞阻尼系数 h_e 计算表

试件编号	截面尺寸（mm）	轴压比	混凝土强度等级	屈服荷载时 h_e	峰值荷载时 h_e	破坏荷载时 h_e
JD-1	1100×200	0	C30	0.0577	0.0545	0.0532
JD-2	1100×200	0.127	C30	0.0613	0.0881	0.1045
JD-3	1100×200	0.254	C30	0.0446	0.0524	0.0593
JD-4	1100×200	−0.006	C30	0.0549	0.1526	0.1907
JD-5	1100×200	−0.016	C30	0.0695	0.2648	0.2511

注：表 3-8 是等效黏滞阻尼系数的具体计算结果。

（3）试验过程及结果分析

试件 JD-1～JD-5 最终破坏时的形态如图 3-38 所示。破坏过程详述如下：

试件 JD-1 在轴力为 0kN 的情况下进行水平力加载：首先采用力控制的方式，到 95kN 之后采用位移控制，每 $0.5\Delta_y$ 为一级，每级三圈，当位移为 0.8mm 时，出现第一条裂缝，裂缝出现在抗剪键正下方，同时，板内发出钢筋滑移的声音；位移达到 2.4mm 时，在抗剪键角部的下墙板处出现裂缝，下墙板西侧端部出现裂缝；位移达到 3mm 时，东侧出现裂缝，抗剪键角部下墙板的裂缝扩展；位移为 3.5mm 时，滞回曲线中的推力开始有下降趋势；在位移达到 4.56mm 时，上、下墙板突然出现扭转现象，下墙板东侧混凝土脱开。试件破坏时的照片如图 3-38（a）和（b）所示。

试件 JD-2 在轴力 400kN 的情况下施加水平力，首先采用力控制的方式，在水平拉力为 160kN 时，上部墙片的背立面抗剪键处出现第一条裂缝，当水平推力达到 300kN 时，抗剪键处开裂加剧，且有向内延伸的趋势，并有剥落现象，此时位移为 1.5mm；当水平位移值达到 1.8mm 时，背面抗剪键处破坏面（加竖向力时因接触面不平整造成混凝土压碎脱落）周边出现裂缝，局部受压处（正面）混凝土剥落；水平位移值达到 3mm 时，正面出现第一条裂缝，同时，应变花脱落，抗剪键的下部端焊缝出现撕裂；位移到 5.0mm 时，水平力达到 240kN，抗剪键的下部端焊缝剪断。试件最终破坏时的照片如图 3-38（c）所示。

试件 JD-3 在轴力 800kN 的情况下施加水平力，加载制度与试件 JD-1 和 JD-2 相同，首先采用力控制的方式，推力达到 600kN 时，正面下墙板右侧出现斜向裂缝；按位移控制之后，当位移为 6mm 时，正面下墙板左侧出现斜裂缝，背面对应处也同时出现斜裂缝；位移为 7mm 时，正、背面下墙板同时出现多条裂缝（两面对称）；位移为 9mm 时，抗剪键处混凝土开裂，焊缝端部开始开裂；位移为 12mm 时，上、下墙板接合缝处混凝土剥落，由于焊接时出现偏差，上、下墙板不在同一个平面内，因此在水平力作用下出现了扭转现象，墙板正反面端部出现反对称的混凝土剥落；当位移值为 14mm 时，下层墙板压溃，此时抗剪键并没有剪坏。试验照片如图 3-38（d）、（e）所示。

试件 JD-4 在轴向拉力 20kN 的情况下施加水平力，加载制度与前几个试件相同，首先采用力控制的方式，当水平力加至 50kN 时，下部构件开口方向出现一条裂缝，位置在开口远离作动器方向；在加载至 50～80kN 间，构件内出现轻微响动，响动时间间隔较长；加载至 90kN 时，远离作动器一侧下部构件角部出现小块混凝土脱落现象，背面有裂缝出现，相汇于一点，在构件上下方出现，上部构件开展较长；加载至 100kN 时，仍有小块混凝土脱落现象（同位置），同时试件发出不间断的声响，时间间隔较短，加载至 110kN

时，背面构件上部裂缝有所开展；加载 120kN 时，开口方向裂缝宽度有所增加，没有明显延伸；当荷载接近 130kN 时，连接构件进入屈服状态；力控制结束后进行位移加载起点调整，位移控制第一回合后，作动器外侧混凝土约 5cm 处出现纵深开裂，但仅一角部开裂，并未贯通，同时对角处也出现开裂（近作动器侧），裂缝宽度约 2mm，初步判断为扭转变形前兆，但现场观察尚不明显；位移加载继续进行，构件扭转加剧，并且下部端头点焊处焊缝开裂，并有相互错动迹象，继续加载，端部扭转变形接近 3cm，同时输出力出现下降。试件破坏照片如图 3-38（f）所示。

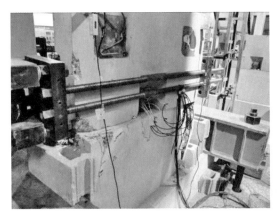 

（a）JD-1 破坏时全貌　　　　　　　　（b）JD-1 破坏时抗剪键情况

 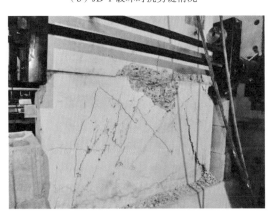

（c）JD-2 破坏时抗剪键情况　　　　　　（d）JD-3 破坏时全貌

（e）JD-3 破坏时抗剪键情况　　（f）JD-4 破坏时抗剪键情况　　（g）JD-5 破坏时抗剪键的情况

图 3-38　各试件的最终破坏形态图

试件 JD-5 在轴向拉力 50kN 的情况下施加水平力，加载制度和前几个试件一样，首先采用力控制的方式，当水平力达到 70kN 时，钢板进入屈服状态。随后采用位移控制，以 $0.5\Delta_y$ 为加载步长，加载循环 3 圈，加载过程中有轻微响动"咯吱"间隔较长；当位移控制加至约 0.25mm 时，正反混凝土两个面均出现竖向裂缝开展，正面（有豁口侧）较短，反面较长；在位移达到 0.5mm 时，加载步长更改为 0.1mm，位移继续增大时，钢板下面左右端部焊缝开裂，里面钢板变形，有裂缝错动迹象，由于在错动较小时有可能端部焊缝已经开裂，故不能准确判断端部焊缝开裂时间，位移加载至 1mm 时无明显扭转；在 1～2mm 加载段间，加载步长为 0.2mm。加载过程中轴向竖向变形明显，可以看到圆孔向椭圆渐变，过程中应变片退出工作；位移加载至 2.0mm，加载步长为 0.4mm，位移大约加载至 2.6mm，出现钢板局部颈缩断裂，试验停止。试件破坏照片如图 3-38（g）所示。

3.3.3 试验结论

试验结果和数值模拟结果对比表明：

1）型钢抗剪键的抗剪承载力能够满足要求，且具有较好的消能作用。受拉状态下，该类型抗剪键具有较高的抗剪承载能力，但变形能力较弱。建议在设计时，应避免出现抗剪键受拉的情况，或按设防烈度地震作用验算抗剪键的抗剪承载力。

2）零轴力状态及受压状态下，该类型抗剪键具有较高的抗剪承载能力，且具有一定的变形能力、耗能能力和延性。

综上所述，在竖缝或水平缝处，抗剪键主要承受的是相邻两块墙板的错动引起的剪力，试验结果表明，型钢抗剪键的抗剪承载力能够满足要求，且具有较好的消能作用，可用于外套预制结构加固的接缝连接。

3.4 预制剪力墙型钢法兰螺栓连接抗震性能研究

3.4.1 试验设计

上下预制剪力墙墙板的型钢可通过焊接方式进行连接，也可通过法兰螺栓方式进行连接。为研究法兰螺栓连接的受力性能，设计并完成了预制剪力墙型钢法兰螺栓连接试验。如表 3-9 所示，根据不同的螺栓直径和孔径、不同的法兰盘形式、不同的安装方式，分 6 组完成了 15 个构件的低周往复加载试验研究[100]。本次试验的目的为：

1）与无拼接节点的型钢试件试验结果对比，验证不同形式、不同规格法兰螺栓连接的有效性；

2）与无施工偏差的试件对比，研究施工时构件竖向垂直度偏差校正工艺对该型法兰螺栓连接性能的影响。

试验加载制度如图 3-39 所示。先采用力控制拉伸加载至 300kN，卸载至 0kN，再采用位移控制单向拉伸至破坏。

表 3-9　各组试验设计描述

试验编号	试件数量	试件编号	试件描述	试验目的
试验 1	2	试件 1-a、1-b	十字型连接 M16 螺栓	验证该型法兰螺栓连接的有效性
试验 2	2	试件 2-a、2-b	T 型连接 M16 螺栓	验证该型法兰螺栓连接的有效性
试验 3	2	试件 3-a、3-b	十字型连接 M20 螺栓	验证该型法兰螺栓连接的有效性
试验 4	4	试件 4-a、4-b、4-c、4-d	十字型连接 M16 螺栓	与试验 1 对比，研究施工时构件竖向垂直度偏差调整工艺对该型法兰螺栓连接性能的影响
试验 5	4	试件 5-a、5-b、5-c、5-d	十字型连接 M20 螺栓	与试验 3 对比，研究施工时构件竖向垂直度偏差调整工艺对该型法兰螺栓连接性能的影响
试验 6	1	试件 6	对比试件 完整无拼接	与试验 1、3、4、5 的试验结果对比，研究法兰连接性能是否与连续钢板的连接性能相当

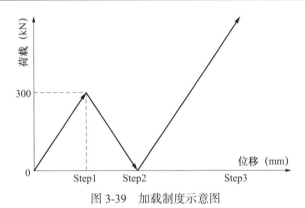

图 3-39　加载制度示意图

3.4.2　试验结果

（1）试验 1

试件形式如图 3-40 所示，共进行 2 个构件的单向拉伸试验。

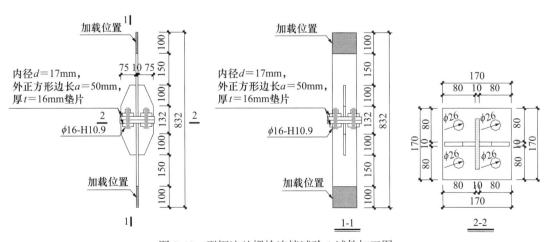

图 3-40　型钢法兰螺栓连接试验 1 试件加工图

试验完成后的试件破坏照片如图 3-41 所示。

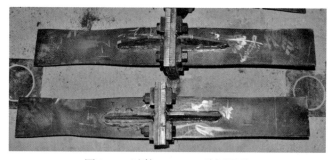

图 3-41　试件 1-a、1-b 破坏照片

试验得到的力－位移曲线如图 3-42、图 3-43 所示。

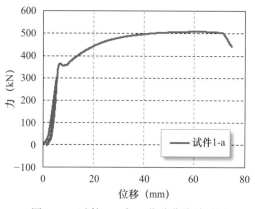 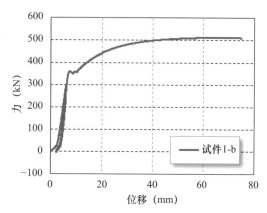

图 3-42　试件 1-a 力－位移曲线关系图　　　图 3-43　试件 1-b 力－位移曲线关系图

从破坏照片和力－位移曲线可以看出，该试验的试件连接性能可靠，基本等同于连续钢材受力性能。

（2）试验 2

试件形式如图 3-44 所示，共进行 2 个构件的单向拉伸试验。

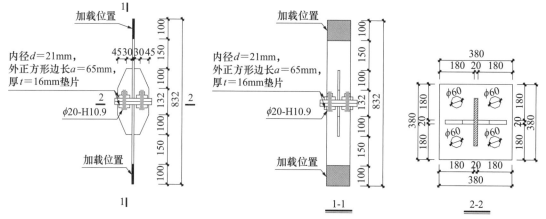

图 3-44　型钢法兰螺栓连接试验 2 试件加工图

试验完成后的试件破坏照片如图 3-45 所示。

图 3-45 试件 2-a、2-b 破坏照片

试验得到的力－位移曲线如图 3-46、图 3-47 所示。

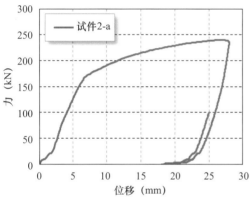

图 3-46 试件 2-a 力－位移曲线关系图

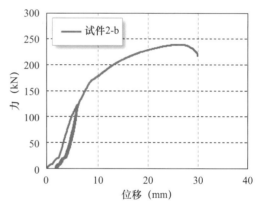

图 3-47 试件 2-b 力－位移曲线关系图

（3）试验 3

试件形式如图 3-48 所示，共进行 2 个构件的单向拉伸试验。

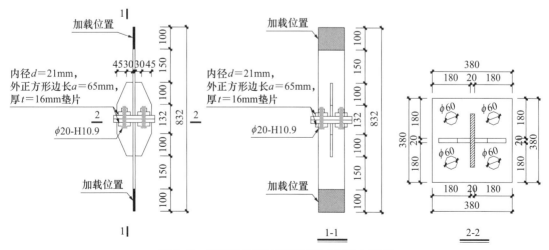

图 3-48 型钢法兰螺栓连接试验 3 试件加工图

试验完成后的试件破坏照片如图 3-49 所示。

（a）试件 3-a   （b）试件 3-b

图 3-49　试件 3-a、3-b 破坏照片

试验得到的力－位移曲线如图 3-50、图 3-51 所示。

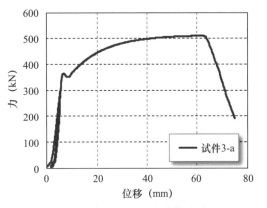

图 3-50　试件 3-a 力－位移曲线关系图

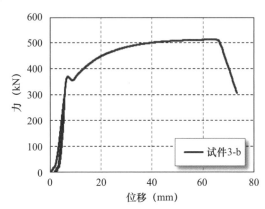

图 3-51　试件 3-b 力－位移曲线关系图

（4）试验 4

试件形式如图 3-52 所示，共进行 4 个构件的单向拉伸试验。预制构件的实际安装过程中，如发生垂直度偏差，会设置垫片进行找平。该试验中，为模拟该情况，分四种情况在不同位置设置 2mm 厚的垫片。设置 2mm 垫片时，可纠正 2% 的倾斜量。试验件连接时，设置了 5mm 的轴向错位。

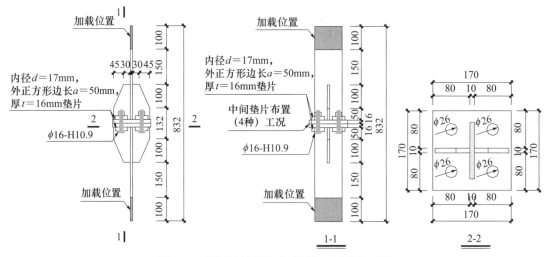

图 3-52　型钢法兰螺栓连接试验 4 试件加工图

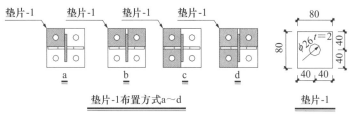

图 3-52 型钢法兰螺栓连接试验 4 试件加工图（续）

试验得到的力－位移曲线如图 3-53～图 3-56 所示。

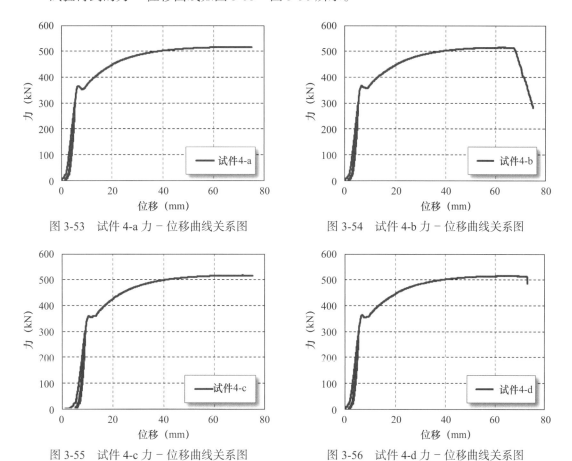

图 3-53 试件 4-a 力－位移曲线关系图　图 3-54 试件 4-b 力－位移曲线关系图

图 3-55 试件 4-c 力－位移曲线关系图　图 3-56 试件 4-d 力－位移曲线关系图

试验完成后的试件破坏照片如图 3-57、图 3-58 所示。

图 3-57 试件 4-a、4-b 破坏照片

图 3-58 试件 4-c、4-d 破坏照片

（5）试验5

试件形式如图 3-59 所示，共进行 4 个构件的单向拉伸试验。该试验中，为模拟实际施工时发生垂直度偏差后采用垫片找平的情况，分四种情况在不同位置设置 2mm 厚的垫片。

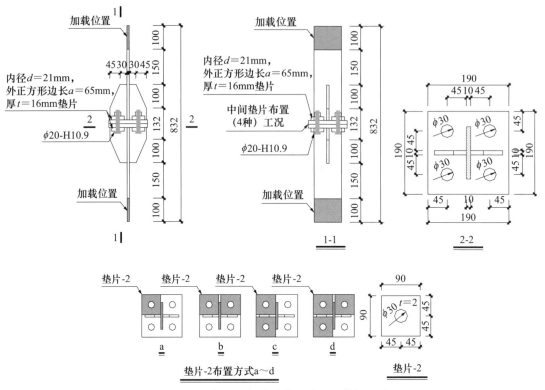

图 3-59　型钢法兰螺栓连接试验 5 试件加工图

试验得到的力-位移曲线如图 3-60～图 3-63 所示。试验完成后的试件破坏照片如图 3-64 所示。

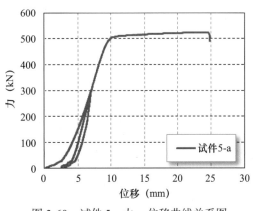

图 3-60　试件 5-a 力-位移曲线关系图

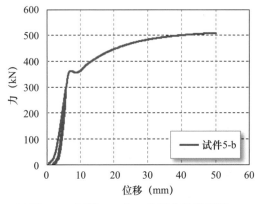

图 3-61　试件 5-b 力-位移曲线关系图

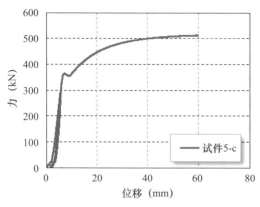

图 3-62 试件 5-c 力－位移曲线关系图

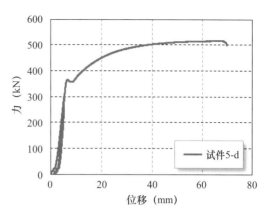

图 3-63 试件 5-d 力－位移曲线关系图

图 3-64 试件 5-a～5-d 破坏照片

（6）试验 6

试件形式如图 3-65 所示，共进行 1 个构件的单向拉伸试验。

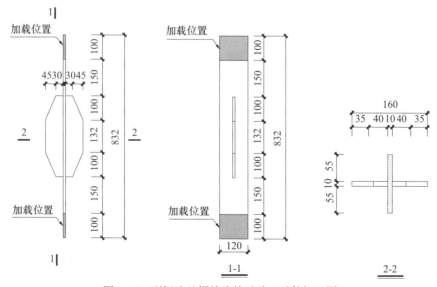

图 3-65 型钢法兰螺栓连接试验 6 试件加工图

试验得到的力－位移曲线如图 3-66 所示。试验完成后的试件破坏照片如图 3-67 所示。

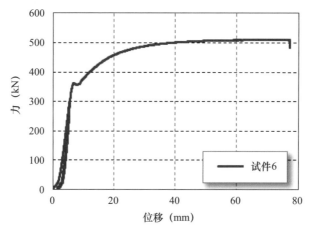

图 3-66　试件 6 力－位移曲线关系图

图 3-67　试件 6 破坏照片

3.4.3　试验结论

根据对上述试验结果的分析，可得到如下结论：

1）该型钢法兰螺栓连接形式的连接性能良好，基本可达到连续钢板的受力性能。

2）该连接方式可在一定程度上适应施工偏差，当预制构件拼接水平错位不大于 5mm 或倾斜量不大于 2% 时，其受力性能仍有保障。

3）受安装空间限制时，也可采用试验 2 所示的法兰螺栓偏心连接方式。

4）该型法兰螺栓连接可作为预制剪力墙边缘构件型钢对接的连接方式。

3.5　本章小结

为验证并完善多层砌体结构外套工业化抗震加固技术体系，设计并完成了预制剪力墙型钢连接节点试验、预制剪力墙型钢法兰螺栓连接试验，结论如下：

1）预制剪力墙型钢连接节点试验结果表明，该预制剪力墙型钢连接节点具有较好的抗震承载力和延性，破坏方式与现浇剪力墙类似，可用于外套预制结构加固的外加横墙上下墙板之间的连接。

2）在竖缝或水平缝处，抗剪键主要承受的是相邻两块墙板的错动引起的剪力，从试验的结果来看，型钢抗剪键的抗剪承载力能够满足要求，且具有较好的消能作用。

3）本章提出的钢法兰螺栓连接形式的连接性能良好，基本可达到连续钢板的受力性能。该连接方式可在一定程度上适应施工偏差，受安装空间限制时也可偏心连接，具有较好的施工容错，可作为预制剪力墙边缘构件型钢对接的连接方式。

第四章

既有砌体结构
装配化外套加固
抗震性能研究

4.1 概述

为进一步研究多层砌体结构装配化外套抗震加固方法的实际效果，在第三章连接层面的研究基础上，本章开展了足尺构件和整体结构的试验研究，主要包括以下几个内容：

（1）外贴预制墙板加固试验

结构纵向加固是通过在外纵墙外侧设置外贴预制墙板实现的，该方法的关键在于预制墙板与原砖墙之间连接的可靠性。预制墙板与原砖墙之间的连接构造主要采用"灌浆""销键""植筋"和"后浇带"等技术措施来保证预制墙板和原砖墙的可靠连接，这几种方式可组合使用。为研究采用不同连接方式加固后的墙片的抗震性能，针对灌浆连接、增设销键连接、灌浆并增设销键连接等三种连接方式分别制作了对应的试验模型，并进行了拟静力试验[96,101]。

（2）足尺模型试验研究

为验证多层砌体结构装配化外套抗震加固方法的实际效果，以北京市建筑设计研究院有限公司编制的"73住乙"系列住宅标准图为原型，建造了五层砌体结构足尺试验模型，采用装配化外套抗震加固方法对其进行了加固，在足尺模型结构的纵、横两个方向分别完成了拟静力试验和拟动力试验[96]。

（3）既有砌体结构破坏机理与设计方法

本节从横向和纵向两个方面对加固后结构进行试验结果分析，建立了有限元模型，对结构的整体性能、楼盖的整体性以及施工过程进行研究，对结构受力特性进行了归纳总结，并提出了相关加固设计方法[102]。

（4）既有砌体结构加固方案优化

根据足尺砌体结构加固模型试验及数值模拟结果，进一步研究了加固墙体各项参数对加固性能的影响，基于足尺试验结构的数值模型，改变关键参数，建立了多个有限元模型，进行参数分析及方案优化[103]。

4.2 既有砌体外贴预制墙板加固抗震性能研究

4.2.1 试验设计

外贴预制墙板加固试验的目的是检验采用预制剪力墙墙板加固砌体外纵墙后的复合构件的抗震性能。由于加固效果主要取决于新老结构连接的可靠性，因此本试验重点针对不同的新老结构连接方式进行研究。基于如下考虑完成本试验的设计：

1）外贴预制墙板与砖墙间的缝隙尺寸

外贴预制墙板安装就位后，预制墙板与原外纵墙之间必然存在缝隙，该缝隙留得越小则造价越低，但考虑到原砌体房屋外墙不一定平整，缝隙太小会导致无法安装，经综合考虑后，将外贴预制墙板与原外纵墙之间的缝隙取为10mm。

2）后浇带设置

为实现上下外贴预制墙板的可靠连接，考虑在原砌体楼盖标高设置水平后浇带，该后浇带可同时作为原结构楼盖与外套结构楼板之间的连接；后浇带高度需满足上下墙板型钢焊接连接或螺栓连接的施工需要。为实现外贴预制墙板左右两侧的可靠连接，考虑在原砌体纵横墙交接位置设置竖向后浇带，该后浇带可同时作为外加横墙与原结构横墙之间的连接；为避免现场支模，该后浇带宽度需小于外加横墙的厚度，同时还需要满足施工需要；综合考虑各种因素，将后浇带宽度取为150mm，并设置了抗剪齿槽。

3）植筋连接

为加强连接，水平后浇带与竖向后浇带均通过砖墙上的植筋与砖墙相连；预制剪力墙两侧甩出水平钢筋锚入竖向后浇带。

4）加载位置

为真实反映地震下的外套结构加固效果，加载点作用于砖墙顶部的加载梁，该加载梁与外贴预制墙板及后浇带之间均不相连。

为模拟实际工程可能用到的几种连接构造，并为足尺试验确定纵向加固方案，设计了三种可能用到的新老结构连接方式[96,101]，分别为：

1）"灌浆＋后浇带＋植筋"

该方式通过后浇带、植筋及在外贴预制墙板与砖墙之间进行灌浆来实现新老结构连接。该方式对原结构损伤相对较少，但灌浆量大，造价相对较高。以下称为灌浆连接方式。

2）"销键＋后浇带＋植筋"

该方式通过后浇带、植筋及在水平后浇带位置处的砖墙上开凿凹槽设置混凝土销键来实现新老结构连接。该方式对原结构损伤相对大一些，但灌浆量少，造价相对较低。以下称为增设销键连接方式。

3）"灌浆＋销键＋后浇带＋植筋"

该方式是前两种方式的集合。该方式对原结构损伤相对多一些，造价最高；但连接效果相对较好。以下称为灌浆并增设销键连接方式。

本试验共设计了4个试件，试件1、2、3的新老结构连接方式分别为灌浆连接方式、增设销键连接方式、灌浆并增设销键连接方式，试件4为不进行加固的砖墙，用于对比，试件各部分组成如图4-1～图4-4所示。各试件中砖墙尺寸相同，如图4-5所示。

灌浆连接方式具体实施时，于外贴预制墙板吊装就位后，在砖墙与外贴预制墙板之间设置10mm垫块，留出10mm灌浆缝隙。外贴预制墙板吊装完成后，用填充材料封堵外贴预制墙板与砖墙间缝隙边缘，并在顶部留出注浆孔，注入灌浆材料，将两者粘接在一起，如图4-1所示。增设销键方式具体实施时，在水平后浇带位置砖墙上开设间距675mm的150mm（长）×200mm（宽）×150mm（深）抗剪槽，水平后浇带浇筑时该抗剪槽一同灌实，如图4-2所示。

植筋及后浇带的具体构造做法如下：

1）外贴预制墙板形状及配筋：外贴预制墙板制成"回"字形，中间为窗口位置，板厚120mm，单面配置$\phi8@100$钢筋网片。墙板四角预埋吊环，便于施工吊装，外贴预制墙板钢模如图4-6所示。

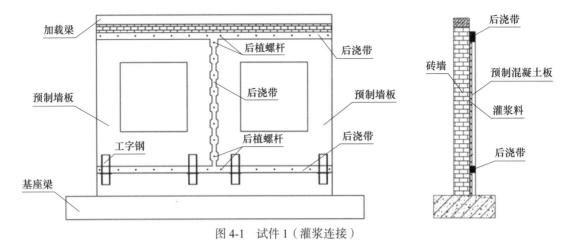

图 4-1　试件 1（灌浆连接）

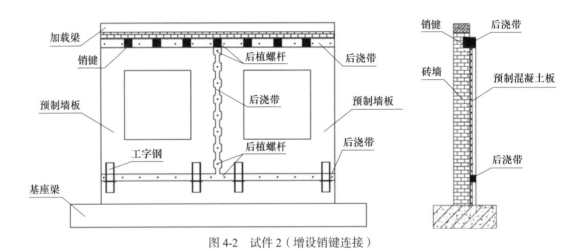

图 4-2　试件 2（增设销键连接）

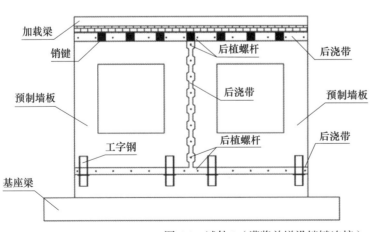
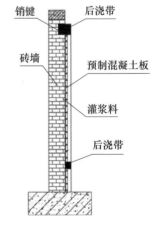

图 4-3　试件 3（灌浆并增设销键连接）

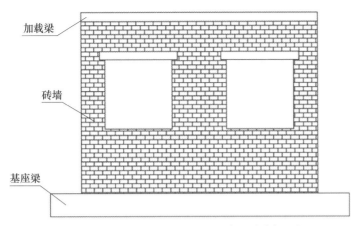
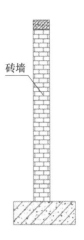

图 4-4 试件 4（非加固）

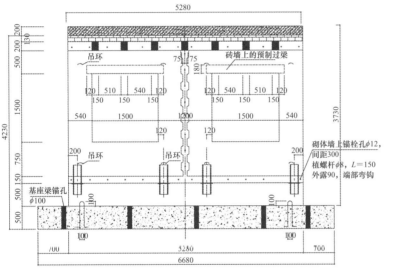
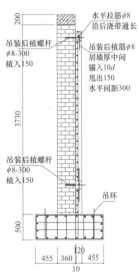

图 4-5 试件尺寸图

图 4-6 外贴预制墙板模板

95

2）墙板底部构造：每片外贴预制墙板底部预埋两块工字钢，用于与下部结构（相同位置也预埋了相同的工字钢，其顶部焊接端板）焊接相连。

3）墙板顶部构造：外贴预制墙板吊装完成后，在其顶部植筋，植筋孔居中布置，孔深 100mm，间距 300mm。孔内植入 $\phi 8$ 钢筋，植入深度 80mm，灌入植筋胶，植筋甩出孔外 150mm，甩出钢筋端部做成 135° 弯钩。

4）后浇带设置：外贴预制墙板上下设后浇带；两块墙板在相邻一侧设置马牙槎，相接处设竖向后浇带。

5）植筋位置：在上下两条后浇带以及马牙槎后浇带处的砖墙上植筋，间距 300mm。

6）后浇带内配筋构造：后浇带内设置 $\phi 8$ 通长钢筋，并将其与砖墙上植入的螺杆绑扎，同时将外贴预制墙板顶部植入钢筋的弯钩勾住通长钢筋。

砖墙外贴预制墙板加固流程如图 4-7～图 4-12 所示，当仅采用灌浆连接方式时，无需开设销键步骤；当仅采用增设销键连接方式时，则不需要实施墙板边缘封堵及灌浆的步骤。

在水平向及竖向进行加载，加载框架由基座梁、加载钢梁、轴力加载梁和四根立柱构成，立柱与反力底板固接，加载框架各组成部分如图 4-13 所示。

在试件顶部浇筑一道混凝土加载梁，通过混凝土加载梁可以使竖向及水平荷载均匀地传递到试件的砖墙部分。混凝土加载梁顶部植入螺杆，与加载钢梁连接，钢梁与作动器直接相连。

图 4-7　外贴预制墙板吊装

图 4-8　底部工字钢焊接

图 4-9　后浇带处砖墙植筋

图 4-10　砖墙开设销键

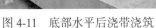
图 4-11　底部水平后浇带浇筑　　　　图 4-12　顶部及竖向后浇带浇筑

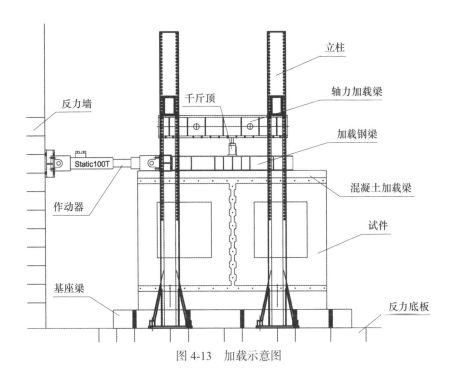

图 4-13　加载示意图

　　竖向加载：使用千斤顶向钢梁施加竖向力 300kN，荷载通过加载钢梁传给试件顶部的混凝土加载梁，然后传给试件，以保证轴向力均匀传递到试件上。试验过程中，300kN 的竖向力保持不变。

　　水平加载：采用电液伺服式作动器加载，作动器一端连接在实验室反力墙上，另一端与加载钢梁连接，向试件施加水平力。试件进行拟静力循环往复加载试验，在构件弹性阶段采用力控加载方式，屈服后（初始刚度退化 30% 后）转换为位移控制加载方式。

　　本试验采用了拟静力加载方式，四个试件的加载履历如图 4-14～图 4-17 所示。

　　由于试件 1～3 刚度较大，在构件屈服前采用力控制，结构屈服后，采用更为安全的位移控制。

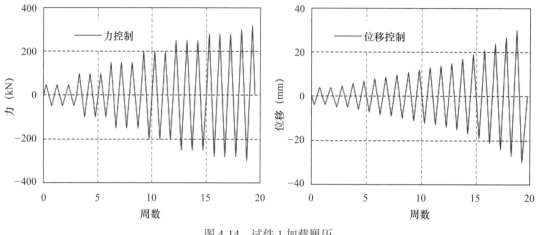

图 4-14 试件 1 加载履历

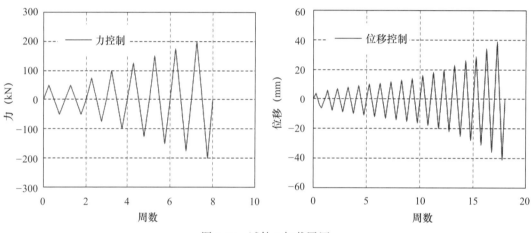

图 4-15 试件 2 加载履历

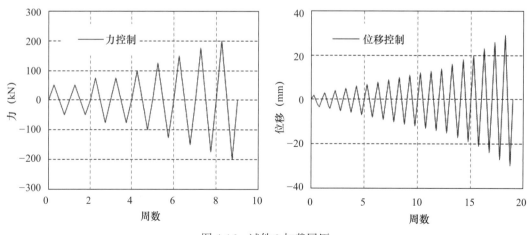

图 4-16 试件 3 加载履历

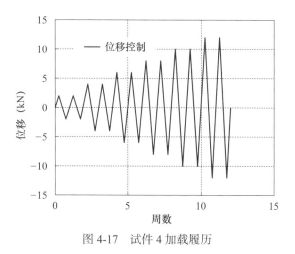

图 4-17　试件 4 加载履历

4.2.2　试验结果

　　各试件滞回曲线及骨架线如图 4-18～图 4-23 所示。试件 1～3 的耗能曲线如图 4-23 所示。

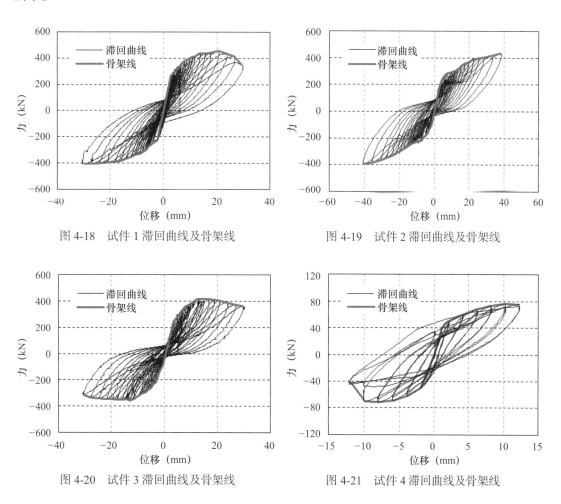

图 4-18　试件 1 滞回曲线及骨架线　　　　　　图 4-19　试件 2 滞回曲线及骨架线

图 4-20　试件 3 滞回曲线及骨架线　　　　　　图 4-21　试件 4 滞回曲线及骨架线

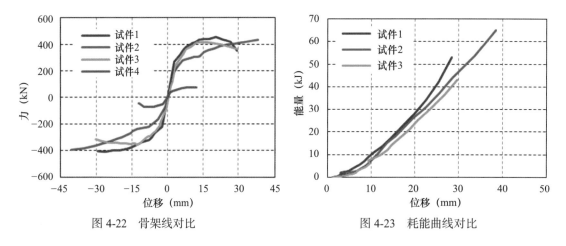

图 4-22　骨架线对比　　　　　　　　图 4-23　耗能曲线对比

依据上述曲线，分别从构件的承载能力、抗侧刚度、耗能、破坏模式四个方面分析和比较各试件的抗震性能：

（1）承载能力

各试件的极限承载力如表 4-1 所示，对比试件 4，试件 1～试件 3 的极限承载力分别提高了 5.92、5.70、5.46 倍，说明三种加固方法对于结构极限承载力均有显著的提高。

表 4-1　试件极限承载力

	试件 1	试件 2	试件 3	试件 4
极限承载力（kN）	450	433	415	76
提高倍数	5.92	5.70	5.46	1

承载力到达极限时，试件 1～试件 3 的位移分别为 20.5mm、37.9mm、12.2mm。试件 2 已产生较大位移，从滞回曲线来看，试件 2 的承载能力虽在继续增加，但构件裂缝宽度已较大，接近坍塌（参见后文图 4-31）。

比较试件 1～3 的屈服承载力（表 4-2），试件 1 和试件 3 的屈服承载力分别为 343kN 和 350kN，提高倍数基本相等，高于试件 2 的屈服承载力 293kN，说明灌浆连接方式相对于增设销键连接方式能更有效地提高构件的屈服承载力。

表 4-2　试件屈服承载力

	试件 1	试件 2	试件 3	试件 4
初始屈服力（kN）	343	293	350	57.1
提高倍数	6.01	5.13	6.13	1

（2）抗侧刚度

表 4-3 列出了 4 个试件初始处于线弹性阶段的抗侧刚度，试件 1～3 的抗侧刚度相对于试件 4 分别提高了 2.76 倍、1.94 倍和 2.30 倍，说明三种加固方法均能显著提高构件的抗侧刚度，值得注意的是采用灌浆连接方式提升构件的抗侧刚度效果更为显著。

表 4-3　试件抗侧刚度

	试件 1	试件 2	试件 3	试件 4
抗侧刚度（kN/mm）	99.8	70.2	83	36.1
提高倍数	2.76	1.94	2.30	1

由各试件的滞回曲线可以看出，随位移增大，各试件刚度退化明显。试件 2 的刚度退化最严重，表现为曲线的斜率减小较快。试件 1～3 的滞回曲线都表现出明显的"捏拢"现象，这是由于斜裂缝反复开合所致。

（3）耗能

从各构件耗能曲线，即图 4-23 中可以看出 3 个试件的耗能能力强弱次序为：试件 1 ＞试件 2 ＞试件 3。

（4）破坏模式

图 4-24～图 4-26 为试件 1～3 在不同位移加载幅值下的预制墙板裂缝图。

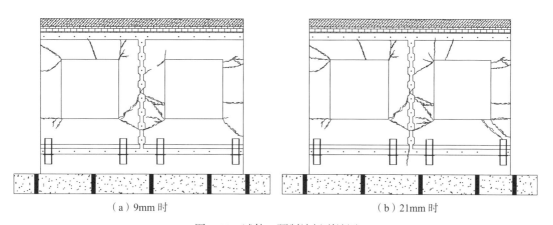

（a）9mm 时　　　　　　　　　　　　　（b）21mm 时

图 4-24　试件 1 预制墙板裂缝图

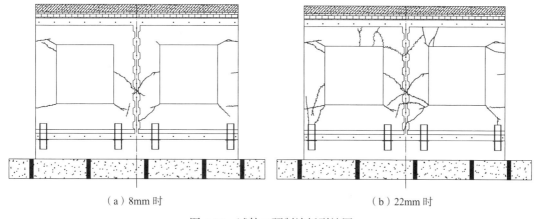

（a）8mm 时　　　　　　　　　　　　　（b）22mm 时

图 4-25　试件 2 预制墙板裂缝图

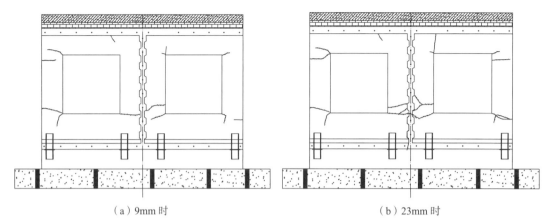

（a）9mm时　　　　　　　　　　　　　　（b）23mm时

图 4-26　试件 3 预制墙板裂缝图

　　由预制墙板裂缝图可以看出，各试件中，外贴预制墙板裂缝主要是窗户角部的斜裂缝、窗间墙底部的水平裂缝以及窗间墙的斜裂缝。在同一水平位移幅值下，试件 1 和试件 2 裂缝多一些，试件 3 较少。当位移幅值达到 20mm 时，试件 2 的裂缝开展最严重，构件破坏最为严重。图 4-27～图 4-29 是试件 1、试件 2 和试件 3 分别在 20mm、20mm、18mm 幅值下窗间墙的裂缝照片。

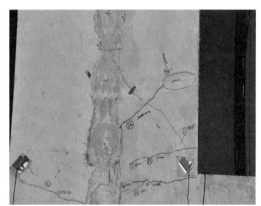

图 4-27　试件 1 墙体裂缝（20mm）

图 4-28　试件 2 墙体裂缝（20mm）

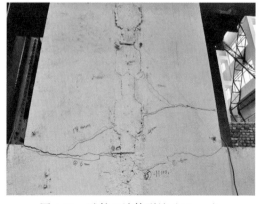

图 4-29　试件 3 墙体裂缝（18mm）

可以看到,试件 2 的窗间墙裂缝最多,裂缝发展得也比较长,并且已经有明显的斜裂缝,试件 1 和试件 3 此时的裂缝相对较少,主要为窗间墙的底部的一些水平向裂缝。

图 4-30～图 4-32 为试验完成后试件 1～3 的墙体剪切裂缝照片,对应的位移加载幅值分别为 30mm、41mm、30mm。

从裂缝照片可以看出,所有试件窗间墙均有明显的交叉斜裂缝。试件 2 的砖墙剪切裂缝很明显,斜裂缝宽度很大,反过来可以说明灌浆连接方式可以有效地约束墙体、控制裂缝宽度。从试件 2 滞回曲线及骨架线可以看出,虽然试件 2 仍能够保持水平向的承载力,但由于预制墙板对砖墙裂缝宽度没有抑制作用,墙体开裂严重,窗间墙下部的砖均已压溃,结构很可能发生倒塌,这是采用增设销键连接方式进行砖墙加固的主要缺陷。

图 4-30　试件 1 墙体剪切裂缝照片

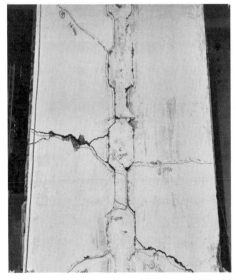

图 4-31　试件 2 墙体剪切裂缝照片

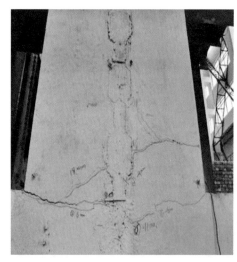

图 4-32 试件 3 墙体剪切裂缝照片

4.2.3 试验结论

根据上述试验结果，可得到如下结论：

1）采用各连接方式实现的外纵墙加固均能明显提高原墙体的抗震性能。就承载能力而言，各试件极限承载力的提高幅度大致接近；刚度方面，加固后构件的抗侧刚度明显提高，但试件 2 在往复加载后的刚度退化更为明显。

2）比较三个试件的试验结果可知，灌浆连接方式能较大幅度提高构件的承载能力及抗侧刚度，并能有效控制墙体裂缝开展、减小裂缝宽度。由试验照片可以看出，仅采用增设销键连接的试件 2 虽然在较大侧移下仍然能够保持水平方向的承载能力，但墙体开裂严重，存在倒塌隐患。

4.3 既有砌体结构外套预制结构加固足尺模型试验研究

4.3.1 试验设计

（1）加固前结构试验模型设计

依据对北京市建筑设计研究院 20 世纪 60～70 年代设计的住宅标准图的统计，20 世纪 60～70 年代建造的砌体住宅，结构层数一般不超过 6 层，层高以 2.8～3.0m 居多，建筑总高度一般不超过 19m。结构布置通常规则对称，各层结构抗侧力构件上下对齐，一般采用横墙承重形式，横墙间距以 2.7～3.9m 居多。楼盖一般为装配式楼盖，一般采用预制圆孔板。在 1976 年唐山地震之前设计、建造的楼栋，大多无抗震构造措施，少量设置加筋砖圈梁，均未设置构造柱。综合考虑上述特点，以北京市建筑设计研究院设计的"73 住乙"标准图为原型，建造了 5 层、1:1 足尺模型进行了抗震试验[105-107]，未加固模型结构平面布置、建成后照片详见图 4-33 和图 4-34。

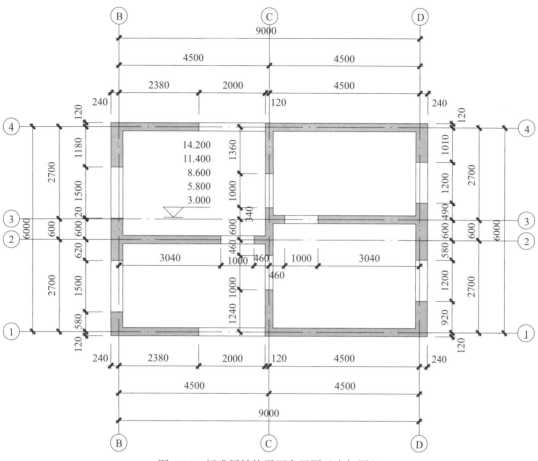

图 4-33　标准层结构平面布置图（未加固）

图 4-34　未加固模型照片

（2）加固后结构试验模型设计

采用外套预制加固方法对该砌体结构模型进行抗震加固，加固后模型结构平面布置如图 4-35 所示，外套结构加固方案通过参数化研究确定[105-107]。

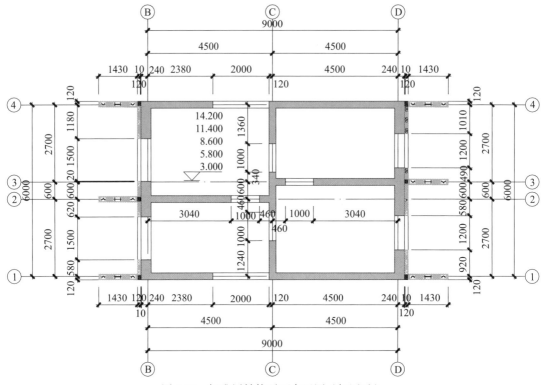

图 4-35　标准层结构平面布置图（加固后）

模型加固实施步骤如下：

1）在墙体表面植筋、开设抗剪槽，为避免灌浆过程中，灌浆料渗入室内，灌浆前剔除了墙体砂浆松软部位，用水泥砂浆对其勾缝，如图 4-36 所示。

2）吊装 120mm 外贴预制剪力墙墙板、吊装 200mm 预制剪力墙，并与下层墙体顶面预埋端板焊接，如图 4-37 所示。为避免上部构件施工时杂物坠入预留缝隙影响连接质量，外贴预制墙板与砖墙之间的缝隙四周采用有机条封堵，灌浆时局部撕开，如图 4-38 所示。吊装预制阳台板，并应做好临时支撑，如图 4-39 所示。

3）相关后浇带支模、门洞上方过梁支模，浇筑灌浆料，如图 4-40、图 4-41 所示。同时，沿结构各层横向墙体两侧通长设置钢拉杆，如图 4-42 所示，并在试验前拧紧。

4）屋顶加载大梁施工，如图 4-43 所示。

加固后模型照片及三维效果图详见图 4-44 和图 4-45。

模型各楼层质量分布详见表 4-4。

（3）横向加载方案

试验分横向和纵向加载两个阶段，两方向均首先进行拟静力，再进行拟动力试验。在模型三层顶和屋顶位置各安装两台 100t 作动器，试验加载方案如图 4-46 所示。

图 4-36　墙体设抗剪槽、植筋及勾缝

图 4-37　预制墙板吊装后焊接

图 4-38　有机条封堵缝隙

图 4-39　施工临时支撑安装

图 4-40　后浇带支模

图 4-41　灌浆料浇筑

图 4-42　钢拉杆安装

图 4-43　屋顶加载大梁施工

图 4-44　加固后模型照片

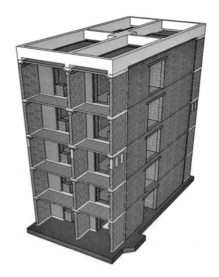

图 4-45　加固后模型三维效果图

表 4-4　试验模型各楼层质量分布

楼层	层高（m）	自重（t）	配重（t）	其他（t）	实际质量（t）
一	3.0	102.45	20	—	122.45
二	2.8	102.45	20	—	122.45
三	2.8	102.45	20	—	122.45
四	2.8	102.45	20	—	122.45
五	2.8	110.95	15	34.5	160.45
合计	14.2	520.75	95	34.5	650.25

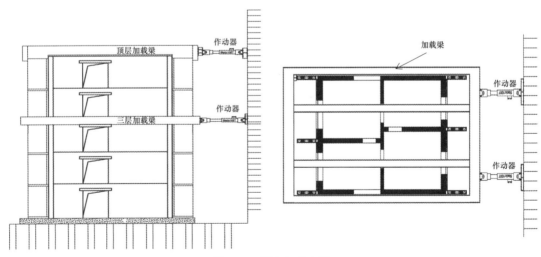

图 4-46　横向加载方案

（4）纵向加载方案

在试验结构三层安装三台 100t 的静态作动器，加载方案如图 4-47 所示。在试验结构纵向加载时，采用相同位移作为加载控制条件。

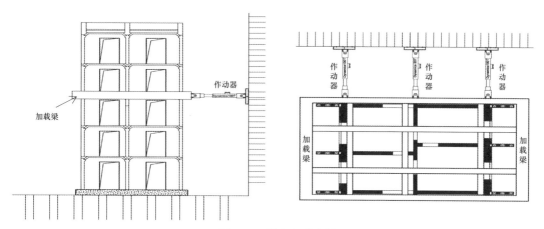

图 4-47　纵向加载方案

（5）拟动力试验地震动选择

本次试验选用 El Centro 波作为试验地震动，其时间步长为 0.01s，合计 1200 步。图 4-48 为峰值加速度缩放至 0.20g 时的 El Centro 波。

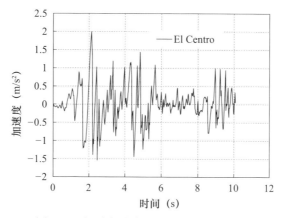

图 4-48　拟动力试验地震波（El Centro）

（6）横向测量方案

表 4-5 详细列出了横向试验测量内容、拉线位移计和应变片数量以及测点位置信息。

表 4-5　横向试验测点信息

测量内容	数量（拉线位移计／应变片）	位置信息
结构侧向位移	3（每层横墙数量）×5（层数）×2（方向）	各层 板顶标高
预制横墙弯曲变形	2（个）×6（每层墙片数量）×2（层数）	首二层 预制横墙
砌体横墙剪切变形	2（个）×2（砌体外墙数量）×2（层数）	首二层 外侧砌体墙体

测量内容	数量（拉线位移计／应变片）	位置信息
结构整体变形	2（个）×4	各层 层高处
钢骨应力测量	3（每片预制横墙上测点）×6（每层数量）×5（层数）	预制横墙型钢上
钢拉杆应力测量	8（每层数量）×5（层数）	各层 横墙两侧

（7）纵向测量方案

表 4-6 详细列出了纵向试验测量内容、拉线位移计和应变片数量以及测点位置信息。

表 4-6　纵向试验测点信息

测量内容	数量（拉线位移计／应变片）	位置信息
结构侧向位移	3（纵墙数量）×2（层数）×2（方向）	首、二层板顶标高
钢梁的变形	3（每层纵墙数量）	三层钢梁

4.3.2　试验结果

整个试验所采用的次序为：横向第一次拟静力试验→横向拟动力试验→纵向第一次拟静力试验→纵向拟动力试验→横向第二次拟静力试验→纵向第二次拟静力试验；为叙述清晰，按照先横向后纵向的次序进行试验结果描述。

（1）横向试验结果

1）横向第一次拟静力试验结果

顶层位移加载制度如图 4-49 所示，往复加载至 24mm。顶层加载至 9mm 时，首层预制横墙开始出现微裂纹；顶层加载至 18mm 时，首层预制横墙出现相对明显的水平裂缝，卸载后所有裂缝全部闭合。原结构首层过梁出现首条可见斜裂缝，斜向延伸约 1.0m。顶层加载至 24mm 时，首层预制横墙上均出现多道明显的水平裂缝；二层预制横墙根部出现较明显水平裂缝。首二层砖横墙开裂明显（参见后文图 4-63）。基底剪力－顶点位移曲线详见图 4-50；结构横向位移响应如图 4-51、图 4-52 所示。

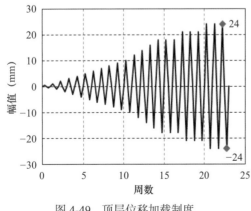

图 4-49　顶层位移加载制度

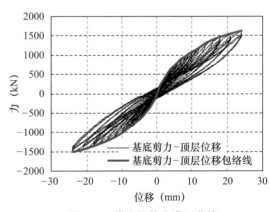

图 4-50　横向拟静力滞回曲线

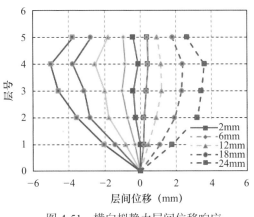

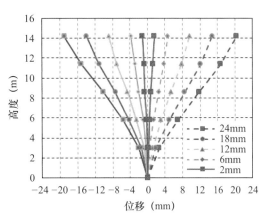

图 4-51 横向拟静力层间位移响应　　　　图 4-52 横向拟静力结构位移响应

结构横向第一次加载的结构响应如表 4-7 所示。

表 4-7　横向第一次拟静力试验结构响应

顶层位移（mm）	−24	−18	−12	−6	6	12	18	24
五层剪力（kN）	−938	−838	−693	−457	515	746	920	1014
基底剪力（kN）	−1508	−1347	−1114	−734	828	1197	1476	1629
五层位移（mm）	−23.90	−17.90	−11.91	−5.96	5.95	11.92	17.91	23.94
三层位移（mm）	−18.55	−13.94	−9.31	−4.59	4.96	9.70	14.45	19.32
位移差（mm）	−5.35	−3.96	−2.60	−1.36	0.99	2.22	3.46	4.62

由上述试验结果可知外套结构与原结构在横向加载时可共同工作，含有整体弯曲的变形特征，滞回曲线有非线性特征。

2）横向拟动力试验结果

既有砌体房屋加固的后续使用年限为 30 年，地震作用进行折减，折减系数取 0.75。拟动力试验结构响应见表 4-8。

表 4-8　横向拟动力试验结构响应

加速度（g）	顶层最大位移（mm）		基底剪力（kN）	
	正向	负向	正向	负向
0.0525（小震）	4.86	−4.31	449.6	−385.9
0.15（中震）	22.54	−16.09	1436.8	−1360.9
0.30（大震）	35.01	−48.67	2095.7	−2409.6
0.40（超大震）	57.74	−80.51	2603.4	−2763.9

图 4-53 和图 4-54 为不同地震动峰值时结构的剪力响应和位移响应；图 4-55 和图 4-56 为各地震动峰值下模型各层位移响应，从图中可以看出，当地震动峰值为 0.40g 时的最大层间位移角为 1/167。

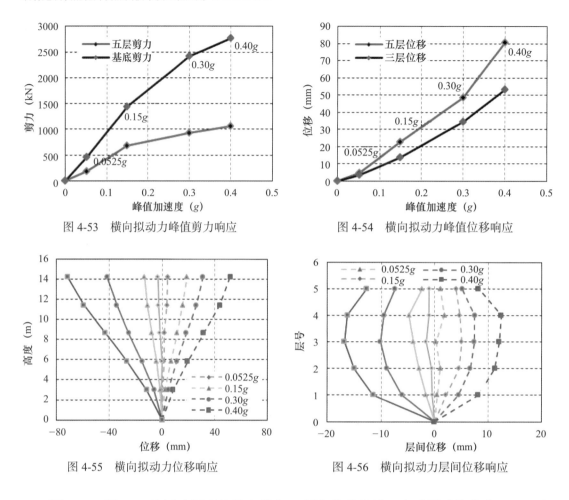

图 4-53　横向拟动力峰值剪力响应　　　　图 4-54　横向拟动力峰值位移响应

图 4-55　横向拟动力位移响应　　　　图 4-56　横向拟动力层间位移响应

　　图 4-57～图 4-60 为试验得到的基底剪力－顶点位移曲线。在地震动峰值为 0.15g 时，模型总体处在弹性阶段；地震动峰值达到 0.30g 和 0.40g 时，首二层预制横墙大量开裂，砖墙斜向开裂明显，但未出现倒塌等严重破坏；外套结构构件破坏形式与现浇混凝土构件受拉时裂缝状态类似；砖墙破坏形式与一般的砌体墙破坏类似。

　　图 4-61 和图 4-62 所示为结构横向基底剪力和顶点位移时程响应。

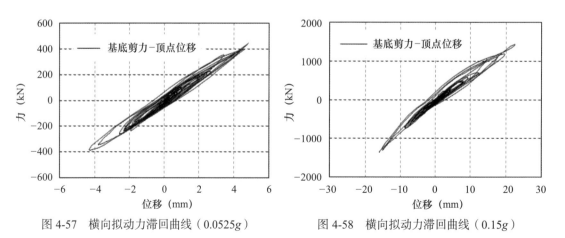

图 4-57　横向拟动力滞回曲线（0.0525g）　　图 4-58　横向拟动力滞回曲线（0.15g）

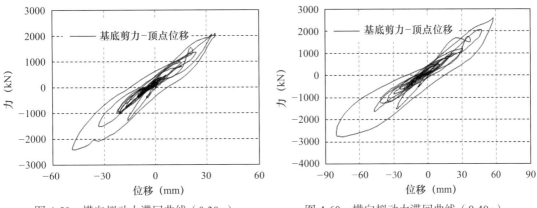

图 4-59　横向拟动力滞回曲线（0.30g）　　　图 4-60　横向拟动力滞回曲线（0.40g）

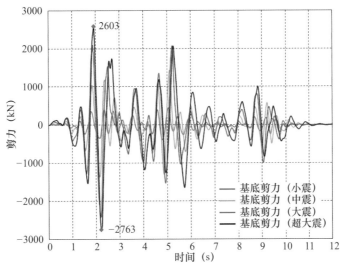

图 4-61　基底剪力响应（横向）

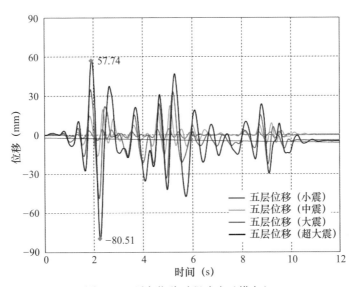

图 4-62　顶点位移时程响应（横向）

加速度峰值为 0.0525g 时，首二层预制横墙在拟静力试验中产生的裂缝重新张开，未见新裂缝出现，如图 4-63 所示。

加速度峰值为 0.15g 时，首层预制横墙出现新的水平裂缝，原有裂缝重新张开并进一步发展。首二层及顶部两层砌体墙在拟静力试验中产生的斜向裂缝重新张开并进一步发展，三层砌体墙体也开始出现斜向裂缝，如图 4-64 所示。

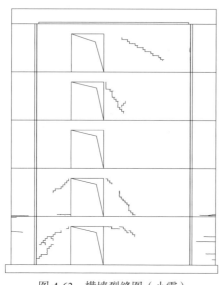

图 4-63　横墙裂缝图（小震）

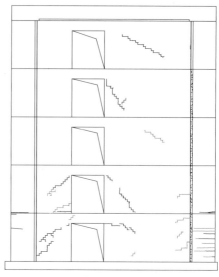

图 4-64　横墙裂缝图（中震）

加速度峰值为 0.30g 时，首层预制横墙出现大量水平裂缝，二层预制横墙也产生了一定量水平裂缝。各层砖墙裂缝均有发展，如图 4-65 所示。

加速度峰值为 0.40g 时，首二层预制横墙水平裂缝密集。各层砖墙斜裂缝均延伸至根部，底部三层墙肢长度较长的砖墙出现明显 X 形裂缝，如图 4-66 所示。

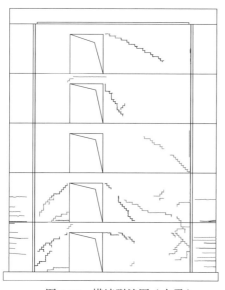

图 4-65　横墙裂缝图（大震）

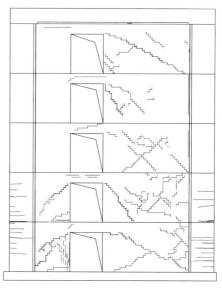

图 4-66　横墙裂缝图（超大震）

从图 4-67 和图 4-68 可看出，该模型在横向的刚度未明显退化，强度也在增长，还具有继续加载的可能。

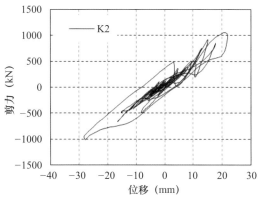

图 4-67 层间剪力－层间位移（三层顶）

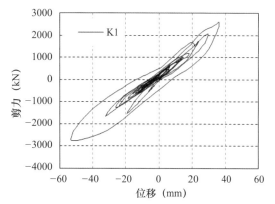

图 4-68 层间剪力－层间位移（五层顶）

3）横向第二次拟静力试验

在上述横向加载完成后，进行了纵向第一次拟静力加载以及纵向拟动力试验；之后重新进行横向加载试验，即横向第二次拟静力试验。此次加载的最大位移为 90mm（图 4-69）；图 4-70 是基底剪力－顶层位移曲线。

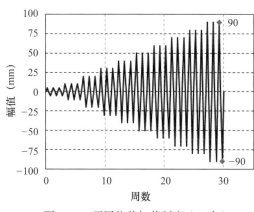

图 4-69 顶层位移加载制度（二次）

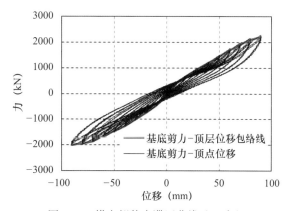

图 4-70 横向拟静力滞回曲线（二次）

（2）纵向加载

1）纵向第一次拟静力试验

图 4-71 为纵向第一次拟静力加载制度。加载至 9mm 位移时，首层预制外贴墙板产生水平裂缝；当位移到达 12mm 时，首层阳台板底部后浇带位置产生微裂缝。图 4-72 是基底剪力－三层位移曲线，具体数值如表 4-9 所示。

2）纵向拟动力试验

表 4-10 给出了纵向拟动力试验的结构响应。

图 4-73 是不同地震动峰值时的位移响应曲线。图中可见，三层位移随加速度峰值的增大而增大。地震动峰值为 0.40g 时，结构最大层间位移角为 1/233。图 4-74～图 4-77 是

不同地震动下模型基底剪力与三层位移的滞回曲线。在峰值为 0.0525g 和 0.15g 时，试验模型基本处于弹性阶段。在峰值为 0.30g 和 0.40g 时，首层预制外贴墙板及门洞上后浇接缝位置裂缝延伸较长，钢筋屈服。图 4-78 和图 4-79 分别为纵向基底剪力和三层位移时程曲线。

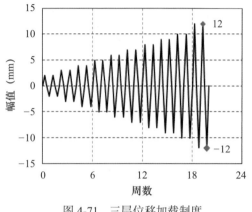

图 4-71　三层位移加载制度

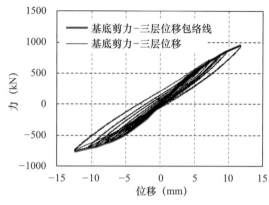

图 4-72　基底剪力 - 三层位移曲线

表 4-9　纵墙第一次拟静力试验结构响应

位移（mm）	−12	−9	−6	−3	3	6	9	12
基底剪力（kN）	−762	−687	−551	−325	361	622	795	951
三层位移（mm）	−12.38	−9.37	−6.07	−3.07	3.01	6.13	8.65	11.68

表 4-10　纵向拟动力试验结构响应

输入加速度（g）	三层最大位移（mm）		基底剪力（kN）	
	正向	负向	正向	负向
0.0525	2.86	−3.63	214.9	−281.6
0.15	7.85	−10.93	643.9	−794.5
0.30	16.09	−24.63	1135.7	−1219.0
0.40	23.23	−36.64	1326.9	−1524.9

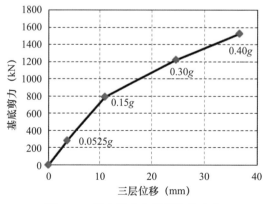

图 4-73　纵向拟动力峰值位移响应

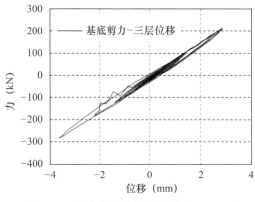

图 4-74 纵向拟动力滞回曲线（0.0525g）

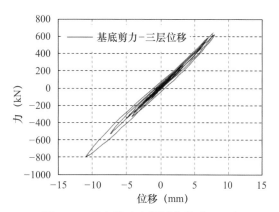

图 4-75 纵向拟动力滞回曲线（0.15g）

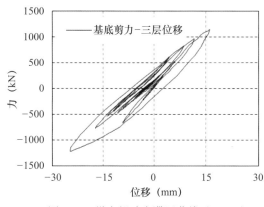

图 4-76 纵向拟动力滞回曲线（0.30g）

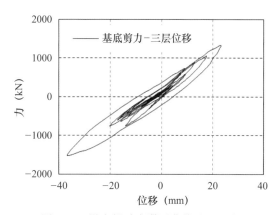

图 4-77 纵向拟动力滞回曲线（0.40g）

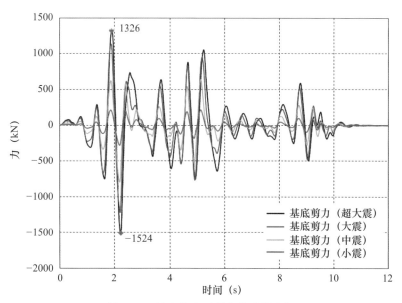

图 4-78 基底剪力时程曲线（纵向）

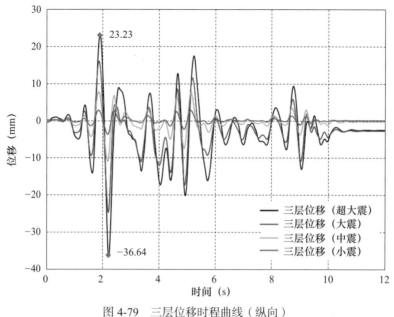

图 4-79　三层位移时程曲线（纵向）

加速度最大值达到 0.0525g 时，外套结构及原砖墙产生现新裂缝，模型裂缝分布状态如图 4-80 所示。

加速度最大值达到 0.15g、0.30g 时，已出现的裂缝有扩展，但未发现有新裂缝出现，如图 4-81、图 4-82 所示。

加速度最大值达到 0.40g 时，首二层外贴预制墙板裂缝有较大的扩展，部分长达 1m，如图 4-83 所示。

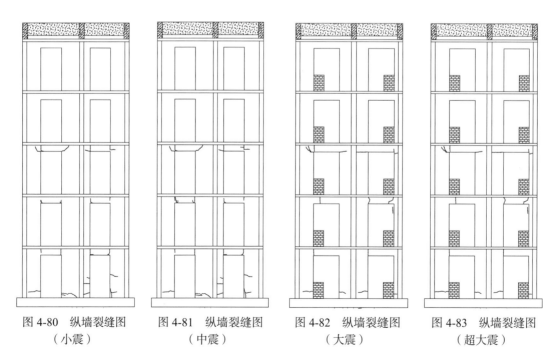

图 4-80　纵墙裂缝图
（小震）

图 4-81　纵墙裂缝图
（中震）

图 4-82　纵墙裂缝图
（大震）

图 4-83　纵墙裂缝图
（超大震）

3）纵向第二次拟静力试验

本次试验最后完成了纵向第二次拟静力试验，加载制度如图4-84所示。图4-85是基底剪力－三层位移曲线。加载至最后的模型破坏状态如图4-86～图4-89所示，阳台板与外贴纵墙连接开裂严重；门洞上后浇带连接处破坏显著。纵墙第二次拟静力试验结构响应见表4-11。

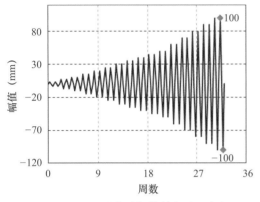

图 4-84 三层位移加载制度（二次）

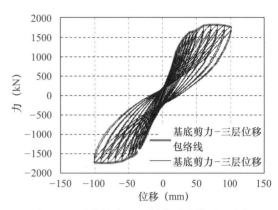

图 4-85 基底剪力－三层位移曲线（二次）

图 4-86 阳台板后浇带处裂缝

图 4-87 门洞后浇圈梁根部压碎

图 4-88 预制横墙墙板裂缝

图 4-89 首层内纵墙砖墙开裂

表 4-11 纵墙第二次拟静力试验结构响应

位移（mm）	−100	−80	−50	−20	20	50	80	100
基底剪力（kN）	−1726	−1742	−1611	−865	1126	1685	1817	1775
三层位移（mm）	−100.58	−80.38	−50.12	−20.03	20.29	50.54	80.67	100.72

4.3.3 试验结论

根据足尺模型两个方向的试验现象和试验数据，可知加固后结构抗震性能良好，具体结论如下：

1）整个试验过程中原结构与外套预制结构共同工作，未发生新老结构脱开的情况，可认为所采用的新老结构连接构造性能可靠。

2）外套预制结构的各预制构件之间未发生连接破坏，各预制构件破坏形式与现浇混凝土相同受力模式的构件的破坏方式类似，可认为所采用的预制构件连接节点的性能良好。

3）加固后结构在两个方向的承载力、延性均有明显提高；在超出罕遇地震水平的地震作用下，结构仍未出现显著破坏，承载力未明显下降，可见外套预制结构加固可达到加固目的。

4.4 既有砌体结构破坏机理与设计方法

在试验结果分析的基础上，针对北京地区典型多层砌体住宅，提出了结构加固的设计方法，具体包括如下几个方面：

1）多遇地震下的结构计算假定；

2）多遇地震下的结构验算要求；

3）多遇地震下的构件及接缝承载力验算要求；

4）抗震构造措施；

5）接缝和节点设计要求。

4.4.1 横向破坏机理与设计方法

（1）试验破坏现象总结

根据足尺试验结果可知，在多遇地震下，结构横向未出现明显开裂，新老结构连接接缝也未出现开裂。地震作用超出多遇地震后，新加横墙出现水平裂缝，原砌体横墙出现斜向剪切裂缝。结构横向裂缝开展过程如图 4-90 所示。

（2）计算假定和要求

根据上述试验现象，可知原砌体横墙的破坏仍以剪切破坏为主；另外，由于外加横墙与原砌体横墙共同工作，存在弯曲变形，因此存在砌体墙受压的现象。从上述分析可得到如下的结论和设计要求：

1）进行多遇地震下的结构分析时，可采用线弹性假定；

2）进行多遇地震下的结构分析时，可认为新加结构与原结构连为一体，新老结构的变形是协调的；

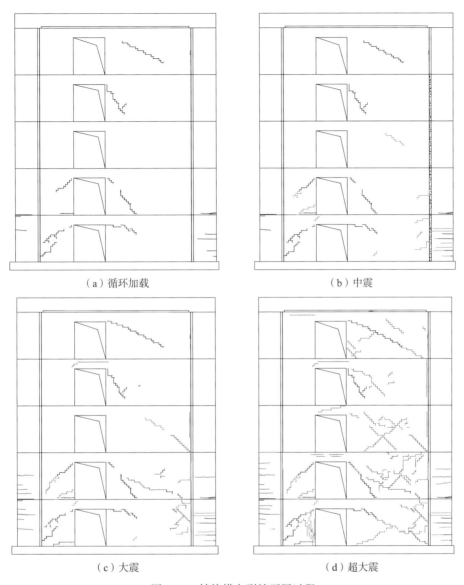

（a）循环加载　　　　　　　　　　　（b）中震

（c）大震　　　　　　　　　　　　（d）超大震

图 4-90　结构横向裂缝开展过程

3）新加横墙应满足多遇地震下的拉弯、压弯、抗剪承载力验算要求；

4）原砌体横墙应满足多遇地震下的抗剪和抗压承载力验算要求；

5）外加横墙的接缝承载力应满足水平抗剪承载力验算要求。

（3）构造措施

为保证加固后结构在横向的整体性，需采取顶层拉结、底部拉结及控制外加横墙最小尺寸的构造措施。在足尺模型试验中，为进行顶部加载，在顶层设置了钢筋混凝土拉梁；实际工程中，受建筑高度及日照问题限制，一般不能在原建筑屋顶设置尺寸较大的构件；根据试验结果，屋顶拉梁的抗弯刚度并不是必需的。为保持加固后结构整体性，防止新老结构接缝因为某些原因脱开及其他破坏导致的新加结构外闪（图 4-91），考虑在两侧外加横墙的顶部设置可靠拉结。

　　由于未发现横墙出现过大的裂缝开展，试验得到的各层钢拉杆应力水平也很低，考虑到入户施工非常困难，因此不再对层间钢拉杆的设置提出要求。

　　在试验中，新加结构底部与地梁刚接，新加结构在基础位置不会发生支座的水平滑移。实际工程中，由于采用的桩基础的桩顶水平刚度和强度不一定能确保不发生滑移，因此存在新增结构基础发生水平滑移的可能，如图 4-92 所示。

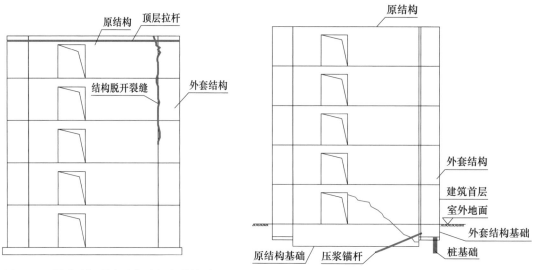

图 4-91　横墙破坏形式示意（新老结构脱开）　　　　图 4-92　新增结构基础水平滑移示意图

　　因此，需要采取措施避免新加结构基础在意外情况下发生较大滑移，可在原砌体结构基础中增设压浆锚杆对新加结构基础进行拉结，如图 4-93 所示。

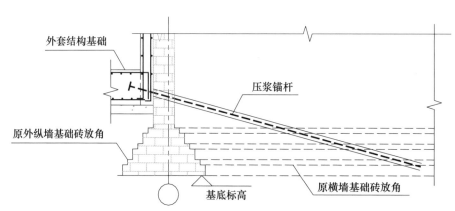

图 4-93　横墙底部基础拉结示意

　　另外，为保证加固后结构的整体性，还需要对外加横墙的最小截面尺寸进行限制，保证其刚度和强度，以约束原砌体横墙，避免原砌体横墙开裂后出现过大变形。为保证外加横墙在大震下的延性，要求按抗震等级三级对其进行抗震构造设计。为保证外加结构自身的抗震性能和整体性，要求外加横墙的预制墙板水平缝受剪承载力应满足现行行业标准《装配式混凝土结构技术规程》JGJ 1 的要求。

4.4.2 纵向破坏机理与设计方法

（1）试验破坏现象总结

根据足尺模型试验结果可知，在多遇地震下，结构纵向未出现明显开裂，新老结构连接接缝也未出现开裂。地震作用超出多遇地震后，外加纵墙的连梁位置出现竖向裂缝，外加纵墙的墙体出现水平裂缝，原砌体内纵墙出现斜向剪切裂缝。结构纵墙裂缝开展过程如图 4-94、图 4-95 所示。

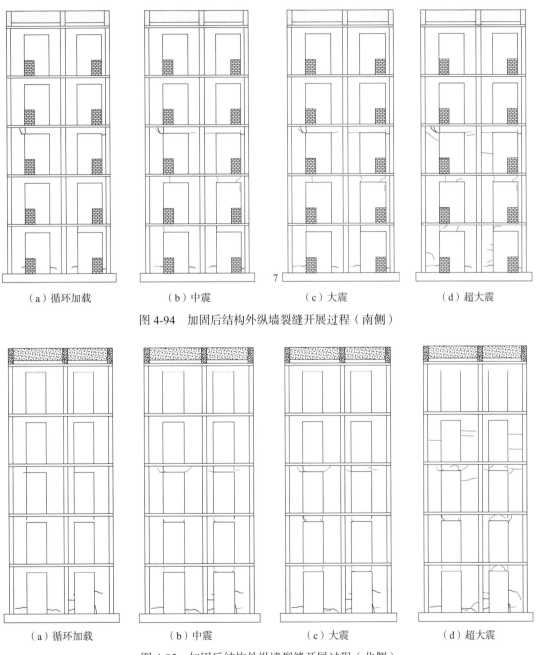

（a）循环加载　　（b）中震　　（c）大震　　（d）超大震

图 4-94　加固后结构外纵墙裂缝开展过程（南侧）

（a）循环加载　　（b）中震　　（c）大震　　（d）超大震

图 4-95　加固后结构外纵墙裂缝开展过程（北侧）

（2）计算假定和要求

根据上述试验现象，可知加固后的结构外纵墙破坏模式类似于剪力墙结构，内纵墙破坏模式仍为砌体破坏模式。从上述分析可得到如下的结论和设计要求：

1）进行多遇地震下的结构分析时，可采用线弹性假定；

2）进行多遇地震下的结构分析时，可认为原外纵墙与外贴纵墙连为一体，形成了一个组合构件，可共同工作；

3）原外纵墙与外贴纵墙组成的组合墙应满足多遇地震下的拉弯、压弯、抗剪承载力验算要求；外贴纵墙的连梁应满足多遇地震下的受弯和受剪承载力验算要求；

4）原砌体内纵墙应满足多遇地震下的抗剪承载力验算要求；

5）预制构件的水平接缝承载力应满足水平抗剪承载力验算要求。

（3）内力调整

内纵墙在开裂后刚度会明显小于加固后的外纵墙，其承担的水平剪力会很小；另外，结构纵向的刚度和强度比横向弱一些；因此，要求加固后的外纵墙应能承担全部的纵向地震作用。

在结构计算中，应首先按照弹性刚度对内、外纵墙的各墙肢进行内力分配；在验算加固后的外纵墙墙肢抗剪承载力时，需采用按加固后外纵墙承担 100% 纵向地震作用的原则进行放大后的剪力。

（4）构造措施

由足尺模型的纵向加载试验结果可知，结构在大震作用下，内纵墙虽然未出现局部倒塌，但其破坏也较为明显。内纵墙开裂后，对横墙面外变形的限制减弱，因此在纵向地震作用下，存在山墙顶部外闪的破坏可能，因此提出了对山墙加固的要求；为避免对户内使用面积的影响，一般可采用在山墙外侧增设单面钢筋网砂浆面层的方式进行加固；面层内的钢筋在房屋四角需要与外套结构可靠拉结。

为保证加固后结构在纵向的抗剪承载能力，同时为满足构件制作、运输、吊装的需求，要求外贴纵墙的最小厚度为 120mm；为保证外贴纵墙在大震下的延性，要求按抗震等级三级对其进行抗震构造设计。为保证外套结构自身的抗震性能和整体性，要求外贴纵墙的预制墙板水平缝拉弯和抗剪承载力应满足现行行业标准《装配式混凝土结构技术规程》JGJ 1 的要求。

4.4.3 结构整体性能分析

为深入了解加固后砌体房屋的受力特性等问题，根据北京地区 20 世纪六七十年代的标准图，对加固后结构性能进行了分析和统计研究工作，对结构受力特性进行了归纳总结。

结合 20 余栋楼采用外套结构加固的多层砌体结构的工程设计实际案例，进行了分析归纳和统计工作，具体各楼栋的信息见表 4-12（平面布置类似的楼栋未重复包含）。

表 4-12 信息统计表

楼号	高度（m）	层数	横墙间距（m）	纵墙形式
甘家口 3 号楼	15.25	5	2.7、3.3	两道外纵墙＋无内纵墙
农光里 13 号楼	15.40	5	2.7、3.0、3.6	两道外纵墙＋一道内纵墙
农光里 18 号楼	15.20	5	2.7、3.0、3.6	两道外纵墙＋一道内纵墙
农光里 22 号楼	15.40	5	2.7、3.3	两道外纵墙＋一道内纵墙
农光里 23 号楼	15.40	5	2.7、3.3	两道外纵墙＋一道内纵墙
农光里 35 号楼	17.15	6	2.7、3.3、3.9	两道外纵墙＋一道内纵墙
农光里 36 号楼	17.15	6	2.7、3.3、3.9	两道外纵墙＋一道内纵墙
新源里西 11 号楼	15.65	5	3.2、3.4	两道外纵墙＋无内纵墙
管庄西里 1 号楼	15.00	5	2.7、3.3	两道外纵墙＋一道内纵墙
管庄西里 2 号楼	15.65	5	3.2、3.4	两道外纵墙＋一道内纵墙

上述楼栋采用的部分典型户型如图 4-96 所示。

根据建设方及住户的需求，对这些楼栋采用外套预制结构方式进行抗震加固，加固后房屋的新增结构部分可作为使用面积。根据统计，一般的住户面积每户约增加 8~15m²，由于这些房屋原有的每户建筑面积多为 50 m² 左右，因此，采用该方式加固后，住户的使用空间有一定增加，改善了住户的居住条件。加固后的典型建筑平面布置如图 4-97 所示。

加固后的典型结构平面布置如图 4-98 所示。外加横墙的厚度为 200mm，外贴纵墙的总厚度为 120mm，外加楼板厚度为 120mm；原房屋两侧各外扩 1.5m 和 2.0m。

根据北京地区既有多层砌体住宅的典型建筑与结构布置，采用 ETABS 软件，对加固后结构进行分析并对结果进行了归纳统计。

（1）加固后结构的整体计算指标

为了从统计角度对加固后砌体结构整体性能有总体把握，提取了加固后结构的基本振型及在多遇地震作用下的侧移，获得如下结果：

1）加固后结构两个方向基本自振周期一般为 0.15~0.30s。

2）由于加固后需将原建筑外纵墙上的窗下墙拆除，加固后结构的纵向刚度弱于横向；

3）加固后结构纵向侧移一般为 1/3000~1/2000；加固后结构横向侧移一般为 1/7000~1/5000。

（2）加固后结构横向内力统计

为从实际工程的统计角度考察结构横向在加固后的受力变化情况，对加固前典型砌体墙、加固后典型砌体墙和外加横墙所承担的水平剪力进行了统计和对比，结果如下：

1）外加横墙约承担加固后结构基底剪力的 70%；

2）与未加固结构相比，加固后结构横墙总剪力下降约 50%。

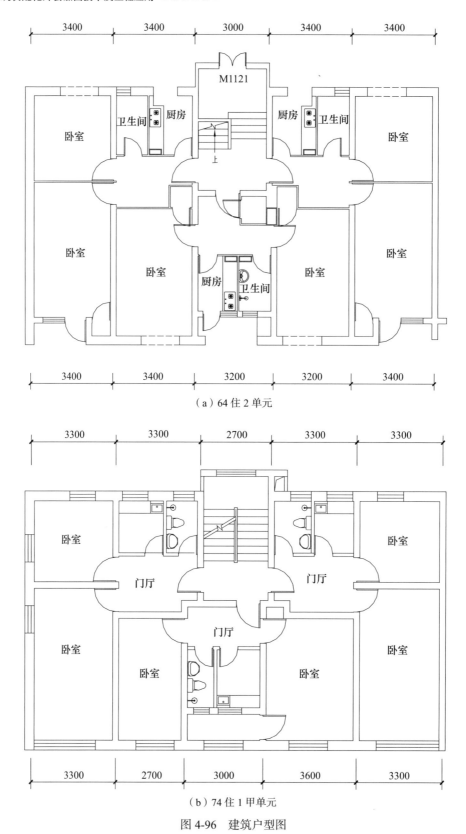

（a）64住2单元

（b）74住1甲单元

图4-96　建筑户型图

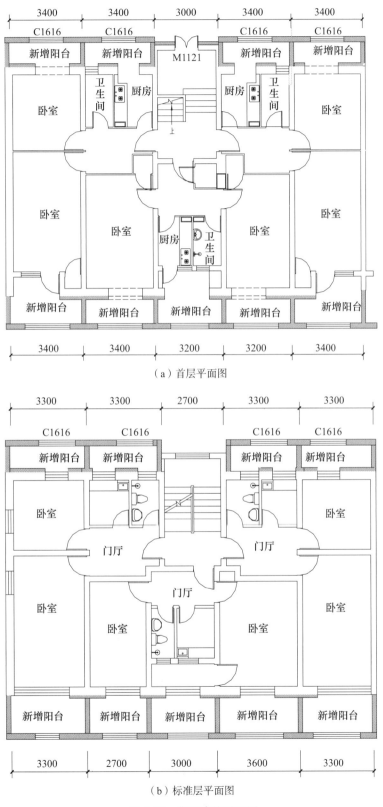

（a）首层平面图

（b）标准层平面图

图 4-97 典型建筑平面图

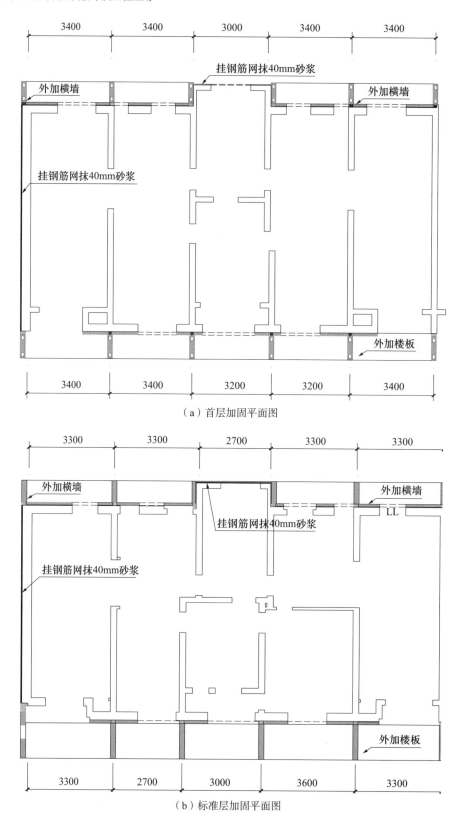

（a）首层加固平面图

（b）标准层加固平面图

图 4-98 典型结构平面加固布置图

4.4.4 楼盖整体性分析

北京地区 20 世纪六七十年代建造的多层砌体，一般采用预制楼盖，未设置圈梁，但预制板端甩出胡子筋锚入后浇段内，横墙上的预制板搭接长度一般为 75mm，且胡子筋端部之间设置了纵向钢筋，如图 4-99 所示。

这种连接方式可提供一定的楼盖整体性，对于横墙较多、横墙间距不太大的情况，可认为楼盖的整体性可满足要求。虽然预制板之间存在板缝，但由于横墙间距不大，预制板有一定宽度，因此在楼盖发生面内变形时，采用图 4-99 所示的连接方式也可在一定程度上提供楼盖的面内刚度，其工作机制类似一个平放的空腹桁架。

采用有限元软件 ETABS 对楼盖刚度进行了近似的线弹性模拟分析，采用壳单元模拟横墙和每块预制板，分析时预制板与横墙之间是变形协调的，分析模型如图 4-100 所示。

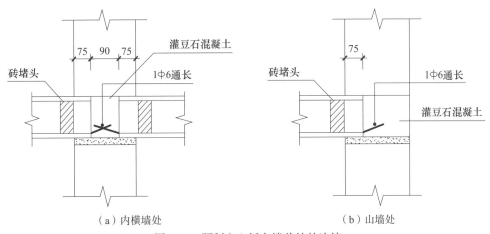

（a）内横墙处 （b）山墙处

图 4-99 预制空心板在楼盖处的连接

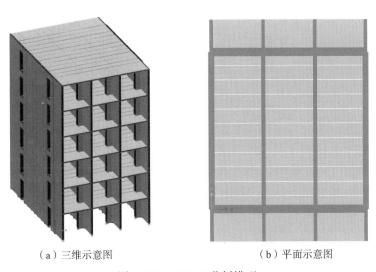

（a）三维示意图 （b）平面示意图

图 4-100 ETABS 分析模型

　　由于某些户型的内纵墙数量很少，在线弹性近似模拟中的计算模型不考虑内纵墙。由于横墙较多且采用外套结构的楼盖类似水平深梁，因此可认为结构在横向地震作用下的楼盖刚度是足够的，仅评估纵向地震作用下的结构楼盖整体性。

　　采用底部剪力法，近似评估纵向地震作用下的楼盖性能，地震作用下五层楼盖结构应力水平最高，其变形和应力分布如图 4-101 所示。

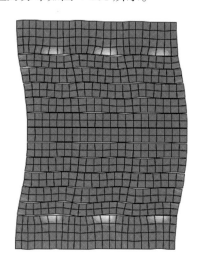

| 0.00 | 0.23 | 0.46 | 0.69 | 0.92 | 1.15 | 1.38 | 1.62 | 1.85 | 2.08 | 2.31 | 2.54 | 2.77 | 3.00 |

图 4-101　ETABS 分析得到楼盖变形与应力分布

　　纵向多遇地震下，楼盖的最大拉应力约为 0.63MPa；由于预制板板底与横墙有坐浆，预制板板端嵌入砖墙的位置存在竖向压应力产生的摩擦力，且预制板板端有胡子筋锚入横墙顶部的后浇段内，因此可认为预制楼盖与横墙连接可实现楼盖的整体性并将地震作用楼盖和横墙传递到外纵墙。

　　对于屋顶层的山墙，由于竖向压应力水平低，且仅有一侧楼板与山墙相连。因此，在纵向地震作用下，存在山墙外闪的可能性，需采取相应措施。考虑在山墙外侧增设钢筋网砂浆面层加固，面层中的水平钢筋与外贴纵墙在房屋四角位置可靠连接，采用这种加固做法可避免山墙发生过大外闪，防止山墙甩出。

4.4.5　施工过程分析

　　由于外套结构加固在实施时类似于分期建设（接建），原砌体结构建造在先，外套结构建造在后，原砌体结构存在二次沉降的问题，如图 4-102 所示。由于外套结构加固用到的外加结构构件尺寸一般较大，原砌体结构墙体均为脆性材料，分期建造问题如果处理不当，容易导致原砌体结构开裂、计算结果失真等问题。

　　为避免外套结构产生的二次沉降带来不利影响，在设计中需要从下述两个方面采取针对性措施：

　　1）计算模拟。需要在结构计算中考虑分期建设导致的原砌体结构二次沉降问题，一般在结构计算软件中采用施工过程模拟来反映该影响。

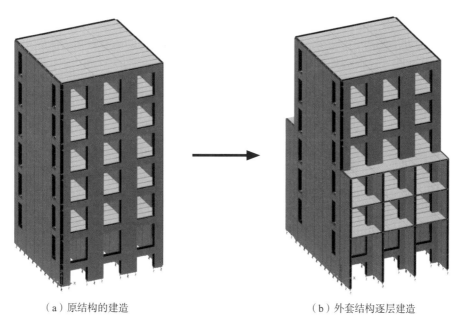

(a) 原结构的建造　　　　　　　　　　（b) 外套结构逐层建造

图 4-102　分期建设示意图（原结构→外套结构逐层建造）

2）基础形式。外套结构的基础一般需要采用桩基础，且在设计中需要对桩的沉降量进行控制。

为研究分期建设引起的二次沉降问题和桩沉降控制需求，采用 ETABS 软件进行了施工过程分析，模拟了外套预制结构的加固施工过程，分析模型如图 4-103 所示。

外套结构横墙　　原结构横墙　　外套结构横墙

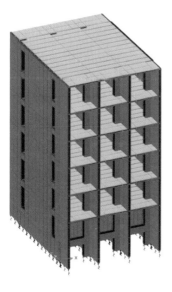

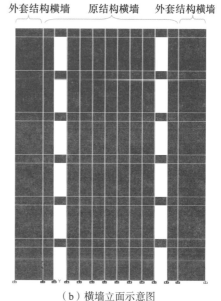

(a) 三维示意图　　　　　　　　　　（b) 横墙立面示意图

图 4-103　计算模型示意图

在计算中，原结构条形基础下的地基刚度采用线弹簧模拟，地基基床系数为 20000kN/m³；桩刚度采用点弹簧模拟，刚度值为 100kN/mm；略保守地不考虑外套结构基础底板下土体刚度。考察两种不同施工过程对加固后结构的原砌体横墙应力的影响，两种施工过程分别是：

1）施工过程1：原结构→外套结构基础→逐层建造外套结构且每层外套结构建成后立即与原结构共同工作→施工至顶层。

2）施工过程2：原结构→外套结构基础→建造首层～三层外套结构且外套结构不与原结构共同工作→将首层～三层外套结构与原结构连为一体→四层至顶层逐层建造外套结构且每层外套结构建成后立即与原结构共同工作。

不同施工过程分析得到的结构自重作用下的横墙应力分布如图4-104、图4-105所示。

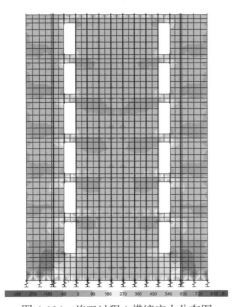

图4-104 施工过程1横墙应力分布图

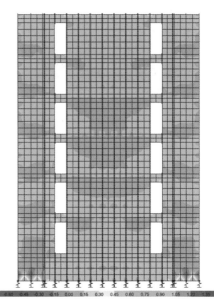

图4-105 施工过程2横墙应力分布图

从图4-104、图4-105所示的结果可知，施工过程2的应力水平约为施工过程1的一半。施工方式1分析得到的自重作用下的原结构横墙洞口上连梁剪切变形量约为1/2800，施工方式2分析得到的自重作用下的原结构横墙洞口上连梁剪切变形量约为1/5000。根据两种施工过程的分析结果，可得到如下结论：

1）对于控制原结构墙体应力水平，施工过程2更为有利。采用施工过程2（新老结构首层至三层连接后浇）时，可有效控制原砌体横墙开裂的风险。

2）对于六层砌体住宅，外套结构尺寸不超过2.0m，采用新老结构连接部分后浇时，每开间设置两根桩基的情况，桩刚度需大于100kN/mm。

4.4.6 设计方法总结

（1）计算假定和设计要求

根据上述分析和相关国家标准的要求，结构加固设计根据下述计算假定和设计要求完成：

1）结构计算可采用线弹性假定，并应考虑砌体、混凝土的不同特性。

2）荷载统计和荷载组合应满足现行国家标准《建筑结构荷载规范》GB 50009的规定。

3）砌体、混凝土等材料的特性应分别满足现行国家标准《砌体结构设计规范》GB 50003 和《混凝土结构设计规范》GB 50010 的规定。

4）预制构件设计及接缝设计应满足现行行业标准《装配式混凝土结构技术规程》JGJ 1 的要求。

5）需对山墙采取加固措施，可采用在山墙外侧增设单面钢筋网砂浆面层的方式进行加固。

6）需采取可靠措施将外加横墙的顶部相互拉结。

7）需采取可靠措施将外加横墙的底部与原结构可靠拉结。

（2）设计流程

由于加固设计限制条件多，过程相对复杂。对采用外套预制结构进行砌体加固的设计流程进行了总结，如图 4-106 所示。具体流程归纳如下：

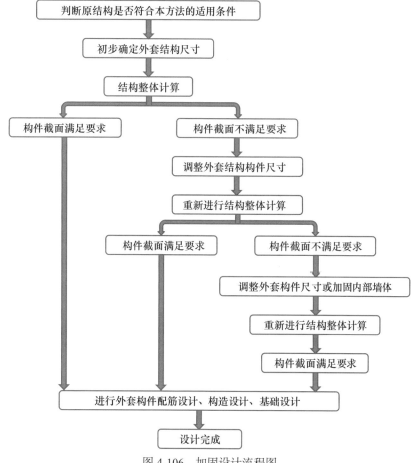

图 4-106　加固设计流程图

1）判断原结构是否符合第二章 2.1 节所述条件，不符合时采取其他加固方法或采用专门研究后采用本方法，符合时采用本方法；

2）根据功能需求及加固所需最小尺寸要求，初步确定外套结构的尺寸；

3）建立计算模型，进行整体计算；

4）外加结构构件计算不满足截面计算要求时，可加大外套构件截面尺寸；原结构构件不满足要求时，可对内部墙体进行局部加固；

5）重新计算至满足要求为止，仍不满足要求时，需局部加固内部墙体；

6）构件配筋设计、构造设计、基础设计。

4.5　既有砌体结构加固方案优化

根据五层足尺砌体结构加固模型试验及足尺试验模型数值模拟结果，加固后结构抗震性能显著提高，满足规范要求。为了进一步研究加固墙体各项参数对加固性能的影响，基于足尺试验结构的数值模型（图 4-107），改变关键参数，建立了多个有限元模型，进行参数分析及方案优化[103,107]。

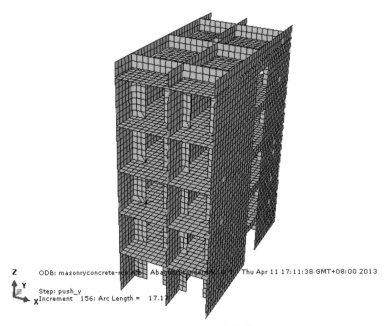

图 4-107　足尺试验数值模型

4.5.1　加固结构破坏模式与影响参数

图 4-108（a）为足尺模型试验破坏模式，图 4-108（b）为足尺结构有限元模型进行 PUSHOVER（推覆）分析得到的结构中混凝土拉应力分布图（水平力向右作用在结构顶层）。从图中可以看出试验模型中加固部分承担了较大的地震作用，在结构底层出现了明显的破坏。有限元模型中应力集中于结构底层加固部分，与试验结果相符。有限元分析结果还表明，结构顶部大梁与加固墙体的连接处出现了较大的受拉损伤，连接处需要加强。

由于新加混凝土墙体仅通过抗剪键与原砌体结构相连接，新旧墙体能否协同工作是影响加固效果的关键因素。由于结构横墙处有较大的开洞，连梁刚度不足，在实际工作时应视为两墙肢分别工作。经加固之后各墙肢为单边加固剪力墙。当新加混凝土部分处于受拉侧，砌体部分处于受压侧时，两者能够较好地协同工作，共同承担剪力及弯矩（图中左侧墙肢）。由于砌体结构无法承受拉力，若砌体部分处于受拉侧时，其仅能提供剪力，而弯矩部分仅由新加混凝土墙体单独承担（图中右侧墙肢）。从图 4-108（b）可以明显看出右侧墙肢底部新旧墙体交界处混凝土出现受拉破坏。

（a）试验破坏模式　　　　　　　　　　　　　　（b）拉应力分布

图 4-108　加固结构破坏模式

为了进一步分析加固性能及优化加固方案，根据加固结构的破坏模式及荷载位移曲线，选取了以下参数作为进一步分析的对象：加固横墙长度、加固墙体数量以及加固墙体配筋率，还进一步研究了结构顶部大梁对于加固性能的影响。

有限元模型编号如表 4-13 所示，模型 1 是与试验模型相同，是本研究的标准模型。模型 2 与模型 3 主要研究加固墙体数量对于加固性能的影响；模型 4、5 和 6 主要用于考察墙体长度的影响；模型 7 和 8 用于考察墙体配筋的影响；模型 9、10 和 11 用于考察顶部大梁及其配筋的影响。

表 4-13　有限元模型编号

	墙体数量	配筋率	长度（mm）	有无大梁	备注
模型 1	3	2%	1800	有	模型
模型 2	2	2%	1800	有	改墙数
模型 3	0	2%	1800	有	改墙数
模型 4	3	2%	2100	有	改墙长
模型 5	3	2%	1500	有	改墙长
模型 6	3	2%	1200	有	改墙长
模型 7	3	1.5%	1800	有	改配筋
模型 8	3	1%	1800	有	改配筋
模型 9	3	0.23%	1800	无	无大梁
模型 10	3	1.15%	1800	有	改大梁配筋
模型 11	3	3.45%	1800	有	改大梁配筋

4.5.2　加固墙体数量影响

模型采用的加固方案中，对于原结构的每道内部横墙都进行了外部的横墙加固。模型2与模型3主要研究加固墙体数量对于加固性能的影响。为了保证结构形式的对称性，防止结构发生明显的扭转变形，模型2（图4-109）去掉了中间墙体的加固横墙。

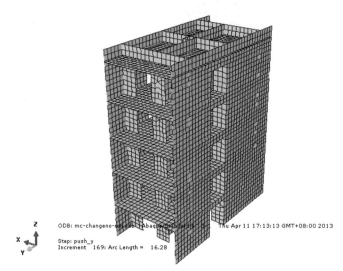

图4-109　模型2三维有限元模型

（1）模型2横向承载力及破坏模式

模型2的横向承载力－位移曲线如图4-110（a）所示，通过和标准模型1的对比可以看出，去掉中间加固横墙后结构承载力约为原结构88.5%，未出现明显的下降。图4-110（b）为模型2的破坏模式。去除中间横墙后结构的破坏模式与原型结构没有明显差别，且延性没有出现明显下降。

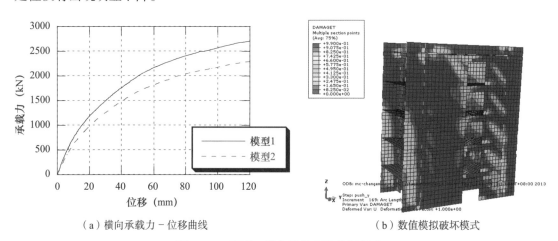

（a）横向承载力－位移曲线　　　　　　（b）数值模拟破坏模式

图4-110　模型2横向承载力及破坏模式

（2）模型2纵向承载力及破坏模式

模型2的纵向承载力－位移曲线如图4-111（a）所示，通过和标准模型1的对比可以看出，去掉中间加固横墙之后结构纵向承载力出现了下降，约为原结构承载力的81%。说明加固横墙能够同时提高原结构的横向及纵向承载力。图4-111（b）为模型2的破坏模式。

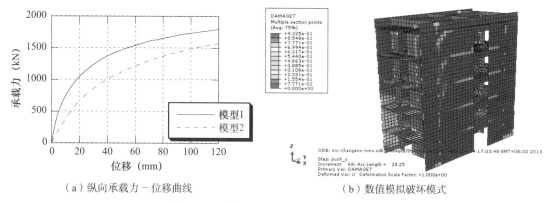

（a）纵向承载力-位移曲线　　　　　（b）数值模拟破坏模式

图4-111　模型2纵向承载力及破坏模式

图4-112所示为模型3的三维有限元模型，去掉了外侧的所有加固横墙及顶部大梁，仅将原结构的砌体外墙替换为混凝土加固墙体。

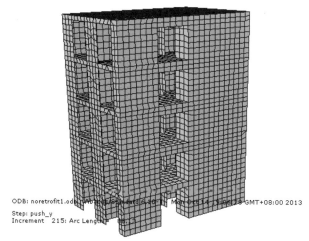

图4-112　模型3三维有限元模型

（3）模型3横向承载力及破坏模式

模型3的横向承载力-位移曲线如图4-113（a）所示，通过和标准模型1的对比可以看出，仅加固结构纵墙无法有效提高结构的横向承载力，去掉加固横墙后承载力出现明显的下降，约为原结构的42%。图4-113（b）为模型3在推覆分析中砌体部分的受压损伤分布，可以看出在水平荷载作用下，砌体部分出现了大量的受压损伤，加固效果较差。

（4）模型3纵向承载力及破坏模式

模型3纵向承载力-位移曲线如图4-114（a）所示，通过和标准模型1的对比可以看出，去掉所有的加固横墙后，结构纵向承载力出现明显下降，约为原结构承载力的58%。图4-114（b）为模型3的破坏模式，从图中可看出，内部砌体横墙已经出现大量的损伤破坏，丧失承载力。

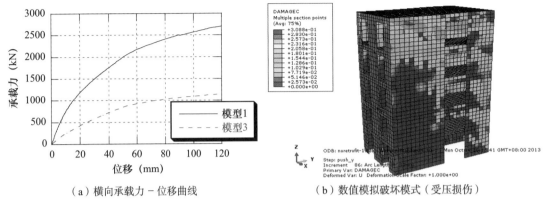

（a）横向承载力－位移曲线　　　　（b）数值模拟破坏模式（受压损伤）

图 4-113　模型 3 横向承载力及破坏模式

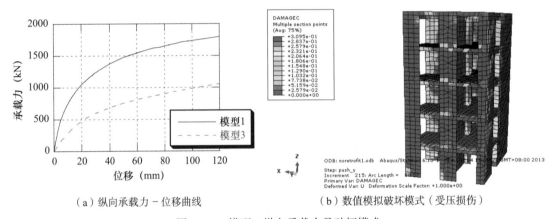

（a）纵向承载力－位移曲线　　　　（b）数值模拟破坏模式（受压损伤）

图 4-114　模型 3 纵向承载力及破坏模式

分析结果表明，加固横墙能够同时提高原结构的横向及纵向承载力。由于模型横墙数量较少，对于墙体数量对加固性能的影响还需进行进一步研究。

4.5.3　加固墙体长度影响

加固墙体长度即为加固之后新增阳台长度，不仅与加固性能密切相关，还需要考虑到周围场地的限制、业主需求和建筑效果。模型 4 和 5 在标准模型 1 的基础上以 300mm 为变量增加和减少了加固墙体长度，研究改变加固墙体长度后结构承载力的改变及破坏模式的改变。考虑到原结构加固性能较好，建立了模型 6（加固墙体长度为 1200mm），研究较短的加固墙体是否能够提高结构的抗震性能。模型 4 增加了加固横墙的长度至 2100mm（图 4-115）。

（1）模型 4 横向承载力及破坏模式

模型 4 的横向承载力－位移曲线如图 4-116（a）所示，通过和标准模型 1 的对比可以看出，将加固横墙长度增加到原结构的 116% 时，结构横向承载力提高到原结构的 109%。图 4-116（b）为模型 4 的破坏模式，可以看出与原结构相比，增加了横墙长度之后加固部分受拉损伤减少，加固部分承力未被完全利用。这是由于对于有开洞墙体，因连梁刚度较低，横墙应被视为两墙肢共同工作的墙体。经加固之后各墙肢为单边加固墙体。若加固部分过长会形成类似超筋梁的情况，砌体部分由于强度较低在加固部分钢筋屈服之前就已经受压脆性破坏，结构延性较差。在实际工程中应注意防止该情况的发生。

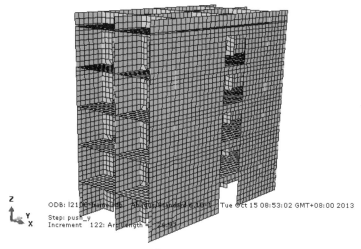

图 4-115　模型 4 三维有限元模型

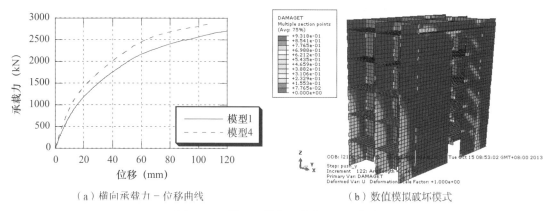

（a）横向承载力 - 位移曲线　　　　　　（b）数值模拟破坏模式

图 4-116　模型 4 横向承载力及破坏模式

（2）模型 4 纵向承载力及破坏模式

模型 4 的纵向承载力 - 位移曲线如图 4-117（a）所示，通过和标准模型 1 的对比可以看出，增加加固横墙的长度能够提高加固结构纵向承载力。图 4-117（b）为模型 4 的破坏模式。

（3）模型 5 横向承载力及破坏模式

模型 5 减少加固横墙的长度至 1500mm（图 4-118 所示）。

模型 5 的横向承载力 - 位移曲线如图 4-119（a）所示，通过和标准模型 1 的对比可以看出，将加固横墙长度减小到原结构的 83.3% 时，承载力出现大幅度下降，为原结构的74.1%。图 4-119（b）为模型 5 的破坏模式。

（4）模型 5 纵向承载力及破坏模式

模型 5 的纵向承载力 - 位移曲线如图 4-120（a）所示，通过和标准模型 1 的对比可以看出，减小加固横墙长度会降低结构纵向承载力，约为原结构的 89%。图 4-120（b）为模型 5 的破坏模式。

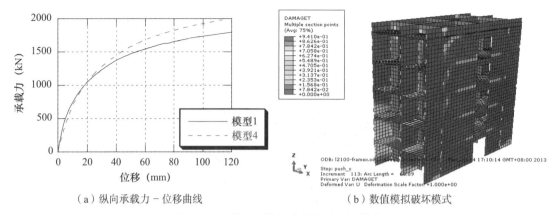

（a）纵向承载力－位移曲线　　　　　　　　（b）数值模拟破坏模式

图 4-117　模型 4 纵向承载力及破坏模式

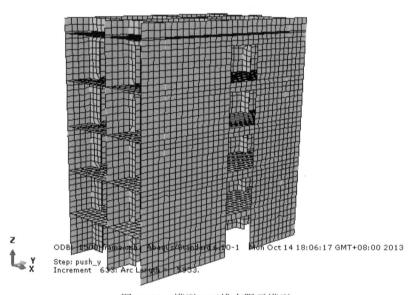

图 4-118　模型 5 三维有限元模型

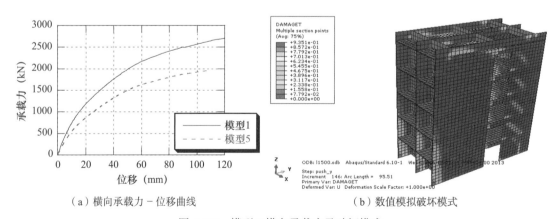

（a）横向承载力－位移曲线　　　　　　　　（b）数值模拟破坏模式

图 4-119　模型 5 横向承载力及破坏模式

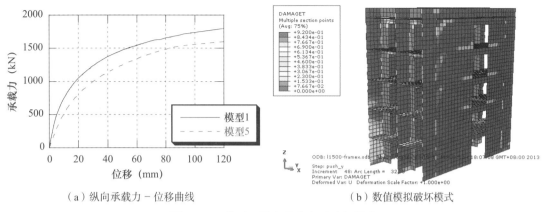

（a）纵向承载力－位移曲线　　　　　　　　（b）数值模拟破坏模式

图 4-120　模型 5 纵向承载力及破坏模式

（5）模型 6 横向承载力及破坏模式

模型 6 减少加固横墙的长度至 1200mm（图 4-121）。

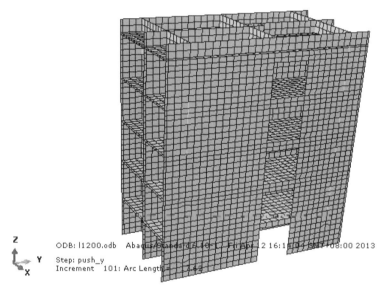

图 4-121　模型 6 三维有限元模型

模型 6 的横向承载力－位移曲线如图 4-122（a）所示，通过和标准模型 1 的对比可以看出，将加固横墙长度减小到原结构的 66.7% 时，承载力出现大幅度下降，为原结构的 65.2%。图 4-122（b）为模型 6 的破坏模式，可以看出缩短加固横墙长度之后原砌体结构在水平荷载作用下受压损伤严重。

（6）模型 6 纵向承载力及破坏模式

模型 6 的纵向承载力－位移曲线如图 4-123（a）所示，通过和标准模型 1 的对比可以看出，减小加固横墙长度会降低结构纵向承载力，但影响不明显，约为原结构的 85%。图 4-123（b）为模型 6 的破坏模式。

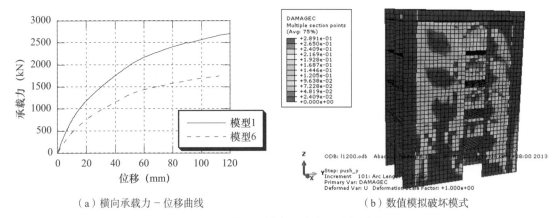

（a）横向承载力－位移曲线　　　　（b）数值模拟破坏模式

图 4-122　模型 6 横向承载力及破坏模式

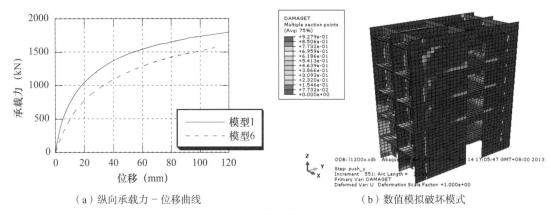

（a）纵向承载力－位移曲线　　　　（b）数值模拟破坏模式

图 4-123　模型 6 纵向承载力及破坏模式

表 4-14 横向加固长度影响为改变横向加固墙体长度对于结构横向及纵向承载能力的影响（承载力取结构顶部位移为 100mm 时的基底剪力）。从表中可以看出，横向加固长度对结构纵向承载力的影响是按线性分布的，如图 4-124 所示，其中取模型的横向加固长度（1800mm）和其承载力为标准 1。而横向承载力与横向加固墙体长度不成线性关系，从图 4-125 中可看出，横向加固长度对于横向承载力的影响大致分为 3 个区间，0～1500mm 区间，增加墙长对横向承载力影响较小，1500～1800mm 区间，增加墙长显著提高加固结构横向承载力，1800mm 以上增加墙长对横向承载力影响较小。

表 4-14　横向加固长度影响

	墙体长度（mm）	横向承载力（kN）	纵向承载力（kN）	有无大梁
模型 4	2100（116%）	2814（109%）	1902（108%）	无
模型 1	1800	2582	1761	有
模型 5	1500（83%）	1913（74%）	1576（89%）	有
模型 6	1200（67%）	1683（65%）	1501（85%）	有
模型 3	0（0%）	1102（43%）	989（56%）	有

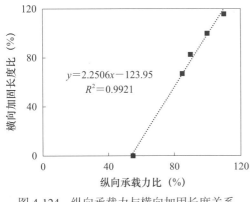

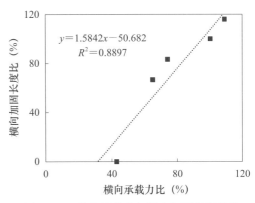

图 4-124　纵向承载力与横向加固长度关系　　　　图 4-125　横向承载力与横向加固长度关系

4.5.4　配筋率影响

加固墙体的配筋率应符合规范要求，同时结合工程实际需求确定。建立了模型 7 和 8 与模型 1 相对比，研究加固墙体配筋率的大小对于加固结构承载力和破坏模式的影响。

图 4-126（a）对比了模型 7 和 8 与模型 1 的推覆分析结果，从图中可以看出模型 7 和 8 的推覆曲线与模型 1 非常接近，图 4-126（b）为模型 8 破坏模式，与原结构破坏模式基本相同。主要原因在于原砌体结构强度太低，虽然加固结构承担了大部分地震作用，但加固部分还未达到其峰值承载力时，原砌体部分已经发生严重破坏，加固部分的钢筋强度无法得到充分利用。所以在实际工程中在满足规范最小配筋率的前提下，可适当减少加固部分配筋面积。

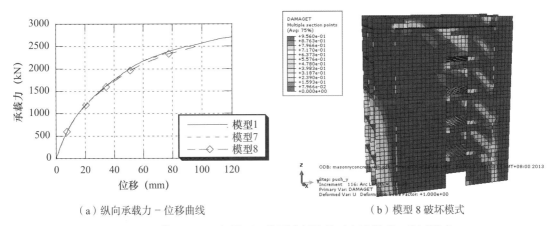

（a）纵向承载力－位移曲线　　　　　　　　　　（b）模型 8 破坏模式

图 4-126　模型 7 和 8 与模型 1 推覆分析结果对比及模型 8 破坏模式

4.5.5　顶部大梁影响

本加固方案的重要特色是通过跨越原结构顶部的大梁将两侧加固墙体连接成整体，以期提高整体加固性能。而根据模型的有限元分析可以看出，在水平荷载作用下，结构顶部大梁与加固墙体的连接处出现了较大的受拉损伤，表明连接处需要加强。模型 9（图 4-127）去除了顶部的连接大梁，模型 10、11 分别将顶部大梁的配筋率增大到了原来的 5 倍和 15 倍，以研究顶部大梁强度对加固性能的影响。

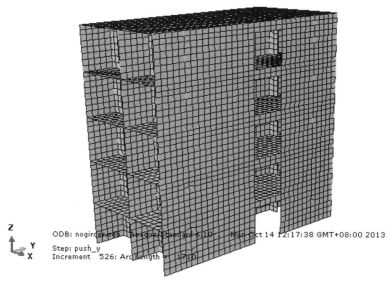

图 4-127　模型 9 三维有限元模型

图 4-128（a）为模型 9～11 与模型 1 的承载力曲线对比。从图中可以看出，结构顶部大梁能够有效提高结构抗震承载力，且增大结构大梁配筋率能够提高大梁对承载力的提高效果。对比模型 10 与 11 可以看出增大配筋率能够提高结构初始刚度，但配筋率过大对于结构极限承载力的提高效果并不显著。

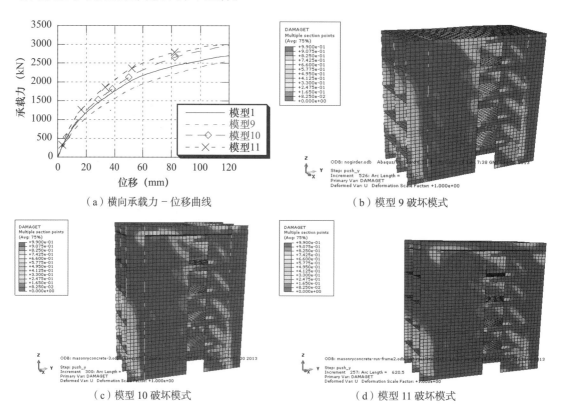

（a）横向承载力－位移曲线　　　　　　　　　　（b）模型 9 破坏模式

（c）模型 10 破坏模式　　　　　　　　　　（d）模型 11 破坏模式

图 4-128　结构顶部大梁影响

图 4-128（b）为模型 9 的破坏模式，可以看出去掉结构顶部大梁之后，结构破坏模式未发生明显变化，只是损伤区有所扩大。图 4-128（c）为模型 10 的破坏模式，与模型 1 对比，增大顶部大梁配筋率后，连接处的受拉损伤出现了一定程度的扩散，能够有效地提高结构的延性，并且结构底部加固横墙的受拉损伤也有一定程度的减小，抗震性能提高。图 4-128（d）为模型 11 的破坏模式，与模型 1 对比，由于配筋率大幅增大，大梁与加固墙体连接处的破坏位置发生了转移，出现在了加固墙体的顶部，同时加固墙体底部受拉损伤大幅减小，但大梁连接处的应变集中同时也降低了结构的延性。

通过分析能够得出以下结论：

1）外套式加固方案中结构顶部大梁能够有效提高结构承载力及延性。

2）模型选取的大梁配筋率过小，对结构抗震性能的提高并不显著。

3）大梁配筋率过高对于结构峰值承载力没有显著的提高，并会降低结构延性，在实际工程中需要选取合适的配筋率。

4.5.6 实际结构建模分析

足尺模型由于场地尺寸限制，只选取了实际结构中的两个开间进行。在模型中不存在实际结构中所具有的不开洞横墙（例如分户墙及外横墙）。而对老旧墙体单边加固及墙体双边加固的研究证明墙体经单边加固后承载力显著提高，但延性并未得到改善；经双边加固后承载力及延性均有显著提高。外套式加固中，对于有开洞横墙应视为两墙肢分别进行单边加固，而对于不开洞横墙则可视为经双边加固，能够显著提高结构承载力及延性。在之前基于模型的分析中，能够得出以下结论：

1）结构横向加固长度对结构纵向承载力的影响是按线性分布的；

2）结构横向加固长度在区间 1500mm 到 1800mm 变化时对结构横向承载力影响显著；

3）加固墙体配筋率对结构承载力影响不大；

4）结构顶部大梁能够提高结构的横向及纵向承载力；

5）改变结构墙体数量对于结构承载力有一定影响。

考虑到模型墙体数量有限，不利于参数分析，且不存在未开洞墙体。为了进一步分析加固墙体数量对于实际结构抗震能力的提高，建立了带有外横墙的有限元模型 12～16。具体参数如表 4-15 所示。

表 4-15 数值模型参数

	墙体数量	配筋率	长度（mm）	有无大梁	备注
模型 12	5	2%	1800	有	实际结构
模型 13	3	2%	1800	有	不加固开洞墙
模型 14	3	2%	1800	有	不加固外侧横墙
模型 15	2	2%	1800	有	不加固错位墙及开洞墙
模型 16	0	2%	1800	无	横向不加固

图 4-129 为模型 12 的三维有限元模型。有限元模型在模型的基础上增加了两道外纵墙，研究加固后的未开洞横墙的抗震性能及破坏模式。

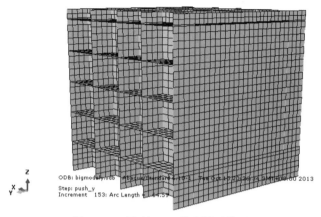

图 4-129　模型 12 三维有限元模型

图 4-130（a）为模型 12 与模型 1 的横向承载力－位移曲线对比，可以看出增加了外侧两跨之后，结构的承载力约为原结构的 185%。图 4-130（b）为模型 12 的破坏模式。

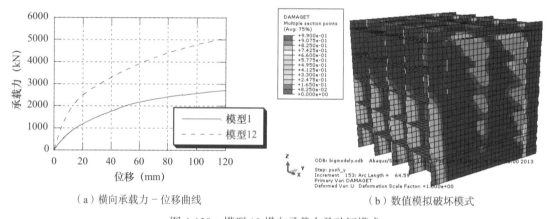

（a）横向承载力－位移曲线　　　　　　　　　　　（b）数值模拟破坏模式

图 4-130　模型 12 横向承载力及破坏模式

图 4-131 为模型 13 的三维有限元模型。模型 13 在模型 12 的基础上去除了中部两道开洞横墙的外侧加固横墙。研究加固后的开洞横墙对结构横向承载力的影响。

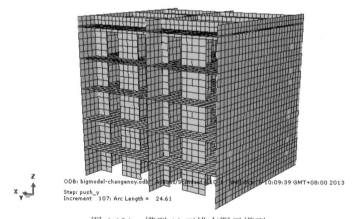

图 4-131　模型 13 三维有限元模型

图 4-132（a）为模型 13 与模型 12 的横向承载力－位移曲线对比，可以看出去除开洞横墙的外侧加固横墙之后，结构承载力仅出现略微的下降，约为原结构的 87%。图 4-132（b）为模型 13 的破坏模式。

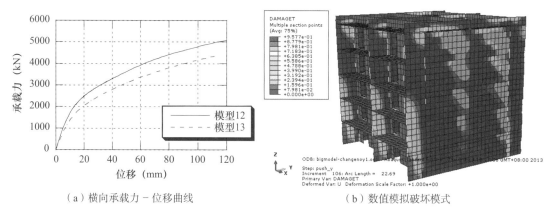

（a）横向承载力－位移曲线   （b）数值模拟破坏模式

图 4-132 模型 13 横向承载力及破坏模式

图 4-133 为模型 14 的有限元模型。模型 14 在模型 12 的基础上去除外横墙的外侧加固横墙，和模型 13 去除的加固墙体数量相同，通过模型 14 与模型 13 对比可以研究加固未开洞墙体与加固开洞墙体对结构横向承载力影响的差异。

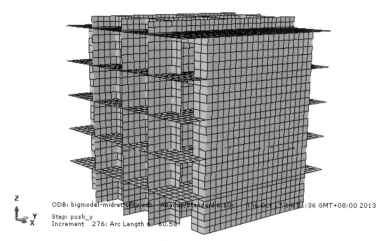

图 4-133 模型 14 三维有限元模型

图 4-134（a）为模型 14 与模型 13 横向承载力－位移曲线对比。可以看出在初加载阶段，两者刚度及承载力基本一致，因为此时砌体结构及混凝土加固结构都处于良好工作状态。随着顶部位移加大，两者承载力出现了一些差异，模型 14 承载力约为模型 13 承载力的 90.3%。说明加固未开洞墙体对结构横向承载力的提高要好于加固开洞墙体，与单边加固及双边加固的结果一致。图 4-134（b）为模型 14 的破坏模式。

图 4-135 为模型 15 的三维有限元模型。模型 15 在模型 12 的基础上去除了中部两道开洞横墙和中部错位未开洞横墙的外侧加固横墙。通过模型 15 与模型 13 对比可以研究加固后的错位未开洞横墙对结构横向承载力的影响。

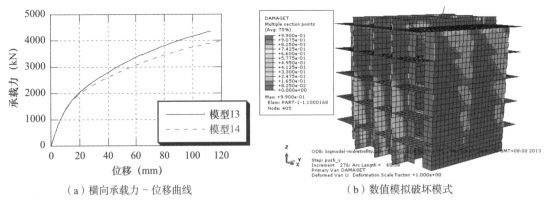

（a）横向承载力－位移曲线 （b）数值模拟破坏模式

图 4-134 模型 14 横向承载力及破坏模式

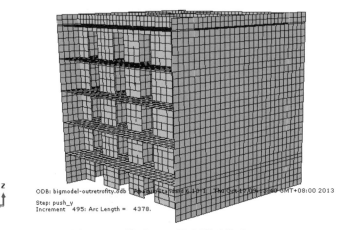

图 4-135 模型 15 三维有限元模型

图 4-136（a）为模型 15 与模型 13 的横向承载力－位移曲线对比。去除了中部错位横墙的外侧横向加固之后，承载力出现了较为明显的下降，约为模型 13 的 81.7%。这是因为此时加固墙体的楼板跨度过大，导致外套式加固结构整体工作性能下降，其对结构横向承载力的提高效果减小。图 4-136（b）为模型 15 的破坏模式。

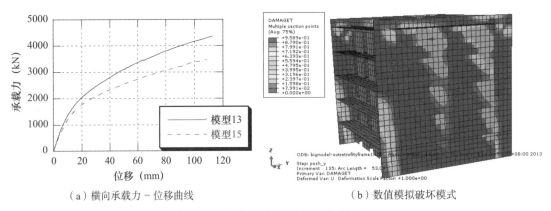

（a）横向承载力－位移曲线 （b）数值模拟破坏模式

图 4-136 模型 15 横向承载力及破坏模式

图 4-137 为模型 16 的有限元模型。模型 16 去除了加固结构的所有外侧加固横墙。通过与模型 15 的对比可以研究加固后的未开洞整墙对于结构横向承载力的影响。

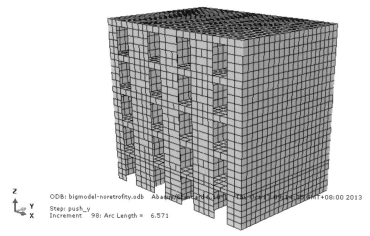

图 4-137 模型 16 三维有限元模型

图 4-138（a）为模型 16 与模型 15 的横向承载力 - 位移曲线。可以看出去除了外横墙的外侧横向加固及顶部大梁后，结构的承载力出现大幅下降，约为原结构的 56.8%。图 4-138（b）为模型 16 的破坏模式。

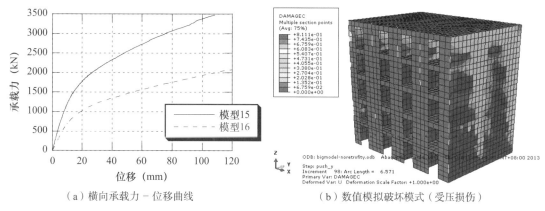

（a）横向承载力 - 位移曲线　　　　　（b）数值模拟破坏模式（受压损伤）

图 4-138 模型 16 横向承载力及破坏模式

表 4-16 为各模型在顶部位移为 100mm 时的横向承载力情况。加固开洞横墙对于结构的横向承载力提升效果小于加固未开洞墙体，性价比较低，建议在实际工程中在保证抗震性能的情况下优先考虑对未开洞横墙的加固。

表 4-16　横向加固长度影响

	墙体数量	横向承载力（kN）	有无大梁	备注
模型 12	5	4780	无	全加固
模型 13	3	4154	有	不加固开洞横墙
模型 14	3	3750	有	不加固外侧横墙

	墙体数量	横向承载力（kN）	有无大梁	备注
模型 15	2	3395	有	仅加固外横墙
模型 16	0	1930	有	横向不加固

4.5.6　参数化分析结论及建议

基于足尺试验结构的数值模型，适当改变关键参数，建立了多个有限元模型，进行参数分析及方案优化，得到的主要结论如下：

1）结构横向加固长度对结构纵向承载力的影响是按线性分布的；

2）结构横向加固长度在区间 1500mm 到 1800mm 变化时对结构横向承载力影响显著；

3）加固墙体配筋率对结构承载力影响不大；

4）结构顶部大梁能够提高结构的横向及纵向承载力；

5）加固未开洞墙体效果要好于加固开洞墙体，能够更有效提高结构承载力及延性；

6）顶部连接大梁与加固横墙连接处存在较大的应力集中，大梁配筋率较低。

根据以上结论提出方案的优化建议：

1）建议仅加固结构分户墙及外横墙；

2）顶部大梁与加固横墙连接处需要加强，结构顶部大梁配筋率需增加，防止出现局部破坏，提高加固性能；

3）根据承载力情况建议墙长取在 1500～1800mm 区间内，过长或过短经济性较差，加固墙体配筋率按构造配筋率即可。

4.6　本章小结

为验证并完善多层砌体结构装配化外套抗震加固技术体系，以北京市存量巨大的老旧砌体住宅为研究对象，设计并完成了连接层次的试验研究。在此基础上，设计完成了加固后结构抗震性能的足尺模型试验，对加固后的砌体结构加层进行了振动台试验研究，对老旧砌体住宅加固方案进行了参数化分析和优化，并对加固后的砌体结构抗倒塌能力进行了数值模拟分析。以上研究成果表明采用外套预制结构加固后，多层砌体住宅的抗震性能得到明显提高；该方法性能可靠、施工便捷、施工速度快，可应用于多层砌体抗震加固。

5

第五章

既有混凝土结构
装配化外套加固
抗震性能研究

5.1 概述

北京市前三门地区有约 57 万 m² 的高层剪力墙住宅建于 1976 年前后，共 40 余栋，这批建筑多数有一层地下室，地上建筑层数为 10～16 层不等，层高均为 2.9m。建筑形式可分为三种：第一种为两侧带有阳台的内廊式高层板楼；第二种为一侧有阳台，另一侧有外挑走廊的高层板楼；第三种为高层塔楼。以上建筑均采用内浇外挂式结构，其中内纵墙与内横墙采用现浇混凝土剪力墙，外墙板采用预制混凝土组合墙板，外墙为非承重围护结构，剪力墙未设置约束边缘构件，仅有门窗洞口处部分设置了粗钢筋，并采用 130mm 厚的预制混凝土楼盖，整体性差。场地类别介于 Ⅱ、Ⅲ 类之间，地下 10m 左右为砂层持力层，杂填土厚度为 2～4m。基础形式为钻孔灌注桩，桩径 400mm 左右，长度为 8～11m，每根桩的承载力约为 50t。

以当前的住宅建设标准来看，前三门地区的高层住宅与当前住宅规范及居住标准有着较大的差距。如何改善这些住宅的性能和居住品质已成为政府关注的重要问题。由于其特殊的历史性以及所在地段的特殊性，前三门住宅成为北京市亟待改造住宅中的典型代表，具有重要的研究意义。

经过详细调查研究，这些建筑的问题主要体现为以下几个方面：

1）抗震性能低下。主要原因在于建筑材料的老化和结构体系的不合理性。典型剪力墙设计参数及配筋情况如表 5-1 和表 5-2 所示，这些高层住宅的服役期接近 40 年，材料老化严重，混凝土强度低，仅相当于 C15 级混凝土，纵墙抗剪承载力明显不足，剪力墙配筋量小，横墙配筋率低问题尤为严重，除地下室外配筋率基本不满足要求，绝大部分横墙仅为单排筋（极少部分为双排钢筋），钢筋级别为 Ⅰ 级，显然低于 89 规范及现行规范中最小配筋率要求，并且无边缘构件。这些高层住宅采取鱼骨式内浇外挂结构体系，结构体系的不规则性也导致地震中极易发生扭转，抗震能力低下。

表 5-1　剪力墙设计参数

项目	89 规范要求	结构现状	结论
混凝土强度等级	C20	低于 200 号	不满足
最大适用高度（m）	100	47.45	满足
结构规则性	房屋质量和抗侧力构件布置基本均匀对称	平面图（图 5-2）	满足
抗震墙之间屋盖长宽比	2.5	＜0.4	满足
边缘构件	应设置边缘构件	门窗洞口有附加粗钢筋	不满足

表 5-2　结构配筋情况

	结构现状	89 规范要求	结论
基本要求	纵墙双排配筋 横墙单排配筋，（部分双排） 地下室为双排配筋	一般部位宜采用双排配筋 加强部位应采用双排配筋	不满足

续表

	结构现状	89 规范要求	结论
纵墙配筋 （竖向筋）	地下室　Φ10@200　0.39% 首～二层　Φ8@250　0.25% 三～四层　Φ8@250　0.25% 五、十层　Φ8@300　0.21% 六～九层　Φ8@300　0.21%	一般部位 0.2% 加强部位 0.25%	满足
纵墙配筋 （横向筋）	地下室　Φ8@200　0.25% 首～二层　Φ10@250　0.39% 三～四层　Φ8@250　0.25% 五、十层　Φ8@300　0.21% 六～九层　Φ6@300　0.12%	一般部位 0.2% 加强部位 0.25%	六～九层 不满足
横墙配筋 （竖向筋）	地下室　Φ10@200　0.39% 首、十层　Φ8@250　0.126% 二～九层　Φ8@300　0.105%	一般部位 0.2% 加强部位 0.25%	不满足
横墙配筋 （横向筋）	地下室　Φ8@200　0.25% 首、十层　Φ10@250　0.195% 二～九层　Φ8@300　0.105%	一般部位 0.2% 加强部位 0.25%	不满足

2）住宅规划不合理。主要表现在建筑户型不合理和住宅群总体规划不合理。前三门住宅中存在着大量户型内部使用空间不合理的现象，其中厨房、卫生间面积狭小，厨房不足 $3m^2$，卫生间不足 $1.5m^2$。户型功能布局不合理，无起居室设计。另外建筑物公共空间占用情况严重，公共走廊普遍被占用。从整体城市环境角度来看，前三门住宅建筑外立面与当地的人文环境不协调，缺乏特色，没有与北侧的城市街道建筑形成呼应关系。住宅群的规划与城市功能不配套，临街商业缺乏整体规划，而且现有绿化带规划和建设层次低，停车位数量严重不足以及交通组织缺乏规划，给群众的生活带来了很大的不便。

3）缺乏节能措施，管线老化严重。前三门住宅缺乏基础的节能措施，据测算，前三门住宅群的冬季采暖能耗为 $24.57kgce/m^2$，与北京市现行的"三步节能建筑"冬季采暖能耗标准 $8.82kgce/m^2$ 相比还存在着较大差距。管线老化严重也是前三门住宅面临的重要问题，包括水管线老化、消防水管老化、外饰面脱落、防水层开裂、女儿墙风化严重等问题。

鉴于以上几个方面的问题，对前三门低配筋高层剪力墙住宅进行结构抗震加固是必要的。采用外套结构加固方案对前三门高层住宅进行改造是最具可行性的方法，该技术能显著提高结构的抗震性能，增加建筑面积，对居民干扰小，对环境影响小，保温节能及外立面装饰改造一体化解决，房屋安全、居民居住条件、社区环境能够一并得到改善。

由于前三门高层剪力墙住宅抗震加固工程的复杂性，该项目的实施具有相当的难度。国家现行规范中并没有涉及如此低配筋率剪力墙结构加固方面的内容，国内无类似工程经验可以借鉴。由于缺乏相关国家标准，因此亟须对此类结构加固前后的抗震性能进行一系列试验研究验证，并对加固后结构的抗震性能进行评估，评价加固后结构的抗震性能是否达到后续使用年限的要求，作为后续的结构加固方案设计的科学技术支撑。

本章在前几章研究成果的基础上，对既有低配筋剪力墙结构外套加固技术进行了系统化试验研究，包括外套加固中单边及双边加固方式、加固连接节点和加固整体结构的抗震性能展开研究，主要研究内容归纳如下：

1）低配筋剪力墙单边和双边加固抗震性能试验

前三门住宅现浇横墙和内纵墙厚度为 160mm，混凝土强度约为 C15 级，纵墙抗剪承载力明显不足。横墙配筋量小，绝大部分横墙为单排筋（极少部分为双排筋），钢筋级别为Ⅰ级，钢筋保护层厚度为 15～20mm。通过调查该批住宅剪力墙配筋情况，列出一些较典型案例，如：507 和 508 号住宅首层横墙竖向筋为 φ8@250，二至九层为 φ8@300，均为单排配筋，配筋率分别为 0.126% 和 0.105%；首层和二至九层横墙纵向钢筋配筋分别为 φ10@250 和 φ8@300，配筋率分别为 0.195% 和 0.105%；前门西六号楼（303 号住宅）二至九层内纵墙的水平和竖向配筋均采用双排 φ6@250，配筋率仅为 0.141%。89 规范要求一般部位和加强部位均采用双排配筋，且一般部位最小配筋率为 0.2%，加强部位为 0.25%。因此，与 89 规范相比，部分墙片的配筋仅为最小配筋率要求的 50%。

针对以上情况，需要对原结构的低配筋率墙片抗震性能进行重点考察，研究不同加固方案（单边和双边加固两种情况），不同配筋率，不同配筋方式（单排配筋和双排配筋），不同轴压比下的剪力墙性能，为接下来的整体结构加固方案奠定基础[108-109]。

2）钢筋锚固与锚筋抗剪试验

新旧墙片之间的连接，需要通过植筋和设置销键完成。根据现行国家标准《混凝土结构加固技术规范》GB 50367 规定，采用植筋技术时，原构件混凝土强度等级不得低于 C20，而前三门高层剪力墙住宅因材料老化，原结构的混凝土强度等级仅为 C15，不满足规范要求。因此，必须开展钢筋锚固试验，对该工程中钢筋锚固粘结机理、粘结滑移特征、破坏形态、承载力等进行研究，为构件加固提供科学依据。

3）加固结构整体模型拟静力与拟动力试验

进行加固后结构的拟动力试验和拟静力试验。拟静力试验用于研究结构在小震、中震及大震作用下纵向与横向的变形，根据往复试验得到滞回曲线研究结构的耗能能力，并对加固的效果进行评价。拟动力试验方法在结构抗震试验中拥有不可替代的地位，与理论计算相比，它无需对结构进行任何假定就能获得结构体系的真实地震反应特征而且它既有拟静力试验的经济方便的特点，又具有振动台试验能真实模拟地震作用的功能。拟动力试验是加载试验技术与计算机技术相结合的当代先进的抗震试验方法，可以用于进行大比例模型或足尺结构抗震试验，可慢速再现结构在地震作用下弹性→弹塑性→倒塌的全过程反应。拟动力试验用于研究低配筋率剪力墙外套加固后在地震作用下破坏模式，检验加固后的整体结构是否能抵抗罕遇地震的侵袭。

5.2 低配筋剪力墙单边和双边加固抗震性能研究

5.2.1 低配筋剪力墙单边加固抗震性能研究

试验研究分为两个部分，第一部分是原建筑结构低配筋率墙片抗震性能试验；第二部分是加固后新老墙片抗震性能试验。

（1）外套加固方案与试验设计

1）外套加固方案

外套加固方案抗震计算标准如表 5-3 所示。

表 5-3　抗震计算标准

结构安全等级	二级	抗震设防分类	标准设防
后续使用年限	30 年	抗震设防烈度	8 度
地基基础设计等级	丙级	建筑场地类别	Ⅲ 类
设计地震分组	一	基本地震加速度	0.2g
特征周期（s）	0.45	地震作用折减系数	0.75
最大高度（m）	47.45	最大高宽比	2.8

综合考虑经济，施工空间、技术等因素，采用外套结构加固法，立面图和平面图分别如图 5-1 和图 5-2 所示。图 5-2 中阳台部分为加固部分，为外套式加固，可采用现浇钢筋混凝土剪力墙加固，或者采用预制式装配式剪力墙板加固。与既有砌体结构外套加固方案类似，横墙采用新墙片外套旧墙片的加固方法，纵墙采用外贴钢筋混凝土墙片的加固方法，从根本上改变既有鱼骨式剪力墙结构的力学性能，加强了结构抗扭刚度。

2）试验构件设计

试验针对横墙进行，横墙剖面如图 5-3 所示。横墙中有走廊洞口，考虑其影响，将虚线框内的部分作为一个墙肢考虑，因此试件的加固方式选择为单边加固。

结构的主要承重构件为混凝土剪力墙，故首先检验混凝土剪力墙的加固效果。试验设计了 8 个墙片，其中 1～4 号墙片为非加固墙片，5～8 号墙片为加固墙片，如图 5-4 所示，红色部分为钢筋应变片位置。

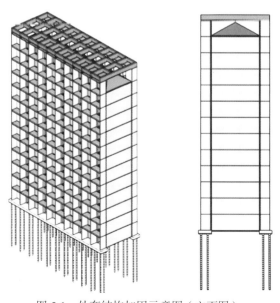

图 5-1　外套结构加固示意图（立面图）

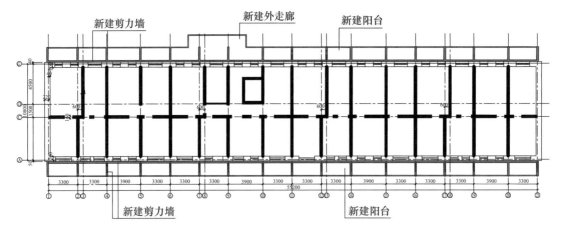

加固后结构平面图

图 5-2　加固结构平面图

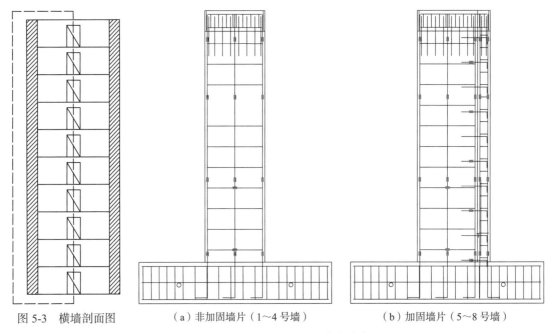

图 5-3　横墙剖面图　　（a）非加固墙片（1~4号墙）　　　（b）加固墙片（5~8号墙）

图 5-4　应变片布置图

　　未加固试件设计根据原结构的钢筋配筋率与混凝土强度设计，加固部分的设计依据为使其满足规范的最小配筋率要求，计算公式如下：

$$\frac{A'_{\mathrm{s}}+A_{\mathrm{s}}}{A'+A} \geqslant \rho_{\min} \tag{5-1}$$

式中：A'——加固部分面积；

　　　　A——原墙片面积；

　　　　A'_{s}——加固部分钢筋面积；

　　　　A_{s}——原墙片钢筋面积；

　　　　$\rho_{\min}$——截面最小配筋率。

加宽部分的性质考虑为墙片加宽，而非加固柱或者边缘约束构件，各试件具体参数见表 5-4。

表 5-4　试件设计参数

试件编号	墙宽（mm）	墙厚（mm）	试件纵筋	试件横筋	加固部分	轴压比
1	750	160	双排钢筋网Φ6@250	双排钢筋网Φ6@250	无	0.55
2	750	160	双排钢筋网Φ6@250	双排钢筋网Φ6@250	无	0.35
3	900	160	单排钢筋网Φ8@250	单排钢筋网Φ8@250	无	0.55
4	900	160	单排钢筋网Φ8@250	单排钢筋网Φ8@250	无	0.35
5	910	160	双排钢筋网Φ6@250	双排钢筋网Φ6@250	4Φ10	0.55
6	910	160	双排钢筋网Φ6@250	双排钢筋网Φ6@250	4Φ10	0.35
7	1060	160	单排钢筋网Φ8@250	单排钢筋网Φ8@250	2Φ10 2Φ12	0.55
8	1060	160	单排钢筋网Φ8@250	单排钢筋网Φ8@250	2Φ10 2Φ12	0.35

注：加固部分箍筋为Φ6 的钢筋，间距 150mm。

3）加载方案

采用液压千斤顶进行往复加载。将结构安装完毕以后，沿墙的一侧布置 6 个拉线位移计，用于测量试件的位移与变形，布置图如图 5-5 所示。

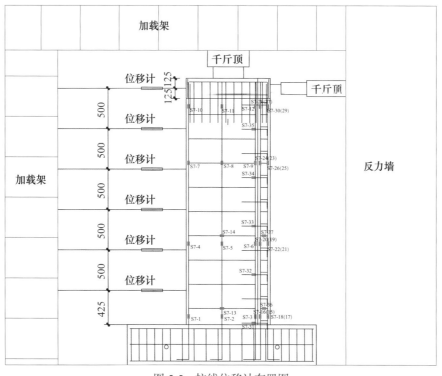

图 5-5　拉线位移计布置图

施加轴压的过程中，试件由于高厚比过大（17.5），试件靠住侧向保护装置。侧向保护装置为滚轴，不会产生面内力，如图 5-6 所示。

图 5-6　试件倚靠侧向保护装置

根据抗震规范要求，剪力墙结构在大震下的最大层间位移角为 1/50，该试验以水平作动器的轴向位移为控制目标进行加载，相应的加载制度如图 5-7 所示。每个试件的加载分为 7 个级别，按照 1/1000、1/800、1/500、1/300、1/200、1/100、1/50 的层间位移角加载两个循环。

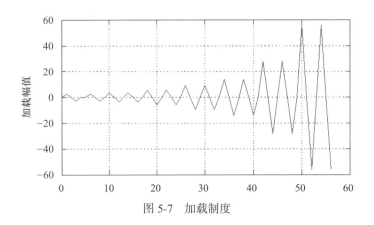

图 5-7　加载制度

需要注意的是，结构为单边加固，在往复加载的两个方向表现不同，为了进行区分，将加固边受压命名为正向加载，加固边受拉为负向加载。

4）破坏模式

根据现行国家标准《混凝土结构试验方法标准》GB/T 50152，结构构件受力为受弯时，在加载或持载过程中出现下列标志之一时，即认为该结构构件已达到或超过承载能力极限状态：

① 对有明显物理流限的钢筋，其受拉主钢筋应力达到屈服强度，受拉应变达到 0.01，对无明显物理流限的钢筋，其受拉主钢筋的受拉应变达到 0.01；

② 受拉主钢筋拉断；

③ 受拉主钢筋处最大垂直裂缝宽度达到 1.5mm；

④ 挠度达到跨度的 1/50；

⑤ 受压区混凝土压坏。

（2）试验结果分析

1）材性试验

在试验之前，先将混凝土试块与钢筋进行了材性试验，具体数据如表 5-5 和表 5-6 所示。

表 5-5　混凝土材性试验

混凝土立方体试块	$f_{cu,m}$（MPa）	$f_{cu,k}$（MPa）	f_{ck}（MPa）	E（$\times 10^4$MPa）
C15	25.65	20.57	13.76	2.57
C30BC	42.25	34.18	22.68	3.32
C30DL	45.90	36.83	24.63	3.48

注：C30BC 为加载梁与加宽部分的混凝土试块，C30DL 为地梁的混凝土块。

表 5-6　钢筋材性试验

螺纹钢筋直径（mm）	f_y（MPa）	f_u（MPa）
10	410.27	625.04
12	466.37	675.79

2）试验现象与破坏模式

试件 1 在正向加载 5.6mm 时出现裂缝，随着加载的进行，裂缝稍微增多，第一条裂缝发展非常迅速，在 14mm 加载时裂缝贯通。在 28mm 加载时出现竖向裂缝，56mm 加载时，墙脚混凝土已完全剥落，第二圈加载（56mm），距墙底约 500mm 高裂缝贯通，试件完全破坏。典型裂缝分布如图 5-8 所示。

图 5-8　试件 1 裂缝

如图 5-9 所示，试件 2 在水平位移 3.5mm 时出现裂缝，裂缝发展迅速，较试件 1 裂缝增多，裂缝宽度也较大。水平位移 28mm 时出现竖向裂缝，墙脚混凝土有轻微压酥现象。

水平位移 56mm 时，墙脚混凝土剥落，纵筋屈曲，试件破坏。

如图 5-10 所示，试件 3 在水平位移 5.6mm 时出现裂缝，此裂缝发展较慢，裂缝宽度较小。水平位移 28mm 时出现竖向裂缝，墙脚混凝土压酥。水平位移 56mm 时，墙脚混凝土剥落，纵筋屈曲，试件破坏。

如图 5-11 所示，试件 4 在水平位移 2.8mm 时出现裂缝，裂缝发展较试件 3 迅速，裂缝宽度大。水平位移 28mm 时出现竖向裂缝，墙脚混凝土压酥。水平位移 56mm 时，墙脚混凝土剥落，纵筋屈曲，试件破坏。

图 5-9　试件 2 裂缝　　　　　图 5-10　试件 3 裂缝　　　　　图 5-11　试件 4 裂缝

如图 5-12 所示，试件 5 在水平位移 5.6mm 时出现裂缝，裂缝发展较慢，未加固边裂缝宽度大，裂缝较少，加固边裂缝沿墙分布较多，裂缝宽度较加固边窄。水平位移 14mm 时，加固部分与原试件连接面部分区域出现竖向裂缝。水平位移 28mm 时墙脚出现竖向裂缝，墙脚混凝土压酥。水平位移 56mm 时，未加固墙脚混凝土剥落，纵筋屈曲，试件破坏。

如图 5-13 所示，试件 6 在水平位移 3.5mm 时出现裂缝，裂缝发展较快，分布较试件 5 更广泛，达到墙高的 2/3 处。未加固边裂缝宽度大，裂缝较少，加固边裂缝沿墙分布较多，裂缝宽度较加固边窄。水平位移 28mm 时墙脚出现竖向裂缝，墙脚混凝土压酥。水平位移 56mm 时，未加固墙脚混凝土剥落，纵筋屈曲，试件破坏。

如图 5-14 所示，试件 7 在水平位移 5.6mm 时出现裂缝，裂缝发展较慢，分布集中。未加固边裂缝宽度大，裂缝较少，加固边裂缝沿墙分布较多，裂缝宽度较加固边窄。水平位移 28mm 时墙脚出现竖向裂缝，墙脚混凝土压酥。水平位移 56mm 时，未加固墙脚混凝土剥落，纵筋屈曲，试件破坏。

如图 5-15 所示，试件 8 在水平位移 3.5mm 时出现裂缝，裂缝发展较快，分布集中。未加固边裂缝宽度大，裂缝较少，加固边裂缝沿墙分布较多，裂缝宽度较加固边窄。水平位移 28mm 时墙脚出现竖向裂缝，墙脚混凝土压酥。水平位移 56mm 时，未加固墙脚混凝土剥落，纵筋屈曲，试件破坏。

图 5-12 试件 5 裂缝　　图 5-13 试件 6 裂缝　　图 5-14 试件 7 裂缝　　图 5-15 试件 8 裂缝

　　未加固试件墙脚混凝土剥落以后，纵筋屈曲，丧失承载力，属于受压破坏。而加固边缘混凝土剥落以后，因为箍筋的环向约束作用，纵筋仍然能保持一定的承载力，破坏较非加固墙脚轻。加固对于改善结构的破坏模式有重要作用。

　　下面给出拉线位移计测得的试件变形曲线，如图 5-16 所示。

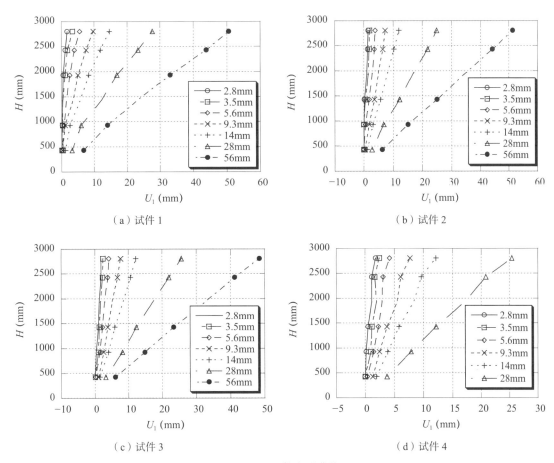

图 5-16 试件变形曲线

161

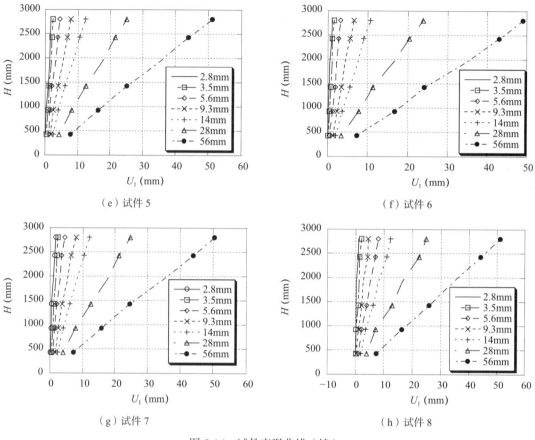

（e）试件 5　　　　　　　　　　　　（f）试件 6

（g）试件 7　　　　　　　　　　　　（h）试件 8

图 5-16　试件变形曲线（续）

该批试件最小高宽比为 2.64，由图 5-16 可看出，在水平力作用下，加载初始阶段墙体弯曲变形特征明显，而后期加载阶段试件由于开裂严重，裂缝贯穿墙身，出现摇摆墙的特点，因此变形沿高度约为直线。

3）滞回曲线分析

各试件测得的滞回曲线如图 5-17 所示。

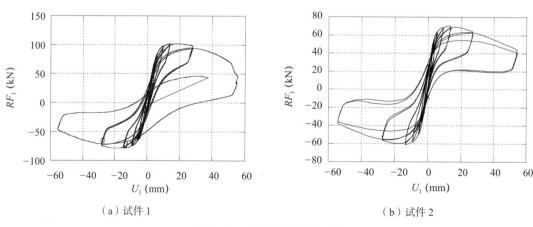

（a）试件 1　　　　　　　　　　　　（b）试件 2

图 5-17　所有试件滞回曲线

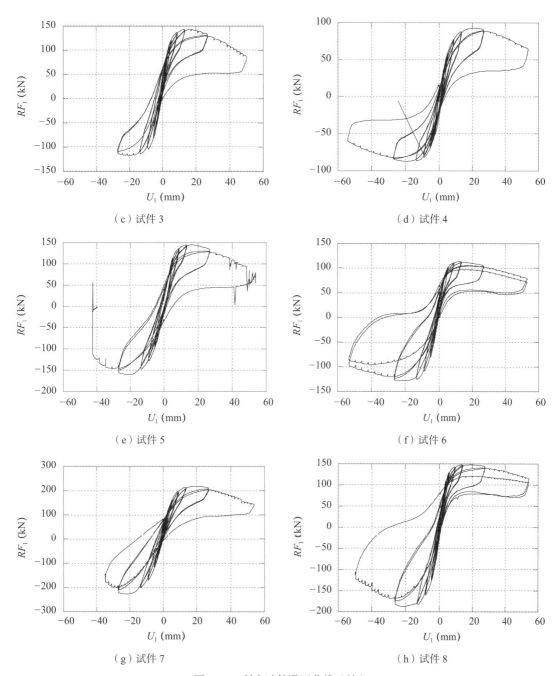

（c）试件 3　　　　　　　　　　　　　　（d）试件 4

（e）试件 5　　　　　　　　　　　　　　（f）试件 6

（g）试件 7　　　　　　　　　　　　　　（h）试件 8

图 5-17　所有试件滞回曲线（续）

从滞回曲线来看，所有的墙体滞回曲线捏拢严重，在大轴压下的承载力高于小轴压下的承载力，与摇摆墙的耗能特征接近。加固结构当加固边受拉时（负向加载），滞回曲线捏拢现象不明显，显示该加固对于提高墙体耗能有明显的效果。

4）承载力与刚度分析

竖向千斤顶两个铰接点中心的距离为 2.83m，试件出现侧移，竖向千斤顶的作用力会出现水平分量，因此考虑竖向千斤顶偏角进行修正。四个试件的开裂荷载、屈服荷载和极限荷载数据如表 5-7 所示（括号中为负向加载数据）。

表 5-7　各试件的开裂荷载、屈服荷载和极限荷载

试件编号	开裂荷载 F_c（kN）	屈服荷载 F_y（kN）	极限荷载 F_u（kN）	F_u/F_y
1	82.57	87.2（−60.1）	104.9（−76.2）	1.20（1.27）
2	53.6	62.3（−50.1）	70.0（−60.8）	1.12（1.12）
3	96.93	121.1（−100.6）	143.2（−117.8）	1.18（1.17）
4	41.36	78.2（−74.1）	92.7（−87.5）	1.19（1.18）
5	85.5	127.2（−121.3）	144.5（−160.1）	1.14（1.32）
6	73.5	94.3（−107）	113.0（−128.4）	1.20（1.20）
7	158.2	190.3（−187.2）	218.1（−226.6）	1.11（1.21）
8	89.03	133.6（−157.4）	147.3（−187.7）	1.10（1.19）

注：开裂荷载仅给出第一次开裂，即正向加载开裂时数据。屈服荷载按照图 5-18 方法取值。

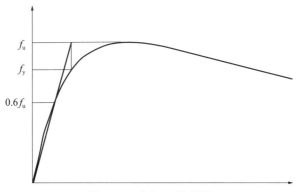

图 5-18　确定 F_y 示意图

根据混凝土结构规范的承载力计算公式，以试件平均材料强度进行计算，计算结果如表 5-8 所示。

表 5-8　规范计算加固试件极限承载力

墙片编号	加载方向	受压区高度（mm）	钢筋应力（MPa）	墙底弯矩（kN·m）	计算承载力（kN）	试验承载力（kN）	比值
1	正向	229.4	625	378.9	135.3224	104.9	1.29
1	负向	229.4	625	378.9	135.3224	76.2	1.78
2	正向	149.1	625	275.1	98.24343	65.4	1.50
2	负向	149.1	625	275.1	98.24343	60.8	1.62
3	正向	330.6	625	466.5	166.6023	130.5	1.28
3	负向	330.6	625	466.5	166.6023	117.8	1.41
4	正向	233.2	625	407.4	145.5071	90.1	1.61
4	负向	233.2	625	407.4	145.5071	87.5	1.66

墙片编号	加载方向	受压区高度（mm）	钢筋应力（MPa）	墙底弯矩（kN·m）	计算承载力（kN）	试验承载力（kN）	比值
5	正向	276.5	625	416.6	148.7699	144.1	1.03
	负向	307.0	433	486.4	173.7266	160.1	1.09
6	正向	179.0	625	309.9	110.6955	113	0.98
	负向	227.0	625	437.0	156.0634	128.4	1.22
7	正向	316.99	406	548.3	195.8383	218.1	0.90
	负向	345.91	337	653.2	233.2736	226.6	1.03
8	正向	206.212	625	407.9	145.6667	147.3	0.99
	负向	258.29	595	577.0	206.0737	187.7	1.10

由规范计算得到的承载力偏大，未加固试件承载力计算的相对比值平均值高达 1.54，加固试件的承载力计算相对比值平均值为 1.04。说明未加固试件承载力不能根据规范公式来计算，而加固试件试验结果与规范公式计算值吻合较好。

高轴压比工况承载力高于低轴压比工况。试件底部开裂以后，形成绕墙脚转动的摇摆墙，轴力对其有较强的恢复作用，因此高轴压比工况承载力高于低轴压比工况。

试件的刚度值如表 5-9 所示，表中 K_0 为初始弹性刚度，K_c 为开裂割线刚度，K_y 为屈服割线刚度。

表 5-9 各试件的刚度值（正向）

试件编号	K_0（kN/mm）	K_c（kN/mm）	K_y（kN/mm）
1	21.24	15.10	5.61
2	14.34	12.24	4.48
3	25.79	18.26	5.01
4	14.04	12.31	5.03
5	20.70	17.48	9.87
6	20.31	15.47	7.42
7	30.02	22.49	8.37
8	29.20	24.97	8.08

注：在考虑开裂等问题的时候，混凝土损伤的影响显得尤为重要，因此在计算刚度的时候，仅考虑正向加载的情况。

由表 5-9 可以看出：试件开裂后，其刚度衰减迅速；未加固试件的屈服割线刚度小于加固试件的割线刚度。

从上述结果可以看出，这批试件的主要特征为配筋率低，混凝土强度低，轴压比高。在如此高的轴压比下，而混凝土强度又低，因此试件相对受压区高度超过规范要求，即使配筋率远低于规范要求也呈现受压破坏模式。未加固试件由于混凝土强度太低，且无边缘约束构件，在如此大的轴压比下完全无法用规范进行计算。

单边加固的方案在本次试验中表现出良好的性能，主要体现在以下几个方面：

① 承载力明显提高。正向加载时，其加固边缘受压，弥补了混凝土强度不足的缺点，延缓了混凝土压酥的发生；负向加载时，由于截面变大，且受拉区钢筋较多，混凝土受压面积变大，从而提高了底部截面的抗弯承载力。

② 延性改善。延性的改善主要由于加固部分箍筋较密，能使纵筋在混凝土压酥后保持一定的承载力。

加固后的结构配筋率满足了现行规范要求，且加固部分混凝土强度提高，可以采用现行规范推荐公式计算其承载力，为整体结构的设计验算提供了依据。

（3）试验结论

本次试验共有 8 个试件，对其进行了拟静力的推覆试验，得到了墙片整体的反力、位移、变形等数据。从中可以得出以下结论：

1）未加固结构抗震性能较弱，表现在以下三个方面：

① 混凝土强度太低，承载力偏低；

② 配筋率太低，结构延性不足，屈服后无明显平台段，很快出现承载力大幅度下降，层间位移达到 1/50 已接近完全倒塌；

③ 原横向分布钢筋间距过大，纵向钢筋易屈曲，边缘混凝土约束不足，快速剥落。

2）加固后，结构的抗震性能有了较大的提高，在以下四个方面改善尤为显著：

① 极限承载力明显提高；

② 加载延性改善，承载力可以保持较长的一个平台段；

③ 在结构承载力下降到峰值承载力的 75% 以前，层间位移可以达到 1/50；

④ 加固边横向钢筋间距减小，能有效防止纵筋屈曲，延缓混凝土压酥出现的时间。

综上所述，此加固方案效果有效，但需要注意加固边缘与原结构的连接。

5.2.2　低配筋剪力墙双边加固抗震性能研究

（1）试验设计

1）试验参数

结构的主要承重构件为混凝土剪力墙，故首先检验混凝土剪力墙的加固效果。试验设计了 4 个墙片，其中 1、2 号墙片为非加固墙片，3、4 号墙片为加固墙片，各墙片设计参数如表 5-10 所示。

表 5-10　墙片设计参数

墙体编号	墙宽（mm）	墙厚（mm）	墙体纵筋	墙体横筋	加固部分	轴压比
1	750	160	双排钢筋网φ6@345	双排钢筋网φ6@250	无	0.35
2	750	160	双排钢筋网φ6@345	双排钢筋网φ6@250	无	0.55
3	1070	160	双排钢筋网φ6@345	双排钢筋网φ6@250	4Φ10	0.35
4	1070	160	双排钢筋网φ6@345	双排钢筋网φ6@250	4Φ10	0.55

注：加固部分为 160 mm×160mm 的混凝土柱，采用 C30 混凝土，双边加固。

测量数据分为三类：

① 钢筋的应变：在浇筑混凝土前，在钢筋底部贴了应变片，布置图如图 5-19 所示。

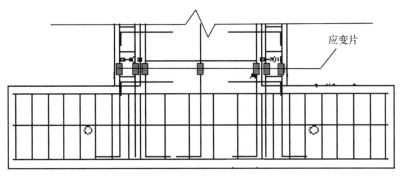

图 5-19 应变片布置图

② 墙体的位移及转角：将结构安装完毕以后，沿墙高布置 4 个位移计测量墙体的位移与变形，地梁中部布置了 1 个位移计测量其位移与变形；墙的两边分别布置了位移计用以测量转角。布置图如图 5-20 所示。

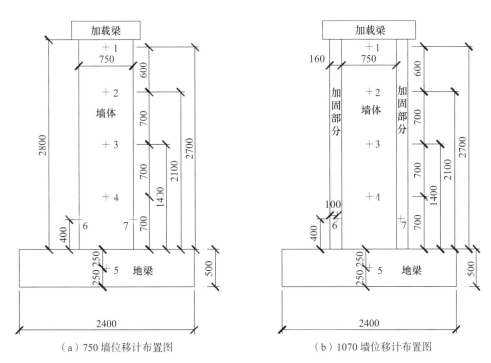

（a）750 墙位移计布置图　　　　　（b）1070 墙位移计布置图

图 5-20 位移计布置图

2）加载方案

竖向荷载采用力控制的方法加载，水平加载采用位移控制的方法。加载位移量的选取，按照剪力墙的层间位移，分别取为墙高的 1/1000、1/800、1/500、1/300、1/200、1/100、1/75、1/50。

加载设备如图 5-21 所示。

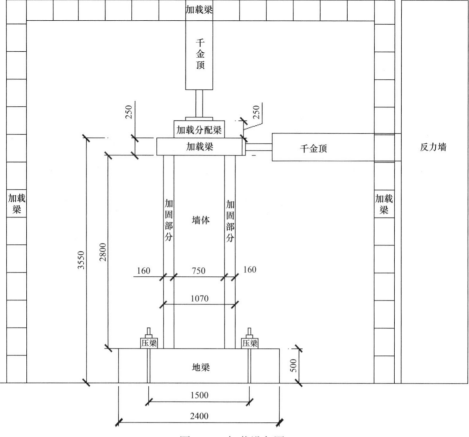

图 5-21　加载设备图

（2）试验结果分析

1）材料性质试验

在试验之前，将混凝土试块与钢筋进行了材性试验，具体试验结果如表 5-11 和表 5-12 所示。

表 5-11　混凝土材性试验

混凝土立方体试块	$f_{cu,m}$（MPa）	$f_{c,m}$（MPa）	f_{ck}（MPa）	f_{tk}（MPa）
C15	13.6	10.3	7.3	0.94
C30BC	34.7	26.4	18.6	1.57
C30DL	44.1	33.6	23.7	1.80

注：C30BC 为加载梁与加宽部分的混凝土试块，C30DL 为地梁的混凝土块。

表 5-12　钢筋材性试验

钢筋直径（mm）	f_y（MPa）	f_u（MPa）
6	342.18	483.72
10	539.24	713.38

2）试验现象

1号墙体和2号墙体加载图如图5-22所示。

1号墙体施加轴力为306kN，当加载至位移角为1/800时墙底出现裂缝；位移角为1/500时墙底裂缝长度延伸为120mm；位移角为1/200时距底部650mm处出现弯曲裂缝的长度为200mm，此时承载力达到峰值；位移角为1/100时该裂缝有所发展，单边长度达到中性轴位置，循环后贯穿整个横截面，墙脚混凝土出现裂纹；位移角为1/75时墙脚混凝土出现轻微剥落；位移角为1/50时两侧墙脚混凝土均出现剥落，但程度较轻。值得注意的是，由于配筋率较低，墙体底部开裂后钢筋很快达到屈服，发生类似刚体性质的转动，形成摇摆机制，即使在大位移条件下承载力也并未产生明显下降。最终位移角加载到1/30，承载力下降到85%以下，试验结束。整个加载过程中，正负向加载模式、试验现象、力－位移曲线等都比较对称。

2号墙体施加轴力为481kN，位移角为1/800时墙底开裂；位移角为1/500时墙底裂缝长度为100mm；位移角为1/300时墙底裂缝扩展至220mm；位移角为1/200时墙底裂缝扩展至中性轴附近，长度达到350mm，距底部400mm处出现长度为200mm的弯曲裂缝；位移角达到1/200时墙底裂缝达到中性轴，整个裂缝贯穿，400mm处的裂缝也达到中性轴，贯穿截面，墙脚混凝土出现裂纹；位移角达到1/100时墙脚混凝土轻微剥落，达到峰值承载力。位移角达到1/75时两边墙脚混凝土均剥落；位移角为1/50时承载力下降到85%以下，试验结束。与1号墙体类似，2号墙体大位移阶段也形成了摇摆机制，墙体底部被抬起发生刚体转动。2号墙体较1号墙体承载力提高，墙脚破坏更严重。

3号墙体和4号墙体加载图如图5-23所示。

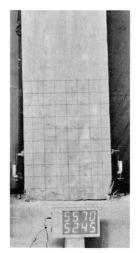   

（a）1号墙体　　　　　（b）2号墙体　　　　　　　（a）3号墙体　　　　　（b）4号墙体

图5-22　1、2号墙体加载图（1/50）　　　　　图5-23　3、4号墙体加载图（1/50）

3号墙体施加轴力640kN，位移角为1/1000时新旧墙体连接部分出现竖向裂缝；位移角为1/800时墙底开裂；位移角为1/500时墙底裂缝长度达到220mm；位移角为1/300时墙底裂缝长度达到380mm，距底部700mm范围内出现大量弯曲裂缝，长度200mm，间距150mm，部分弯曲裂缝发展至旧墙部分，形成45°斜向剪切裂缝，最大长度达到

200mm（水平投影长度，自新旧墙界面算起）；位移角为 1/200 时墙底裂缝达到中性轴，墙底裂缝贯穿，剪切斜裂缝继续发展，最长达到 350mm（水平投影长度，自新旧墙界面算起），墙脚混凝土出现裂纹，裂缝出现部位扩展至距底部 1000mm 范围内；位移角为 1/100 时裂缝继续发展，数量增多，长度增加，部分越过中性轴截面形成交叉裂缝，墙脚混凝土轻微剥落，承载力达到峰值；位移角为 1/75 时两侧墙脚混凝土剥落，距底部 1200mm 处出现新裂缝；位移角为 1/50 时墙体承载力下降到 85% 以下，试验结束。3 号墙体在原墙两侧配置了加固暗柱，且钢筋较多，并未形成 1、2 号墙体发生的摇摆机制，而是随着位移幅值增大，混凝土受压区不断扩大直至破坏。虽然 1/1000 时新旧墙之间出现竖向裂缝，但整个试验过程中并未出现发展以及滑移，连接性能良好。

4 号墙体施加轴力 1006kN，由于试件安装问题施加轴压后出现 1.5mm 偏心，小位移（13.5mm 以内）加载时考虑修正，大位移条件按设计方案加载。位移角为 1/800 时墙底开裂；位移角为 1/500 时墙底裂缝长度为 240mm；位移角为 1/300 时墙底裂缝达到 350mm，距底部范围 900mm 内出现大量弯曲裂缝，长度 200mm，间距 150mm，部分延伸至旧墙形成斜向剪切裂缝，长度达到 300mm（水平投影长度，自新旧墙界面算起）；位移角为 1/200 时墙底裂缝扩展至中性轴截面，裂缝贯穿，旧墙内部分剪切裂缝越过中性轴，距底部 1100mm 处出现新的弯曲裂缝，墙脚混凝土出现裂纹；位移角为 1/100 时两侧墙脚混凝土大量剥落，露出钢筋，偏心受压一侧较严重，承载力达到峰值；位移角为 1/75 时混凝土破坏更加严重，墙面形成交叉裂缝，新旧墙体连接面出现竖向裂缝；下一级位移（位移角 1/50）加载时偏心受压一侧加固柱子混凝土完全破坏，旧墙受压脆性破坏，承载力急速下降，试验停止。

从表 5-13 可以看出，4 个试件均在位移角达到 1/500 时墙底出现开裂；除一号墙体外均在 1/100 达到承载力峰值。1、2 号墙体由于配筋较少，开裂后钢筋迅速屈服，形成摇摆机制，混凝土破坏较轻；3、4 号墙体两端设置加固柱子，开裂后钢筋承担拉力，混凝土充分受压，因混凝土压碎而丧失承载力。特别是 4 号墙体由于偏心受压加固柱子混凝土完全破坏后，因旧墙承载力不足出现脆性破坏，完全丧失承载力。

表 5-13 各试件试验现象

墙体编号	开裂	承载力峰值	混凝土大量剥落	破坏形态
1	1/800	1/300	不明显	钢筋屈服
2	1/800	1/100	不明显	钢筋屈服
3	1/800	1/100	1/100	混凝土压碎
4	1/800	1/100	1/100	脆性破坏

3）破坏模式

图 5-24 显示未加固墙体（1、2 号）的破坏形态。二者的破坏都是由于钢筋屈服。由于配筋率较低，墙体开裂后钢筋即达到屈服，形成摇摆机制，发生刚体性质转动。即使在位移角为 1/50 的情况下混凝土受压区开裂情况都较轻，故试验时加载到 1/30，明显观察到钢筋不断重复压弯—拉直—压弯的过程。

图 5-25 显示加固墙体（3、4 号）的破坏形态。二者的破坏是混凝土受压破坏。墙体

开裂以后拉力由钢筋承担，中性轴不断上移，混凝土充分受压，达到抗压强度后被压碎。3 号墙体（轴压比 0.35）加固部分混凝土完全破坏，旧墙部分也受到损伤；4 号墙体（轴压比 0.55）由于试件安装导致偏心，加固部分受压破坏后旧墙无法承担压力，混凝土被压溃，承载力丧失。

（a）1 号墙体　　　　　　　　　　　（b）2 号墙体

图 5-24　1、2 号墙体破坏形态

 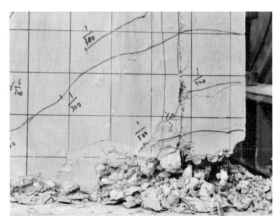

（a）3 号墙体　　　　　　　　　　　（b）4 号墙体

图 5-25　3、4 号墙体破坏形态

4）承载力分析

4 个墙片的屈服荷载取值分别如图 5-26～图 5-29 所示。从表 5-14 可以看出，未加固墙体承载力低，且开裂荷载与屈服荷载基本相同，屈服后承载力强化阶段较弱，极限承载力不高，屈服荷载与极限荷载的比值在 0.79 以上（1 号墙体比值为 0.85）。与试验观察到的现象相同，由于配筋率小，墙体一旦出现开裂钢筋就很快屈服，形成摇摆机制，极限强度主要来源于钢筋强化。

加固墙体承载力较高，墙体开裂后试件并未达到屈服，屈服后仍有比较明显的强化段，屈服荷载与极限荷载的比值在 0.75 以下（4 号墙体为 0.72）。钢筋屈服后进入强化阶段，混凝土受压区扩展，最后由于混凝土压碎而破坏。

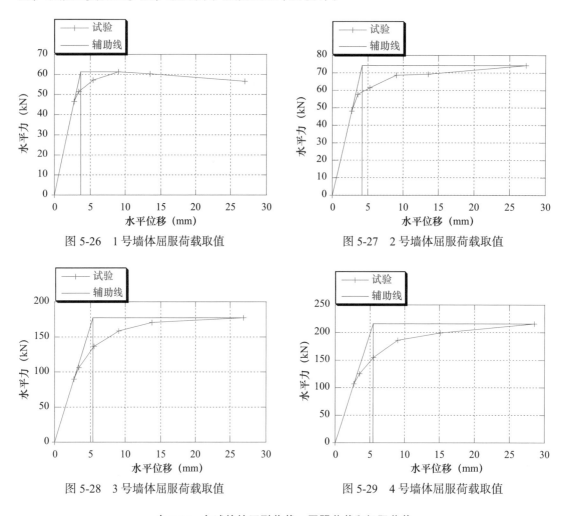

图 5-26　1号墙体屈服荷载取值　　　　　图 5-27　2号墙体屈服荷载取值

图 5-28　3号墙体屈服荷载取值　　　　　图 5-29　4号墙体屈服荷载取值

表 5-14　各试件的开裂荷载、屈服荷载和极限荷载

墙体编号	开裂荷载 F_c（kN）	屈服荷载 F_y（kN）	极限荷载 F_u（kN）	F_y/F_u
1	51.47	52.25	61.34	0.85
2	57.64	58.95	74.20	0.79
3	106.09	133.33	177.28	0.75
4	124.94	155.30	215.70	0.72

注：加载时采用位移控制，开裂荷载取开裂位移幅值下最大承载力，屈服荷载采用作图法，弹性段（位移角 1/1000 认为试件处于弹性）延长线与过峰值的水平线交点作垂线，与骨架线的交点即为屈服荷载。

由混凝土规范知：

$$V = 0.25\beta_c f_c b_h = 0.25 \times 1 \times 10.3 \times 160 \times 750 = 309\text{kN}$$

墙体抗剪承载力满足要求，仅需考虑墙体的正截面抗弯性能。因此，墙体抗弯承载力采用如下公式计算：

$$x = \frac{N}{\alpha f_c b} = \frac{4320000}{1 \times 14.2 \times 160} = 1901\text{mm}$$

$$M = 1 \times 14.2 \times 160 \times \left(\frac{10000}{2} - \frac{1901}{2}\right) + 400 \times 28.3 \times \frac{1901}{250} \times (10000 - 1901)$$

$$= 18190\text{kN} \cdot \text{m}$$

规范给出的承载力公式仅计算正截面抗弯能力，而对于试验本身需要进行一定修正：对于未加固墙体不考虑最中间的两根钢筋，对于加固墙体不考虑分布钢筋（未加固部分的6根钢筋）。这是由于未加固墙体很明显地观察到根部被抬起，所施加的轴力会对整个构件产生恢复性弯矩，认为墙体底部绕受压区中心转动，则该附加弯矩可以计算。加固墙体也存在这种问题，但由于底部抬起不明显，墙体转轴不明确，计算该附加弯矩较为困难，故略去该弯矩，理论计算值会偏小。

由表5-15可以看出，加固墙体承载力远远高于未加固墙体（接近3倍），墙体承载力随着轴压比的提高而提高。未加固墙体（1号和2号）试验承载力与理论承载力吻合较好（误差不超过10%）；加固墙体（3号和4号）由于未考虑轴力产生的附加弯矩计算所得承载力较小，与试验值误差较大，在15%左右。

表 5-15 规范计算加固墙体极限承载力

墙片编号	受压区高度（mm）	钢筋应力（MPa）	墙底弯矩（kN·m）	计算承载力（kN）	试验承载力（kN）	比值
1	185.85	342.18	186.12	63.63	61.34	0.9640
2	292.04	342.18	233.77	79.92	74.2	0.9284
3	151.52	539.24	447.99	153.16	177.28	1.1575
4	360.19	539.24	552.27	188.81	215.7	1.1424

5）滞回曲线与骨架线分析

各试件滞回曲线分别如图5-30～图5-33所示。

如图5-30和图5-31所示，未加固墙体（1、2号）滞回曲线呈弓形，"捏缩效应"明显，耗能能力较差，构件一旦屈服很快达到极限荷载，延性不好。值得注意的是，构件达到极限承载力以后，继续加载时承载力并未出现大幅度下降，但不能因此认为其延性良好。如前文所述，试件开裂后，钢筋屈服，形成摇摆机制，钢筋被不断压弯、拉直，而混凝土的破坏情况较轻。大位移加载时滞回曲线存在明显波动是由于底部被抬起，因为试件已经破坏，在面外产生一些变形。

如图5-32和图5-33所示，加固墙体（3、4号）滞回曲线呈弓形，但"捏缩效应"较未加固墙体明显减轻，加载后期出现向梭形发展的趋势，耗能能力较好。试件屈服后仍存在一定的强度储备，安全性较高。4号墙体承载力突然丧失主要是因为试件安装问题出现偏心，受压一侧混凝土被压溃。

图5-34为4个试件的骨架线。可以明显看出，加固墙体的初始刚度、承载力明显高于未加固墙体。轴压比提高，试件的承载力及刚度也有一定提高。

未加固墙体达到极限承载力时加固墙体甚至还处于弹性阶段。4号墙体负向加载时由于偏心出现脆性破坏，承载力丧失。

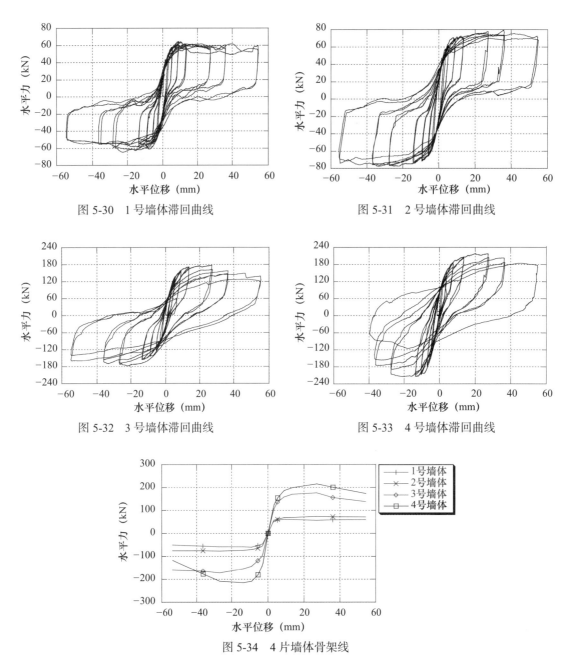

图 5-30　1 号墙体滞回曲线　　　　　图 5-31　2 号墙体滞回曲线

图 5-32　3 号墙体滞回曲线　　　　　图 5-33　4 号墙体滞回曲线

图 5-34　4 片墙体骨架线

6）刚度分析

从表 5-16 中可以看出，加固墙体的初始刚度、开裂后割线刚度、屈服后割线刚度均大于未加固墙体。

未加固墙体的刚度衰减迅速，开裂后刚度不足初始弹性刚度的 20%（1 号墙体为 18.9%，2 号墙体为 12.1%）；加固墙体的刚度衰减较慢，开裂后刚度为初始弹性刚度的 40% 左右（3 号墙体为 42.1%，4 号墙体为 39.6%）。

表 5-16　各试件的刚度值

墙体编号	K_0（kN/mm）	K_c（kN/mm）	K_y（kN/mm）	K_c/K_0
1	16.73	3.17	1.70	0.189
2	17.67	2.14	0.66	0.121
3	33.14	13.96	2.04	0.421
4	39.44	15.60	2.80	0.396

注：K_0 为初始弹性刚度；K_c 为开裂后割线刚度，取骨架线中开裂点与屈服点之间的斜率；K_y 为屈服后割线刚度，取屈服点与极限点之间的斜率。

7）裂缝和变形

图 5-35（a）是 1 号墙体的开裂情况。可以看出，墙体表面裂缝较少，只有距底部高600mm 处有一条贯穿的横向裂缝，墙底混凝土与地梁完全脱开，墙脚混凝土压碎（实际上位移角为 1/50 时压碎情况仍然较轻，图为位移角 1/30 后的破坏情况）。

图 5-36 是 1 号墙体的变形情况，加载初期表现为弯剪变形模式，下部变形小，上部变形大，总体呈现反 S 状。加载后期逐渐转变为直线，与试验现象相符（墙体形成摇摆机制，发生刚体性质转动）。

图 5-35（b）是 2 号墙体的开裂情况。与 1 号墙体相似，墙体表面裂缝较少，距底部350mm 处形成横向贯穿裂缝，墙底混凝土与地梁完全脱开，墙脚混凝土压碎程度较 1 号墙体严重。

图 5-37 是 2 号墙体的变形情况，总体呈弯曲变形模式，下部变形小，上部变形大，加载后期转变为直线型。

图 5-35（c）为 3 号墙体开裂情况。墙体表面裂缝较多，分布范围较广。值得注意的是，加固柱子部分的裂缝为横向弯曲裂缝，沿着箍筋间距（100mm）出现，分布较为均匀。裂缝延伸至旧墙部分时，由于混凝土强度、钢筋强度、配筋率等降低，形成斜向剪切裂缝，且裂缝宽度、长度均不断发展，在墙体中性轴靠下部形成交叉裂缝。墙脚混凝土破坏严重，柱子部分混凝土接近完全破坏。

图 5-38 为 3 号墙体变形情况。墙体变形呈弯曲变形模式，下部变形小，上部变形大，即使在大变形条件下，仍可以看出一定的弯曲变形特征。

图 5-35（d）为 4 号墙体开裂情况。与 3 号墙体类似，也是柱子出现弯曲裂缝，旧墙部分转变为剪切裂缝。仔细观察可以发现，4 号墙体柱子部分的横向弯曲裂缝与 3 号墙有细微区别，加固柱子的弯曲裂缝有向下发展的趋势，而非水平发展，即高轴压比（0.55）条件下墙体剪切破坏所占比例有所增加。

图 5-39 为 4 号墙体变形情况。总体呈弯曲变形模式，但整个试验过程表现都不太明显，比较接近直线型。

8）弯矩曲率关系

图 5-40 显示未加固墙体的弯矩曲率关系。与骨架线类似，1、2 号墙体屈服后迅速达到极限承载力，较长的平台段来源于钢筋的变形，并非构件延性良好。

图 5-41 显示加固墙体的弯矩曲率关系。3、4 号墙体屈服后有明显的强化段，达到极

限承载力后承载力有所下降，残余承载力（位移角 1/50）仍有极限承载力的 80%。

（a）1 号墙体裂缝

（b）2 号墙体裂缝

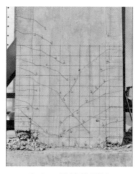
（c）3 号墙体裂缝

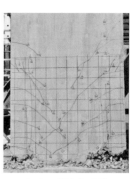
（d）4 号墙体裂缝

图 5-35　1～4 号墙体破坏形态

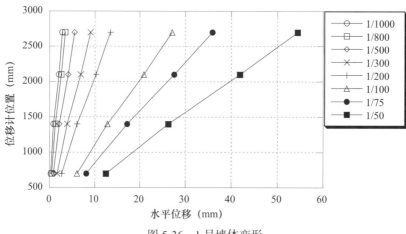

图 5-36　1 号墙体变形

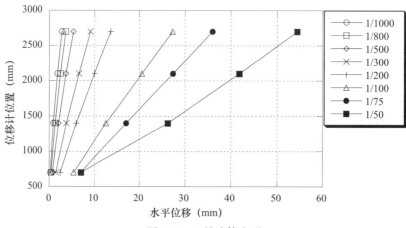

图 5-37　2 号墙体变形

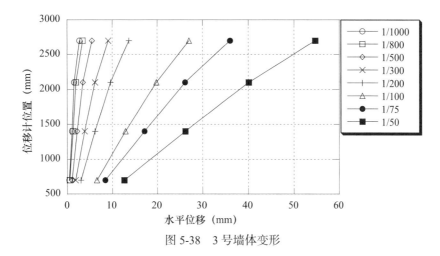

图 5-38 3 号墙体变形

图 5-39 4 号墙体变形

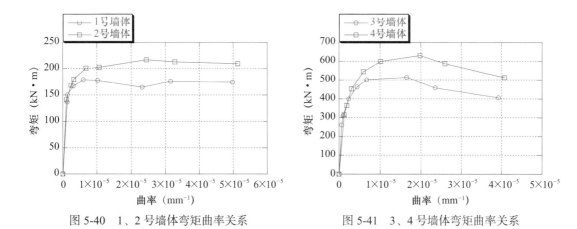

图 5-40 1、2 号墙体弯矩曲率关系   图 5-41 3、4 号墙体弯矩曲率关系

9）钢筋应变

图 5-42 为 1 号墙体钢筋应变情况。中间的钢筋在位移 13.5mm（位移角 1/200）以内处于弹性阶段，超过后达到屈服；边上的钢筋在位移 5.4mm（位移角 1/500）左右受拉达

到屈服，位移 9mm（位移角 1/300）受压达到屈服。值得注意的是，两边的钢筋随着位移正负变化拉压交替，中间的钢筋则由于底部被抬起处于受拉状态（初始阶段受压）。

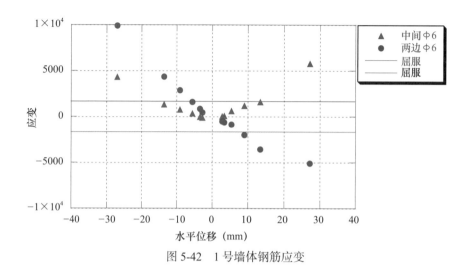

图 5-42　1 号墙体钢筋应变

图 5-43 为 2 号墙体钢筋应变情况。中间的钢筋在位移 13.5mm（位移角为 1//200）时达到屈服，小位移时处于受压状态，后期因底部被抬起始终处于受拉状态。随位移正负变化而产生拉压交替。两边的钢筋略早于位移 9mm（位移角 1/300）时达到屈服。

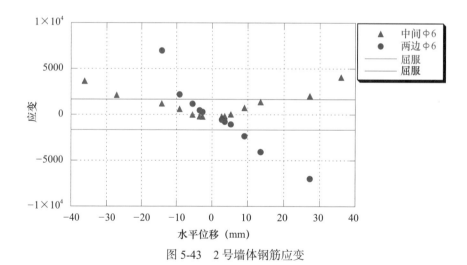

图 5-43　2 号墙体钢筋应变

图 5-44 为 3 号墙体钢筋应变情况。中间的钢筋略早于位移 27mm（位移角 1/100）以内处于弹性阶段，边上的钢筋在位移 5.4mm（位移角 1/500）以内处于弹性段，位移 9mm（位移角 1/300）达到屈服。加固部分的钢筋在位移 9mm（1/300）左右达到屈服。加固部分的钢筋应变增长速度远远高于旧墙内部的钢筋。

图 5-45 为 4 号墙体钢筋应变情况。旧墙中间的钢筋略早于位移 27mm（位移角为 1/100）内保持弹性，边上的钢筋在位移 9mm（位移角 1/300）达到屈服。

加固结构与未加固结构相比，旧墙内部的钢筋屈服较晚，屈服后应变增长速度也较慢。

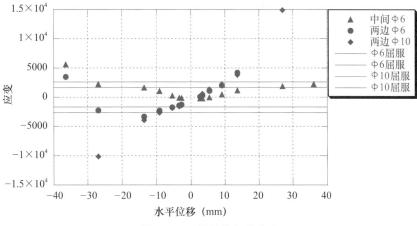

图 5-44　3 号墙体钢筋应变

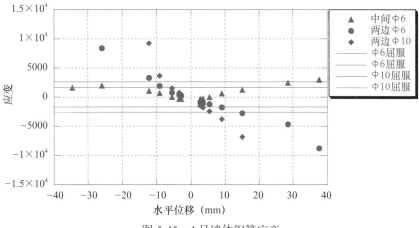

图 5-45　4 号墙体钢筋应变

表 5-17 统计了各墙体内部钢筋屈服位移角情况。

表 5-17　钢筋屈服位移角

墙体编号	中间Φ6	两边Φ6	两边Φ10
1 号	1/200	1/500（单边）	无
2 号	1/200	1/300（略早）	无
3 号	1/100（略早）	1/300	1/300
4 号	1/100（略早）	1/300	1/500（单边）

（3）试验结论

本次试验对 4 片墙体进行了拟静力试验，得到低周循环荷载下的位移、反力、变形等数据。从中可以得出如下结论：

1）未加固墙体抗震性能弱主要表现在以下几个方面：

① 混凝土强度低，配筋率低，结构承载力低；

② 墙体开裂后，钢筋即达到屈服，并很快达到极限荷载，安全系数低；

③ 墙体开裂后，刚度迅速丧失，刚度不足初始弹性刚度的 20%；

④ 墙体屈服后，钢筋不断重复压弯—拉直—压弯的过程，看似延性良好但实际工程中容易出现面外偏移问题；

⑤ 滞回曲线呈弓形，捏拢现象明显，耗能能力低。

2）加固墙体抗震性能好，主要表现在以下几个方面：

① 结构承载力大幅度提高，可以达到未加固墙体的近 3 倍；

② 墙体开裂后，有明显的屈服强化阶段，安全系数较高；

③ 墙体开裂后，刚度并未快速衰减，仍有初始弹性刚度的 40%；

④ 墙体破坏模式是钢筋屈服强化，中性轴上移，最后混凝土被压碎；

⑤ 滞回曲线由弓形向棱形发展，捏拢现象较轻，耗能能力较强。

综上所述，该加固方式能有效提高结构的承载力、刚度和耗能能力，加固方案可行。但需要注意的是加固后墙体较未加固墙体裂缝发展情况严重，需要考虑舒适度问题。同时对加固墙体的设计应防止超筋，避免发生加固墙体破坏后旧墙被压溃的危险（试验中 4 号墙体由于偏心受压导致加固部分混凝土完全破坏，旧墙承载力不足，混凝土被压溃，呈现脆性破坏的特征）。

5.3 既有混凝土锚固节点抗震性能研究

本试验研究的对象是低配筋低强度等级的混凝土与标准配筋标准强度等级的混凝土之间的抗剪连接件的性能。通过试验得到的数据，可以得出抗剪连接件的荷载－滑移曲线，分析抗剪连接件的承载能力；再加上通过具体试件的分析和总结，得出连接件的变形能力；最终，经过理论分析和研究得到力在抗剪连接件中的传递方式和传递路径。

影响抗剪连接件工作性能的因素有很多，在本次试验中可能会涉及混凝土的材料性质和强度，钢筋的材料性质、数量和直径，以及钢筋与混凝土之间的连接方式和植入深度等因素。本试验在其他因素不变的情况下考虑三方面的因素对钢筋抗剪连接件的影响，即钢筋的直径，钢筋植入老旧住宅混凝土的深度以及钢筋与老旧住宅混凝土的连接方式。

本节考虑连接方式、钢筋直径、钢筋锚固长度的影响，设计并制作了 8 个不同的试件进行单调静力加载试验。由于研究对象和栓钉抗剪连接件有较大相似之处，因此在设计试件的具体尺寸时参考了栓钉抗剪连接件的尺寸设计。

5.3.1 试验材料

（1）混凝土

本试验采用的混凝土种类有两种，一种是老旧住宅的旧混凝土，另一种是抗震加固时使用的新混凝土。在做试验之前，先调查了老旧住宅的设计材料，了解了混凝土的配合比和强度，之后从老旧住宅上取样，将取得的混凝土制作成标准的受压试件，通过规范的混凝土试块试验，得到了旧混凝土在此时的强度。经过与设计文献中的强度相比较，最后取了实际测出来的强度为这次试验旧混凝土的设计强度，其强度为 C15 的混凝土强度。抗震加固使用的新混凝土为 C30 的混凝土。混凝土立方体试块试验结果如表 5-18 所示，通过计算后得到了混凝土各参数的具体数值，如表 5-19 所示。

表 5-18 混凝土立方体试块试验结果

混凝土强度等级	试块编号	抗压破坏荷载（kN）	抗压强度（N/mm²）	抗压强度平均值（N/mm²）
C15	1	340.8	15.15	15.203
	2	338.4	15.04	
	3	347.6	15.42	
C30	1	856	38.04	37.747
	2	824	36.62	
	3	868	38.58	

表 5-19 混凝土数据统计

混凝土强度等级	$f_{cu,m}$（MPa）	$f_{c,m}$（MPa）	f_{ck}（MPa）
C15	14.987	11.3899	8.0445
C30	37.747	28.688	20.262

（2）钢筋

本试验所使用的钢筋分为两大类，即老旧住宅混凝土以及抗震加固中的配筋（包括纵筋和箍筋）和抗剪连接件中的抗剪钢筋。老旧住宅混凝土中的钢筋均为 φ6。钢筋抗剪连接件中的钢筋有两种，其一为 ⏀10，其二为 ⏀12。具体的尺寸和性能如表 5-20 所示。

表 5-20 钢筋拉伸试验结果

钢筋直径（mm）	钢筋编号	抗拉屈服荷载（kN）	抗拉极限荷载（kN）	抗拉屈服荷载的均值（kN）	抗拉极限荷载的均值（kN）
6	1	9	13.5	9.33	13.67
	2	9.5	14		
	3	9.5	13.5		
10	1	42	57	42.33	56
	2	43	56		
	3	42	55		
12	1	44	63.5	48	66.67
	2	53.5	70		
	3	46.5	66.5		

（3）应变片

本试验采用的应变片为电阻为 120Ω 的金属应变片。电阻应变片也称电阻应变计，简称应变片或应变计，是由敏感栅等构成用于测量应变的元件，它能将机械构件上应变的变化转换为电阻变化。

（4）位移计

本试验使用了 6 个精度为 0.2mm 的位移计，其中 4 个量程为 100mm 和 2 个量程为 200mm 的拉线式位移计。

5.3.2 试件制作

本试验体的位置处于抗震加固墙体与老旧住宅的墙体之间，所起到的作用是连接新墙体和旧墙体，保证新旧墙体能够协调的工作，抗剪连接的形式分别如图 5-46、图 5-47 所示。

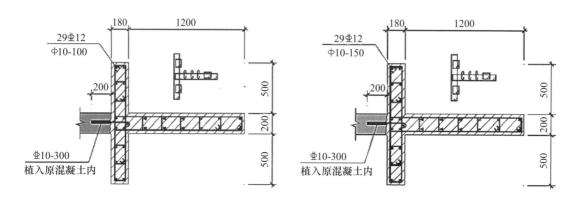

图 5-46　首层至四层抗剪连接件的形式　　　　图 5-47　四层及以上抗剪连接件的形式

根据变化因素的不同，即考虑钢筋直径、钢筋与旧混凝土的连接方式、钢筋植入旧混凝土中的深度，本次试验总共做了 8 个试件。由于本试验研究的对象是低配筋低强度等级的混凝土老旧住宅，因此在设计时候考虑钢筋与抗震加固的新混凝土的连接比钢筋与老旧住宅的混凝土的连接要牢固。同时考虑到本试验所研究对象的工程实际性，钢筋与住宅的连接方式和连接的具体情况为本次试验要考虑的重点。

试验设计制作了 8 个试件进行试验研究，主要考虑连接方式、钢筋直径和植筋深度三个方面作为变量，具体如下文所述：

（1）连接方式

本试验体设计中的浇筑方式均指抗剪连接件中的钢筋与老旧住宅混凝土的连接方式。连接方式主要有现浇和植筋两种。

现浇的连接方式是指抗剪连接件中的钢筋与旧混凝土之间的连接类型。其制作方法如下所述：通过试验之前的计算，得出钢筋和旧混凝土在空间上的相对关系，之后将钢筋通过模板上的小孔固定起来，在模板的外侧有铁丝绑扎以免在浇筑混凝土时的振捣行为改变了钢筋的位置。如图 5-48 所示。固定好钢筋的位置后，再浇筑 C15 混凝土，此时钢筋和 C15 湿混凝土之间是完美接触的，当混凝土在室温条件下达到一定强度时（一般取混凝土强度的 80%），即可理解为钢筋与混凝土之间为完美的现浇连接。

图 5-48　现浇连接方式的施工图

　　植筋的连接方式是指抗剪连接件中的钢筋与旧混凝土之间的连接类型。由于植筋的连接方式和现浇的连接方式在浇筑试件的时间先后顺序上完全不同，因此植筋试件的制作方法与现浇的有很大的不同。其制作方法如下所述：在支好混凝土的模板之后，放上已经制作好的配筋笼，通过打孔放置栓钉来固定好配筋笼的位置，之后按照规范的方法浇筑 C15 的旧混凝土，在实验室大厅的室温下进行养护。当强度达到 80% 或以上时，拆除混凝土的模板，在混凝土的侧面找到钢筋与混凝土之间的相对位置，用略大于钢筋直径的钻头（《混凝土结构加固设计规范》GB 50367—2013 规定了具体数值，详见下文说明）进行打孔，打孔深度略大于植入的深度。早打完孔洞之后，要对孔洞进行细致的清理，可以采用以下的方法进行清理：使用专用的工具（毛刷、气筒）将孔洞内的灰尘除尽，如果条件允许，可以使用小型的风扇将孔洞内的灰尘吹出，同时利用毛刷等工具的辅助清理出灰尘。之后用注胶器将植筋胶注入孔中，在注入植筋胶的成果中注意观察已注入的植筋胶的量，最佳的注入胶量为孔洞的三分之二，之后将钢筋插入孔中，待植筋胶充分固化之后，再进行后续的操作。

（2）钢筋直径

　　针对本试验所研究的老旧住宅混凝土抗剪连接件，选取其原型结构的主要钢筋直径分别为 10mm 和 12mm 两种。

（3）植筋深度

　　根据《混凝土结构加固设计规范》规定可知，植筋的基本锚固深度为：

$$l_s = 0.2\alpha_{spt}df_y/f_{bd} \qquad (5-2)$$

式中：α_{spt}——防止混凝土劈裂引用的计算系数，按《混凝土结构加固设计规范》计算；

　　　　d——钢筋公称直径；

　　　　f_y——钢筋抗拉强度设计值；

　　　　f_{bd}——植筋用胶粘剂的粘结强度设计值，按《混凝土结构加固设计规范》计算，见表 5-21。

表 5-21　粘结剂的粘结强度设计值 f_{bd}

粘结剂等级	构造条件	混凝土强度等级			
		C20	C25	C30	C40
A 级胶或 B 级胶	$S_1 \geqslant 5d$、$S_2 \geqslant 2.5d$	2.3	2.7	3.4	3.6

续表

粘结剂等级	构造条件	混凝土强度等级			
		C20	C25	C30	C40
A 级胶	$S_1 \geqslant 5d$、$S_2 \geqslant 2.5d$	2.3	2.7	3.6	4.0
	$S_1 \geqslant 5d$、$S_2 \geqslant 2.5d$	2.3	2.7	4.0	4.5

注：当使用表中的 f_{bd} 值时，其构件的混凝土保护层厚度，应不低于现行国家标准《混凝土结构设计规范》GB 50010 的规定值；表中 S_1 为植筋间距；S_2 为植筋边距；表中 f_{bd} 值仅适用于带肋钢筋的粘结锚固。

表 5-22 所示为植筋直径与对应的钻孔直径设计值。按照构造要求，钢筋的最小锚固长度 l_{min} 应符合下列规定：

1）受拉钢筋锚固：max{$0.3l_s$；$10d$；100mm}

2）受压钢筋锚固：max{$0.6l_s$；$10d$；100mm}

表 5-22 植筋直径与对应的钻孔直径设计值

钢筋直径 d（mm）	钻孔直径设计值 D（mm）
12	15
14	18
16	20
18	22
20	25
22	28
25	31
28	35
32	40

通过表 5-21 中给定的数值计算可知：

$$l_s = 0.2\alpha_{spt}df_y/f_{bd} = 0.2 \times 1.0 \times d \times 360/2.3 = 31.3d$$

考虑到受拉钢筋的构造锚固，为 9.39d。因此选取最小锚固深度为 10d，即：

$$l_{min} \geqslant 10d$$

因此，综合考虑以上三个方面，设计了 8 个钢筋抗剪连接件的试件，详见表 5-23，C15 试块的尺寸为 900mm×400mm×160mm，C30 块的尺寸为 900mm×300mm×160mm。为了保证纯剪的受力状态，设计了两块 C30 的试件，完全对称地安放在 C15 试块的两边，试件的具体形状如图 5-49 所示，试件尺寸如图 5-50 和图 5-51 所示。

表 5-23 试件列表

试件编号	试件一	试件二	试件三	试件四	试件五	试件六	试件七	试件八
连接方式	现浇	现浇	现浇	现浇	植筋	植筋	植筋	植筋
钢筋直径（mm）	12	12	10	10	12	12	10	10
植筋深度	15d	10d	15d	10d	15d	10d	15d	10d

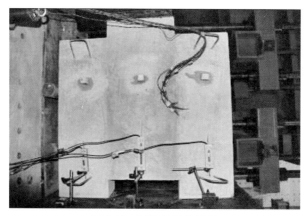

图 5-49　试件的具体形状

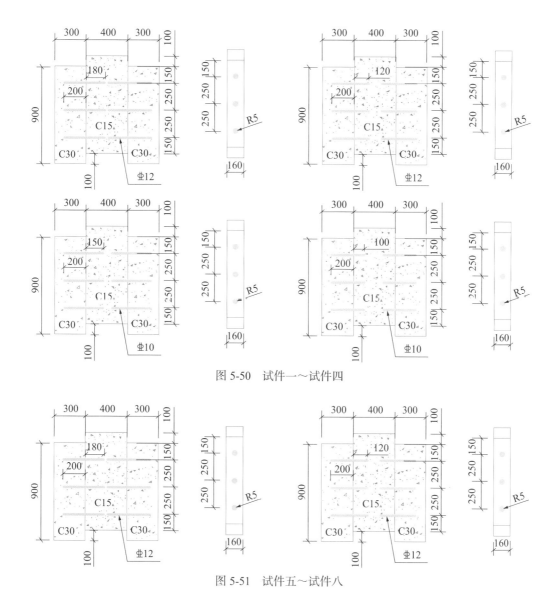

图 5-50　试件一～试件四

图 5-51　试件五～试件八

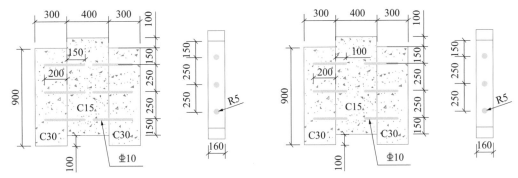

图 5-51　试件五~试件八（续）

5.3.3　试验加载和测量设备

（1）加载装置和方法

本试验是在清华大学土木工程系的实验室大厅进行的，采用的是实验室内的带有 100t 压力传感器的液压压力机进行加载。根据加载前的初步计算，将传感器的量程定位 100t，不仅保证了加载力能够在量程内，还保证了加载力的精度，有利于试验在相对高精度的情况下进行。

本试验有三点加载措施需要说明：

1）本试验加载时要求试件是处于一个完全对称的情况下，这样才能保证加载力是处于对称加载。考虑到 ① 在安放钢筋抗剪连接件时可能存在安放不对称的情况；② 试件在浇筑之前模板的安装也不可能存在完全对称和保证模板在同一水平面的情况。因此，在加载前，需要在连接件试件的加载顶部垫上一块适当厚度的塑料，以使试件能够均匀受力。另外，如图 5-52 所示，由于在加载过程中，随着加载力的不断增加，试件与三角形板之间的压力也越来越大。考虑到试件与三角形板之间存在较大的摩擦系数，在加载力不断增加的情况下会导致试件与板之间的摩擦力不断增加，从而导致本次试验的力并非完全的剪力，而是在与三角形板附近的混凝土形成了一个拱形机制，会大大地增加试件的承载力。考虑到这个因素，在三角形板处同样放上一块适当厚度的塑料，减小试件与三角形板之间的摩擦，保证试件尽可能只受纯剪力的情况下进行加载。

2）由于加载装置是一个横向推力的加载设备，通过查阅设计的图纸和设计书，发现加载中心离装置底部的距离为 600mm，而试件的中心离试件底部为 50mm，因此，需要将试件的中心提高 10mm，以满足加载装置的要求。对此，通过在试件底部垫上 2 根直径为 80mm 的钢棒，再在钢棒下垫上 20mm 的钢板，这样就保证了试件的中心和加载装置的中心是在同一个水平面上。在垫钢板和钢棒的过程中，为了保证试件在垫前后都能够处于水平的状态以及在加载过程中试件不会出现斜向移动，通过仔细测量，保证钢棒和试件之间是完全垂直的关系，这样才能将对试件加载的影响减到最小。

3）关于加载装置的选择问题。由于清华大学实验室中垂直加载的试验装置量程过大，不能满足本试验中试件的加载精度要求。因此选择横向加载的方式，由于混凝土自重产生的上重力对于整个试验而言的影响较小可以忽略，不影响试验的最后结果，认为是可以接受的。

试件的加载装置如图 5-52 所示。

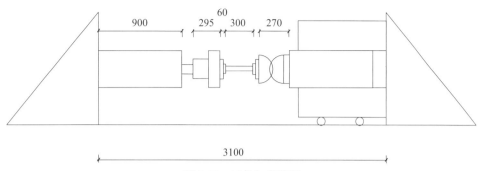

图 5-52　试件加载装置

（2）测量的装置和测量方法

本试验希望得到的数据有荷载－滑移曲线、钢筋的应变情况分析、裂缝产生时的荷载大小等。因此需要的测量的数据有：C15 试块和 C30 试块之间的相对位移、试验过程中的荷载、钢筋的应变。测量的方法和措施如下：

1）荷载：在加载装置上安装了一个 100t 的传感器，由电脑从工具箱中可以直接采集到传感器中的力，工具箱 1s 采集一个数据，因而可以时刻采集到荷载的大小。

2）C15 试块和 C30 试块之间的相对位移：本试验使用了 6 个位移计，在试件的正面布置三个位移计，分别为 2 个量程为 100mm 和 1 个量程为 200mm 的位移计，反面同样布置。考虑到 C15 试块在试验过程中将产生较大的位移，因此，将量程为 200mm 的位移计布置在 C30 试块上。具体的拉线方法是：先在 C30 试块上用胶将一小木头块固定，木头块上钉上了一个洋钉，再将位移计固定在磁座上，将磁座固定在三角形板上，通过细钢丝将位移计的杆与 C30 试块木头上的洋钉相连。把刻度置于合理的刻度线上。正面的三个位移计统一固定在离三角形板近处的底面的 60cm 处，另外三个位移计固定在反面离另一个底面 60cm 处的垂直线上。具体的测量如图 5-53～图 5-55 所示。

3）钢筋的应变：在试件制作之前，将钢筋应变片按照一定的方法和规则贴在钢筋上，现在只需要用工具箱采集应变片的数据即可。

图 5-53　试块上木头及洋钉图

图 5-54　位移计与三角形板相连

图 5-55　位移的测量方案

（3）加载步骤

本试验主要是研究抗剪连接件的性能和了解破坏机理。试验采用的加载方式为单调的静力加载方法，即对抗剪连接件施加平稳连续的荷载。在正式加载之前，需要对整个试验测量系统进行测试，以保证测量工作能够进行，所以进行预加载，即对试件施加较小的力，收集数据。

本试验采用的具体加载措施为位移加载，以 1mm/min 的速度加载，直到试件发生破坏。

5.3.4　试验过程及试验现象

本次试验进行了 8 个试件的单调静力加载试验，所有 8 个试件均能正常工作。

（1）理论破坏形态

钢筋连接件的理论破坏方式有两种。其一为混凝土破坏，其二为钢筋被剪断，分别描述如下：

钢筋抗剪连接件本身的抗弯刚度较小，在钢筋周围的混凝土对钢筋施加的压力不断增加的情况下，钢筋会发生侧向弯曲，如果钢筋与混凝土之间的连接完全，那么钢筋在根部将会受到压应力，随着外力荷载的不断增加，钢筋根部的应力也不断地增加，这些应力通过与钢筋接触的混凝土传递到混凝土块上，由于局部的混凝土无法承受如此大的应力，混凝土就会发生劈裂破坏，同时劈裂破坏的裂缝会将受压部分的混凝土分割为条形，从而降低了局部混凝土的抗压强度，最终使接触钢筋根部的混凝土由于被压碎而导致构件整体的破坏。这种破坏的方式一般出现在钢筋直径较大、间距较小、周围混凝土强度较低的情况下。

作用在抗剪连接件上的荷载通过连接件中的钢筋传递出去，那么钢筋将受到很大的应力作用。如果钢筋与混凝土之间的连接完全，那么钢筋在根部将会受到剪应力，随着外力荷载的不断增加，钢筋根部的应力也不断地增加，当此应力超过钢筋剪切承载力时，钢筋就会从根部被剪断。这种破坏的方式一般出现在钢筋直径较小、间距较大、周围混凝土强度较高的情况下。

（2）破坏形态

试验的 8 个对象在横向推力荷载的作用下产生了绝对位移。在荷载不断增加的情况下，随着 C15 块与 C30 块之间的力不断增加，C15 块和 C30 块之间出现相对的位移。此时，可以理解为块与块之间产生了较大的力，随着位移的慢慢发展，荷载急剧增加，当荷载增加到一定数值时（下文会具体给出），C15 块和 C30 块直接的接触面突然分开，产生一个通长的裂缝。在继续加载的情况下，可以听见混凝土发出清脆的破裂声。当相对位移达到了 5cm 时，在混凝土的表面会出现裂纹，这些裂纹随着相对位移的继续增加会呈现继续发展的趋势，当相对位移达到了 7cm 时，C15 块表面的混凝土会成块地掉下，试件被完全破坏掉。

理论上来分析，在外力荷载的作用下，C15 块首先承受到外力荷载的作用。在外力荷载较小的情况下，这些荷载被 C15 块和 C30 块之间的摩擦力所抵消，即外力荷载首先作用在 C15 块上，外力荷载在较小的情况下，均以摩擦力的方式传递给了 C30 块。随着外力荷载的逐步增加，摩擦力已不能完全抵抗外力荷载，因而，以摩擦力形式传递到 C30 块上只起到一部分的作用，大部分的外力荷载是由抗剪连接件承担，再由抗剪连接件传递到 C30 块上。随着外力荷载的逐步增加，由抗剪连接件传递的力也逐步增加，促使 C15 块和 C30 块之间产生相对的位移。

（3）试验现象

1）试件一（现浇、$d = 12mm$、$15d$）

该试验件的加载过程、试件的放置位置和位移计的布置见图 5-56，三个位移计距最左端 35cm，该试件背面百分表也同样如此放置，距最左端为 70cm。当荷载加到 13t 时，C15 和 C30 混凝土块之间出现裂缝，当加到 23.5t 时 C15 上部分混凝土鼓起并脱落，如图 5-57 所示。当荷载加到 24t 时，C15 和 C30 之间的缝隙达到 4mm，并且下裂缝比上裂缝大。当加载到极限荷载时，C15 混凝土块上有大量的混凝土脱落，从图中可以看出钢筋下方为混凝土的受压区，该区域的混凝土明显受到挤压至脱落，说明钢筋既受剪力作用，也受拉力作用，最后由于混凝土无法承受压力而导致试件的破坏，底部钢筋呈现屈曲现象（如图 5-58 所示）。

图 5-56　试件的基本布置情况图

图 5-57　混凝土脱落　　　　　　　　　　　图 5-58　钢筋屈曲

2）试件二（现浇、$d = 12$mm、$10d$）

试件二中的位移计布置与试件一一样。当荷载加到 15t 时，C15 和 C30 混凝土块之间出现裂缝。当荷载加到 27t 时，C15 混凝土块上出现斜裂缝，但是在荷载继续增加的过程中没有出现大幅的发展，如图 5-59 所示。当荷载达到极限值时，C15 混凝土块上出现局部混凝土的脱落，如图 5-60 所示。当荷载由极限值降到 30t 时，可以听到试件产生大而连续的清脆声。当荷载降到 14t 时，C15 混凝土块出现大片混凝土的脱落，脱落的混凝土近似圆形，直径接近 30mm。当荷载降到 10t 时，C15 混凝土块出现横向贯穿的裂缝和 3 条竖向的短裂缝，如图 5-61 所示。至此试件已经完全破坏。

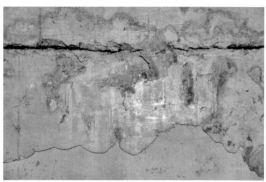

图 5-59　出现斜裂缝　　　　　　　　　　　图 5-60　局部混凝土脱落

图 5-61　贯穿的横裂缝

3）试件三（现浇、$d=10$mm、$15d$）

本试件与上两个试件相对而言，主要的区别在于钢筋的直径有所减小。当荷载加载到 10t 的时候，C15 块和 C30 块之间产生了裂缝。在荷载继续增加的情况下，裂缝有所发展，当荷载达到 35.4t 时，裂缝完全产生。在荷载加载到 30t 的过程中，特别是在 30t 附近的时候，混凝土块之间一直发生混凝土被破坏的声音，混凝土脱落如图 5-62、图 5-63 所示。

图 5-62　混凝土脱落（一）　　　　　　　图 5-63　混凝土脱落（二）

4）试件四（现浇、$d=10$mm、$10d$）

本试件在荷载加载到 11t 的过程中，C15 块和 C30 块之间没有出现明显的裂缝。当加载到 11t 时，混凝土块之间出现了裂缝。当荷载继续加载到 30.3t 时，块之间的裂缝突然全部产生并且贯穿，如图 5-64 所示。当块之间的相对位移达到 6mm 时，混凝土中一直发出轻微而短小的清脆声。当相对位移达到 21mm 时，裂缝宽度变大，并且贯穿，从一侧面可以看到另一侧面。当相对位移达到 48mm 时，C15 块上产生了斜裂缝。在荷载继续加载的过程中，斜裂缝继续发展，最后出现混凝土的脱落，如图 5-65 所示。

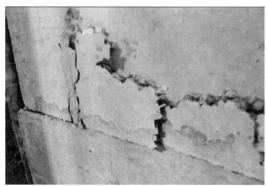

图 5-64　块之间的裂缝贯穿　　　　　　　图 5-65　混凝土脱落

5）试件五（植筋、$d=12$mm、$15d$）

本试件在荷载加载到 6t 的过程中，混凝土没有出现明显的裂缝。当荷载为 6t 时，C15 块和 C30 块之间出现裂缝。当荷载为 13t 时，块与块之间的裂缝完全出现。当荷载为 33.8t 时，块之间的裂缝突然贯穿，即可从试件的一面看到另外一面，如图 5-66 所示。在加载的过程中，当C15块和C30块之间的相对位移达到2mm时，能够听到清脆的破裂声。而当相对位移达到10mm时，C15块向面外运动。之后随着加载速率的不变，荷载逐渐降低。当荷载降低到28t时，在C15块的表面出现了斜裂缝。荷载降到21t时，混凝土表面出现混凝土的脱落，如图5-67所示。

图 5-66　斜裂缝的产生

图 5-67　混凝土脱落

6）试件六（植筋、$d = 12mm$、$10d$）

如图5-68和图5-69所示，本试件在荷载加到6t时，C15块和C30块之间出现了裂缝。当荷载继续加载到13t时，裂缝完全产生但没有贯穿。当荷载为30.6t时，裂缝突然贯穿。极限荷载后荷载急剧降低，当荷载降到23t时，加载头部有轻微的破坏。荷载降到15t时，C15块向面外偏出。

图 5-68　混凝土块脱落

图 5-69　钢筋的弯曲

7）试件七（植筋、$d = 10mm$、$15d$）

试件在荷载加载到11t时，出现了C15块与C30块之间的裂缝，当荷载加载到20t时，裂缝完全贯穿，如图5-70所示。在加载的过程中，当C15块和C30块之间的相对位移达到10mm时，出现钢筋的滑动声。在荷载降低到10.5t时，出现C15块的大幅脱落，如图5-71所示。

8）试件八（植筋、$d = 10mm$、$10d$）

当荷载加载到13t时，出现了块与块之间的裂缝。当达到极限荷载33.3t时，C15块与C30块之间的裂缝完全产生，如图5-72所示。当块之间的相对位移达到20mm时，C15

块出现面外的运动。当相对位移达到 41mm 时，C15 块上有大量的混凝土脱落，如图 5-73 所示。

图 5-70　混凝土块出现裂缝

图 5-71　混凝土大幅脱落

图 5-72　裂缝的产生

图 5-73　大量混凝土脱落

5.3.5　试验结果分析

（1）荷载－滑移曲线（图 5-74）

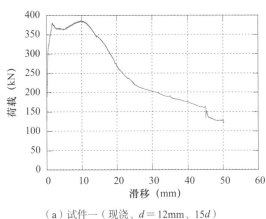

（a）试件一（现浇、$d = 12mm$、$15d$）

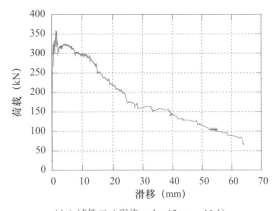

（b）试件二（现浇、$d = 12mm$、$10d$）

图 5-74　试件荷载－滑移曲线

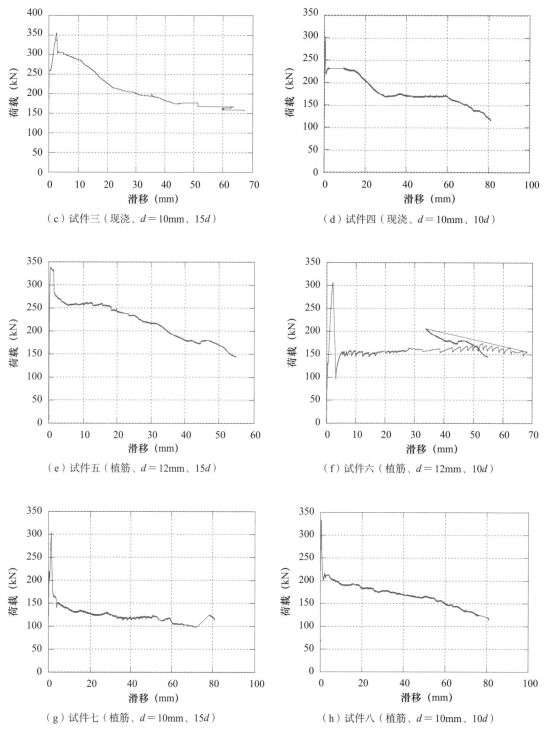

（c）试件三（现浇、$d=10\text{mm}$、$15d$）　　　　　（d）试件四（现浇、$d=10\text{mm}$、$10d$）

（e）试件五（植筋、$d=12\text{mm}$、$15d$）　　　　　（f）试件六（植筋、$d=12\text{mm}$、$10d$）

（g）试件七（植筋、$d=10\text{mm}$、$15d$）　　　　　（h）试件八（植筋、$d=10\text{mm}$、$10d$）

图 5-74　试件荷载－滑移曲线（续）

（2）各因素对抗剪连接件的影响

1）浇筑方式（植筋与现浇对比，图5-75）

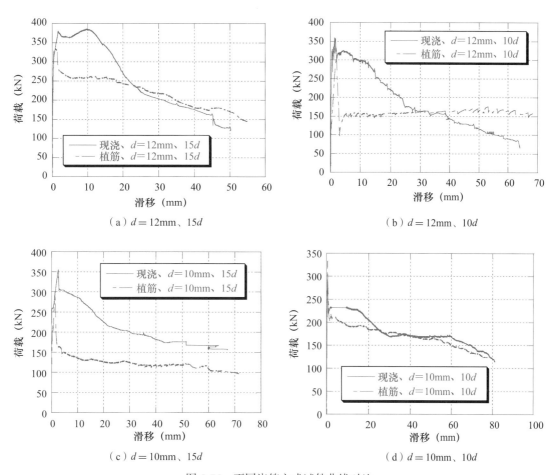

图 5-75　不同浇筑方式试件曲线对比

2）锚固深度（10d 和 15d 对比，图5-76）

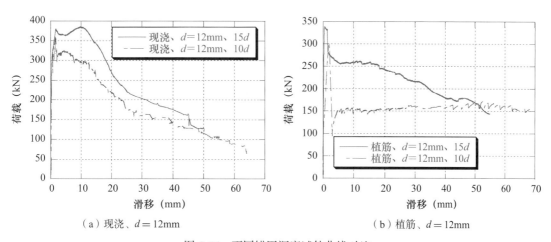

图 5-76　不同锚固深度试件曲线对比

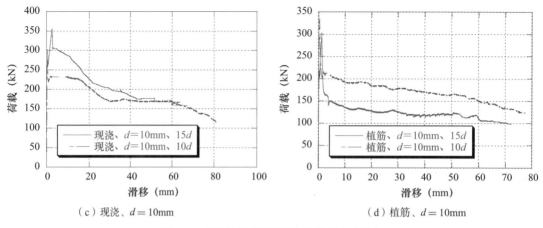

（c）现浇、d＝10mm　　　　　　　　　（d）植筋、d＝10mm

图 5-76　不同锚固深度试件曲线对比（续）

3）钢筋直径（d＝10mm 和 d＝12mm 对比，图 5-77）

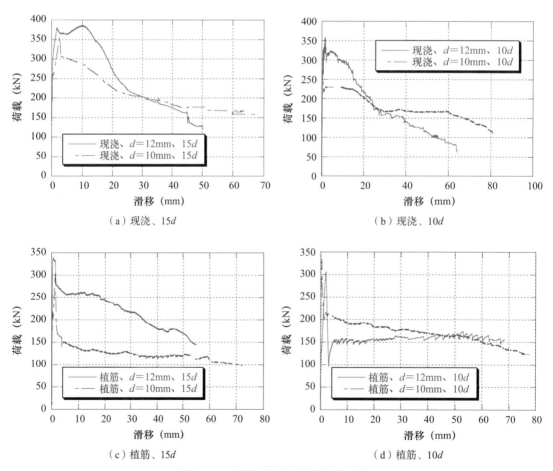

（a）现浇、15d　　　　　　　　　　　（b）现浇、10d

（c）植筋、15d　　　　　　　　　　　（d）植筋、10d

图 5-77　不同钢筋直径试件曲线对比

5.3.6 试验结论

考虑钢筋直径、钢筋锚固长度、浇筑方式的影响，设计并制作了 8 个不同的试件进行单调静力加载试验，试验结论如下：

1）对低强度等级混凝土使用植筋加固技术是可行的，且具有良好的抗剪能力。

2）保证其余因素相同的情况下，增大配筋面积，加深植筋深度，采用更好的浇筑方式都能提高新旧混凝土间的抗剪性能，且新植入的钢筋能够有效地提高新旧混凝土连接界面的抗剪性能。

3）钢筋锚固深度对现浇连接方式影响较小，而对植筋连接方式残余荷载影响较大。连接钢筋直径对极限荷载的影响不大，但对残余荷载影响较大，钢筋直径较大的试件的残余荷载较大。浇筑方式可提高残余荷载，但对极限荷载影响不大。

5.4 既有混凝土结构外套加固 1/2 缩尺模型试验研究

5.4.1 试验设计

（1）试验模型

试验原型确定如下：原结构为 14 层，结构高度 40m。模型结构与试验原型采用 1∶2 的缩尺进行试验，该试验结构加固模型拟由模拟原型的老墙部分、外部新加固部分组成。考虑到实验室高度的限制，采用子结构法进行试验，模型取原结构的 8 层进行缩尺（图 5-78），剩余部分由电脑来模拟[110]。屋顶的标高为 12.76m。具体的物理量对比见表 5-24。

表 5-24 模型与原型物理量

	原型	模型
总高度（m）	40	12.76
原结构层数	14	8
原结构宽度（m）	10	5
现结构宽度（m）	12.4	6.2

由于原结构为鱼骨式结构，纵向有十几跨，受到试验条件的限制所以在进行结构试验时则必须对原结构进行提炼，选出最具有代表性结构进行分析，最终确定的结构形式如图 5-79 所示。

如图 5-79 所示，在老墙部分（粉色）横墙（竖向）上有三面墙是开洞的，这正是原结构的特性，并且第三列老墙是错开的，符合原结构的平面设计。

对于结构的立面部分，根据原结构的门窗高度进行等比例的缩尺，并且在新加固的部分设计了一部分的门和窗，尽量保证与实际加固的阳台设计一致，如图 5-80 和图 5-81 所示。

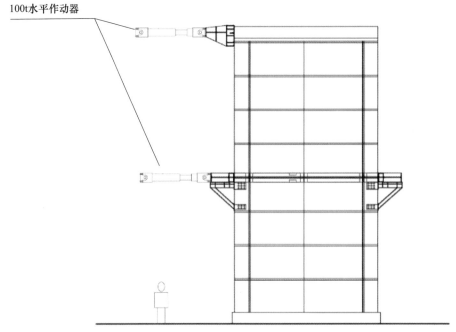

图 5-78 试验加载立面示意图

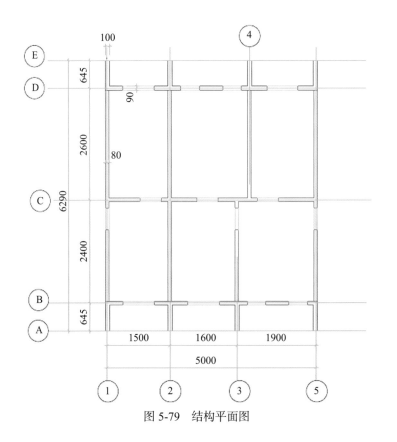

图 5-79 结构平面图

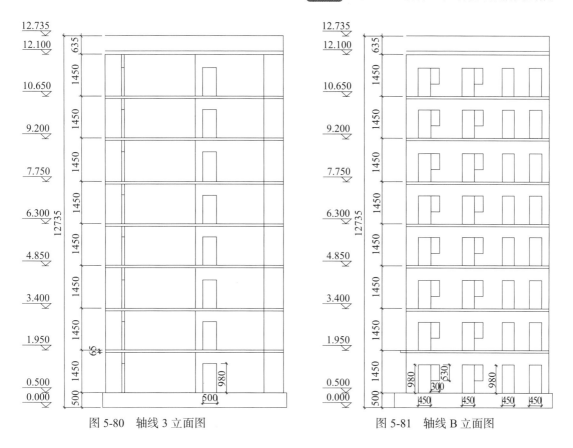

图 5-80　轴线 3 立面图　　　　　图 5-81　轴线 B 立面图

（2）主要节点设计

　　考虑到实际施工中原结构已经存在，新老结构连接节点的可靠性是结构整体抗震性能的重要保证。经计算，节点连接方式如图 5-82 所示。

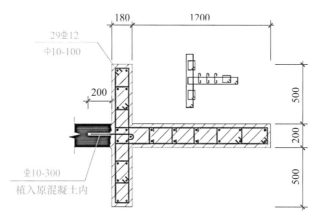

图 5-82　新旧墙连接节点图

　　可以看出，新旧墙之间通过植入旧墙内的钢筋进行相连，加固部分配上了足够数量的钢筋，通过表 5-25 和表 5-26 的计算能够看出原结构经过加固之后能够在配筋率上满足规范的要求。

表 5-25 老墙体配筋

	结构现状	89 规范要求	结论
横墙配筋 （竖向配筋）	首层，10 层Φ8@250，0.126% 2~9 层Φ8@350，0.105%	一般部位 0.2% 加强部位 0.25%	不满足
横墙配筋 （横向配筋）	首层，10 层Φ10@250，0.195% 2~9 层Φ8@300，0.105%	一般部位 0.2% 加强部位 0.25%	不满足

表 5-26 新墙体配筋

	结构现状	89 规范要求	结论
横墙配筋 （竖向配筋）	首层，10 层Φ8@250＋Φ12@200，0.275% 2~9 层Φ8@300＋Φ12@200，0.258%	一般部位 0.2% 加强部位 0.25%	满足
横墙配筋 （横向配筋）	首层，10 层Φ10@250＋Φ10@200，0.273% 2~9 层Φ8@300＋Φ10@200，0.262%	一般部位 0.2% 加强部位 0.25%	满足

（3）门洞设计

原结构以及新加固部分结构都有开门窗洞，而结构的开洞处一般都是应力集中处，容易发生结构的破坏，所以在门洞处需要对墙体进行加筋处理，图 5-83 为原结构的门窗洞口配筋图纸（局部）。

原老墙结构的门窗洞口处两侧分别设置了 2 根 Φ16 的竖向钢筋，并且在门洞上方设置了一个 500mm 高的小梁，将门洞上方传来的竖向力分配至门洞的两侧。加固设计时考虑在横向老墙边缘增加暗柱，以提高结构的抗震能力，具体形式如图 5-84 所示（图中下半部分墙体），暗柱配筋为两根 Φ8 钢筋和 4 根 Φ6 钢筋。

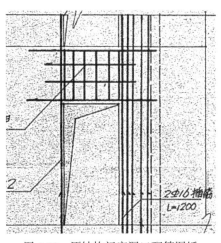

图 5-83 原结构门窗洞口配筋图纸

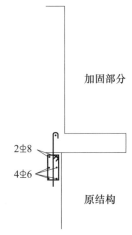

图 5-84 老墙结构边缘暗柱

（4）顶部压重计算

考虑到本结构为缩尺模型，而且为子结构，所以需要在结构顶部向下施加预应力作为人工质量来满足试验体与结构原型的相似条件。

原结构加固后：结构恒载总重为 20632kN；活载总重为 4877.6kN；活荷载折减系数取 0.6；结构总重 = 20632（恒载）+ 4877.6 × 0.6 × 0.5（活载）= 22095kN。

试验结构：结构恒载总重为 1601kN；活载总重为 696.8kN；活荷载折减系数取 0.6；结构总重 = 1601（恒载）+ 337.5（加载层重量）+ 200 + 696.8 × 0.6 × 0.5（活载）= 2365.2kN。

根据量纲理论与相似关系可得，满足相似要求需设置的人工质量的大小为：

$$m_a = E_r L_r^2 m_p - m_m \qquad (5\text{-}3)$$

式中：m_a——人工质量；

E_r——原模型与试验体的结构构件弹模比；

L_r——原结构与试验体结构构件尺寸比；

m_p——原型质量；

m_m——试验体本身质量。

该试验中，$E_r = 1$，$L_r = 1/2$，通过公式可得出所需人工质量，即顶部压重的大小为 22095/4 - 2365.2 = 3059kN，故对顶部压重约取 300t。采用向下拉预应力钢索的方式加载压重，预应力孔如图 5-85 所示布置，各孔的预应力均匀分布。

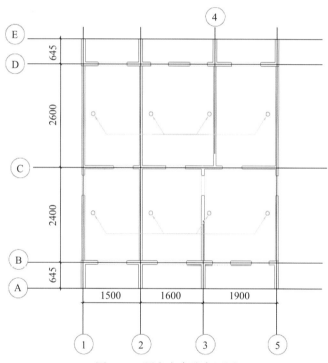

图 5-85 预应力索孔布置图

5.4.2 试验模型的制作

根据相似关系的要求，模型材料一般应具有尽可能低的弹性模量和尽可能大的密度，同时，在应力－应变关系方面尽可能与原型材料类似。基于这些考虑，模型原结构部分选用 C15 混凝土，加固墙板处的混凝土选用小粒径（5～25mm）骨料 C30 细石混凝土。

由于试验体为原结构的缩尺，钢筋的数量和面积采用等配筋率折算，所以该 HRB400 钢筋的直径为 8mm。其中 HRB235 钢筋主要用于原结构的老墙、楼板，以及加固结构的水平筋，HRB400 钢筋主要用于加固结构的楼板筋及新旧结构之间的连接件。

由于原结构与加固结构的混凝土强度不同，并且为了尽量与实际情况相符合，所以在试验体施工中先浇筑原结构部分，之后再浇筑同层的加固结构部分。每层的施工顺序分别为：绑扎原结构部分钢筋，绑扎洞口过梁及新老结构间连接件，架设模板，绑扎原结构楼板钢筋，浇筑 C15 混凝土，养护，绑扎加固结构钢筋，架设模板，绑扎加固结构楼板钢筋，浇筑 C30 混凝土，养护，继续上一层施工。其中考虑到墙板较薄且加固部分钢筋较密，所以加固部分采用 C30 细石混凝土，方便结构施工及振捣。最终试验整体模型如图 5-86 所示。

图 5-86　试验整体模型

5.4.3　整体模型试验

（1）试验工况设计

1）拟静力试验加载方式

本次试验的加载为双向加载，加载点位于四层与八层。共分为六种工况，分别为 8 度小震结构横向拟静力加载，8 度小震结构纵向拟静力加载，8 度中震结构横向拟静力加载，8 度中震结构纵向拟静力加载，8 度大震结构横向拟动力加载，8 度大震结构纵向拟动力加载。

其中，拟静力加载采用位移控制的方法。加载位移量的选取，按照剪力墙的层间位移，分别取为墙高的 1/4000、1/2000、1/1500、1/1000、1/800、1/600、1/500 和 1/400 进行加载。在每一位移幅值下循环两周，拟静力试验仅用于研究模型在小震和中震下的行为，根据结构损伤的程度（对应的位移大致为 1/400～1/300）和计算得到的中震地震作用，确定终止加载的时刻。加载位移时程如图 5-87 所示。

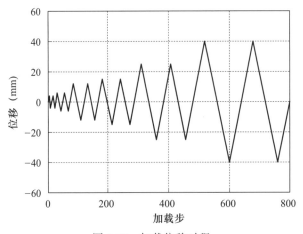

图 5-87　加载位移时程

2）拟动力试验加载方式

在试验中，把试验体简化成四自由度进行模拟。简化形式如图 5-88 所示。

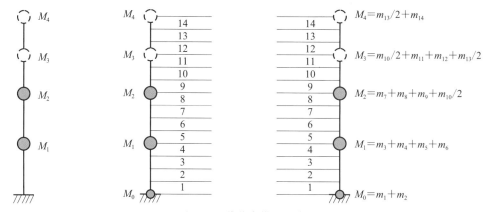

图 5-88　葫芦串模型示意图

由图 5-88 可通过计算得出八层加载处和四层加载处的力比例关系。其中地震作用的分布按照倒三角的形式。并且八层加载处的力为 M_2、M_3、M_4 所受地震作用之和。

其中，$F_1 = 3 + 4 + 5 + 6 = 18$，$F_2 = 7 + 8 + 9 + 10 + 11 + 12 + 13 + 14 = 84$。

因此，$F_2 : F_1 = 84 : 18 = 14 : 3$，则此时根据该力比例关系确定四层和八层作动器力，从而进行试验。

（2）试验设备

拟动力试验的设备由电液伺服加载器和计算机两大系统组成。计算机的功能是根据某一时刻输入的地面运动加速度，以及上一时刻试验得到的恢复力计算该时刻的位移反应，加载系统由此位移量施加荷载，从而测出在该位移下的力。

（3）试验的方法及步骤

1）在计算机系统中输入地震波 El Centro（S-N），如图 5-89 所示；

2）当计算机输入第 i 步地面运动加速度后，由计算机求得第 $i+1$ 步的指令位移 X_{i+1}；

3）按计算机求得第 $i+1$ 步的指令位移 X_{i+1} 对结构施加荷载；

4）量测结构的恢复力 F_{i+1} 和加载器的位移值 X_{i+1}；

5）重复上述步骤，直到地震波输入完毕。

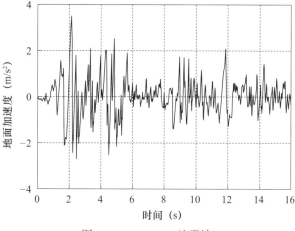

图 5-89　El Centro 地震波

（4）试验体与计算机模型的交互方式

计算机模型是以原结构进行建模，将试验体作动器上测得的力放大4倍输入计算机模型中，计算出模型的位移，缩小到1/4后推动作动器达到相应的位移。从而实现拟动力子结构试验的进行。

（5）测点布置

在模型每层的横向和纵向各设置位移计2个，用于测量结构的横向位移和纵向位移，考虑到结构有可能发生扭转，故在结构第一榀和第四榀处各加一位移计进行测量，取平均值为结构侧向位移，如图5-90所示。

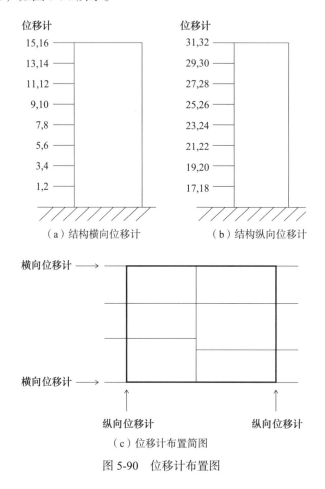

（a）结构横向位移计　　　　　（b）结构纵向位移计

（c）位移计布置简图

图5-90　位移计布置图

5.4.4　试验过程描述

（1）工况1：横向小震拟静力加载

横向小震拟静力加载（层间位移为层高1/1000），本试验在模拟横向小震作用时共分为1/4000、1/2000、1/1500、1/1000四个幅值，其中各幅值下试验体所出现的试验现象在下文分别进行描述。

幅值为1/4000：未出现裂缝。

幅值为1/2000：出现轻微裂缝，出现位置为一楼墙体与二楼墙体连接处，据估计为施工冷缝处，如图 5-91 左下角裂缝所示。

图 5-91　横向 1/2000

　　幅值为 1/1500：连梁部分开始出现轻微裂缝，如图 5-92 所示，图中蓝笔所画的是结构受拉时出现的裂缝，红笔所画的为结构受推所出现的裂缝，图中 1/2000 标志处为结构在层间位移角为 1/2000 时在一层和二层交界处产生的裂缝。此外。横墙外侧开始出现轻微裂缝，如图 5-93 左侧中部处裂缝，出现在横墙外侧的新加固墙体部分，裂缝几乎延伸到新旧墙交界处。

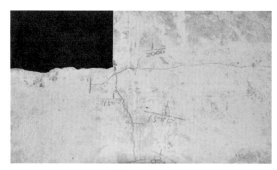

图 5-92　横向 1/1500 现象 1

图 5-93　横向 1/1500 现象 2

　　幅值为 1/1000：一层墙体与地梁连接处开始出现裂缝，如图 5-94 所示。且横墙外侧墙体处裂缝数量开始增加，如图 5-95 所示。

图 5-94　横向 1/1000 现象 1

图 5-95　横向 1/1000 现象 2

　　连梁裂缝加大，如图 5-96 所示，为层间位移角 1/1500 时产生的裂缝继续发展。

图 5-96　横向 1/1000 现象 3

（2）工况 2：纵向小震拟静力加载

纵向小震拟静力加载（层间位移为层高 1/1000），本试验在模拟纵向小震作用时共分为 1/4000、1/2000、1/1500、1/1000 四个幅值，其中各幅值下试验体所出现的试验现象在下文分别进行描述。

幅值为 1/4000：未出现裂缝。

幅值为 1/2000：未出现裂缝。

幅值为 1/1500：老墙纵墙部分连梁出现斜裂缝，如图 5-97 所示；加固部分纵墙连梁处开始出现裂缝，如图 5-98 所示；老墙纵墙部分开始出现水平裂缝，如图 5-99 所示。

图 5-97　纵向 1/1500 现象 1

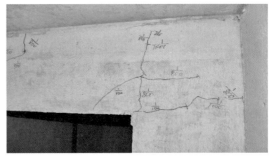

图 5-98　纵向 1/1500 现象 2

图 5-99　纵向 1/1500 现象 3

幅值为 1/1000：老墙连梁处出现交叉裂缝（黑笔为拉，红笔为推），如图 5-100 所示；加固部分门洞处出现斜裂缝，如图 5-101 所示。

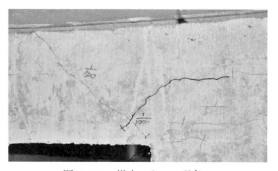

图 5-100　纵向 1/1000 现象 1　　　　　图 5-101　纵向 1/1000 现象 2

（3）工况 3：横向中震拟静力加载

横向中震拟静力加载（层间位移为层高 1/400），本试验在模拟横向中震作用时共分为 1/800、1/600、1/500、1/400 四个幅值，其中各幅值下试验体，所出现的试验现象在下文分别进行描述。

幅值为 1/800：图 5-102 为横纵墙相交处，在层间位移角为 1/800 时，纵墙部分也开始产生裂缝，并且与横墙部分裂缝相连通。新旧墙连接处出现裂缝，由图 5-103 中可看出，产生竖向裂缝处即为新旧墙体连接处，新旧墙体之间已经开始发生错动，但它们是否能够继续协同工作则需要进一步检验墙边处钢筋应变片的数值才能得出结论。

图 5-102　横向 1/800 现象 1　　　　　图 5-103　横向 1/800 现象 2

连梁处裂缝继续扩展，连梁开裂部分出当层间位移角为 1/1000 时产生的裂缝继续扩展，如图 5-104 所示。

图 5-104　横向 1/800 现象 3

幅值为 1/600：如图 5-105 和图 5-106 所示，连梁被剪坏，结构的刚度开始有明显的下降，且墙体的水平方向裂缝开始大量出现。

图 5-105　横向 1/600 现象 1　　　　　　　图 5-106　横向 1/600 现象 2

结构整墙处出现剪切裂缝（试验体横向共有 4 道墙，其中仅有一道为整墙，上面没有门窗洞口，所以其高宽比约为 2，发生剪切破坏），如图 5-107 所示。

图 5-107　横向 1/600 现象 3

幅值为 1/500：新墙部分水平向裂缝继续扩展，如图 5-108 所示；原结构门洞边缘处开始产生裂缝，如图 5-109 所示。

图 5-108　横向 1/500 现象 1　　　　　　　图 5-109　横向 1/500 现象 2

原结构墙体处开始产生裂缝，如图 5-110 所示，图中右半部分为试验体老墙部分，在层间位移角为 1/500 时，裂缝开始由新旧墙连接处扩展，逐步向老墙部分延伸。

幅值为 1/400：连梁裂缝继续扩大，部分位置裂缝宽度超过 2mm，如图 5-111 所示；楼板开裂，裂缝为试验后黑笔补画，描绘了裂缝的所在位置，如图 5-112 所示。

图 5-110 横向 1/500 现象 3

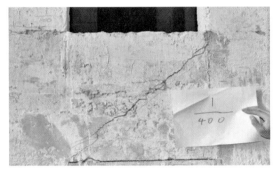

图 5-111 横向 1/400 现象 1

图 5-112 横向 1/400 现象 2

横墙外侧墙角处混凝土被拉开，如图 5-113 所示；结构老墙部分开始出现大量斜裂缝，如图 5-114 所示。

裂缝继续发展，部分裂缝已经贯通整个结构，如图 5-115 所示。

图 5-113 横向 1/400 现象 3

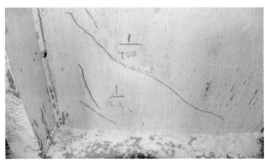

图 5-114 横向 1/400 现象 4

图 5-115 横向 1/400 现象 5

（4）工况 4：纵向中震拟静力加载

纵向中震拟静力加载（层间位移为层高 1/400），本试验在模拟纵向中震作用时共分为 1/800、1/600、1/500、1/400 四个幅值，其中各幅值下试验体所出现的试验现象在下文分别进行描述。

幅值为 1/800：加固部分窗口角部出现裂缝，如图 5-116 所示；老墙连梁处裂缝继续发展，如图 5-117 所示。

图 5-116　纵向 1/800 现象 1　　　　　　　　图 5-117　纵向 1/800 现象 2

加固部分门洞间开始大量出现水平裂缝，如图 5-118 所示。

图 5-118　纵向 1/800 现象 3

幅值为 1/600：加固部分门洞处出现较大裂缝，如图 5-119 所示；老墙部分楼板出现裂缝，并且与横墙部分裂缝连通，如图 5-120 所示。

幅值为 1/500：一层加固部分连梁处出现斜裂缝，如图 5-121 所示；老墙连梁部分斜裂缝大量出现，如图 5-122 所示。

幅值为 1/400：连梁处斜裂缝宽度增大，如图 5-123 所示；新墙门洞顶部出现大量裂缝，连梁刚度基本丧失，如图 5-124 所示。

图 5-119 纵向 1/600 现象 1

图 5-120 纵向 1/600 现象 2

图 5-121 纵向 1/500 现象 1

图 5-122 纵向 1/500 现象 2

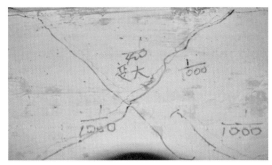

图 5-123 纵向 1/400 现象 1

图 5-124 纵向 1/400 现象 2

5.4.5 推覆试验

为了得到结构在地震作用下的破坏模式，在拟动力试验之后加做了推覆试验。本试验共分为 1/300、1/200、1/150、1/100 四个幅值，其中各幅值下试验体所出现的试验现象在下文分别进行描述。

幅值为 1/300：连梁裂缝变宽，交叉裂缝处部分压碎，如图 5-125 所示；老墙门洞处混凝土压酥，如图 5-126 所示；门洞边角处破坏严重，如图 5-127 所示。

幅值为 1/200：加固结构处混凝土压酥，如图 5-128 所示；老墙门洞处混凝土压碎，钢筋屈服，如图 5-129 所示；外侧连梁完全破坏，如图 5-130 所示。

幅值为 1/150：新旧墙连接处裂缝变大，并且从一层延伸到三层，如图 5-131 所示。

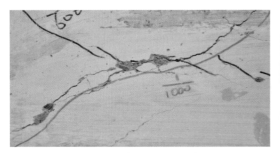

图 5-125　横向 1/300 现象 1

图 5-126　横向 1/300 现象 2

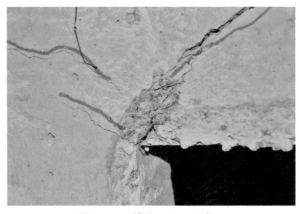

图 5-127　横向 1/300 现象 3

图 5-128　横向 1/200 现象 1

图 5-129　横向 1/200 现象 2

图 5-130　横向 1/200 现象 3

图 5-131　横向 1/150 现象 1

结构内部连梁裂缝变宽，并与楼板裂缝连通，如图 5-132 所示；加固部分边缘混凝土压碎，钢筋屈服，如图 5-133 所示。

图 5-132　横向 1/150 现象 2

图 5-133　横向 1/150 现象 3

幅值为 1/100：连梁破坏之后，联肢墙失效，转变为两片单独墙体共同工作，所以连梁处变形明显，图 5-134 为试验向右侧加载照片，左侧墙体边缘受压，右侧墙体边缘受拉，则在连梁处有较大的位移差；加固墙体部分压碎区扩大，结构承载力有较明显的下降，如图 5-135 所示。

图 5-134　横向 1/100 现象 1

图 5-135　横向 1/100 现象 2

由于新旧墙连接处失效，新旧墙体单独工作，老墙部分混凝土破坏严重，如图 5-136 所示。

图 5-136　横向 1/100 现象 3

墙体开始出现大量裂缝，结构承载力明显下降，如图 5-137 所示。

图 5-137　横向 1/100 现象 4

模型在试验过程中的试验现象，特别是裂缝开展的情况，主要结论如下：

（1）结构横向在层间位移角 1/1000 的情况下一层墙体的底部以及新旧墙体连接处出现细微裂缝；

（2）结构纵向在层间位移 1/1000 的情况下原结构连梁和加固结构连梁出现细微裂缝；

（3）结构横向在层间位移角 1/500 的情况下连梁被剪坏，部分墙体出现剪切裂缝，结构刚度显著下降；

（4）结构纵向在层间位移 1/500 的情况下连梁被剪坏，门窗洞口处出现大量斜裂缝，结构刚度显著下降；

（5）结构横向在层间位移角 1/50 的情况下连梁完全失效，新老墙体在底部分离，老墙体门洞处混凝土被压碎，钢筋被压屈，结构承载力显著下降。

5.4.6　整体模型试验结果分析

以典型工况下结构每层位移、作动器力及底层钢筋的应变数据为考察对象，对结构在不同阶段的抗震性能进行分析。

5.4.7　位移试验数据分析

试验加载有横向加载及纵向加载，并且分为拟静力加载和拟动力加载，分别对各种加载条件下的位移数据进行了分析。

（1）横向拟静力试验

图 5-138 为结构基底剪力、底部倾覆弯矩与顶部位移关系曲线。通过之前的试验现象及图 5-138 的试验数据可以看出，当模型处于小震作用下时（层间位移角小于 1/1000），结构刚度没有明显的下降。当模型处于中震作用下时（层间位移角为 1/800～1/400），此时结构进入了塑性阶段，刚度有了明显的下降。

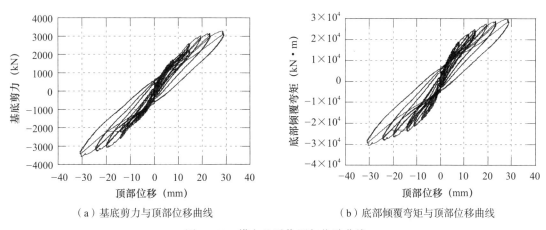

（a）基底剪力与顶部位移曲线　　　（b）底部倾覆弯矩与顶部位移曲线

图 5-138　横向地震作用与位移曲线

图 5-139 分别为试验模型在不同工况下每个楼层的绝对位移。

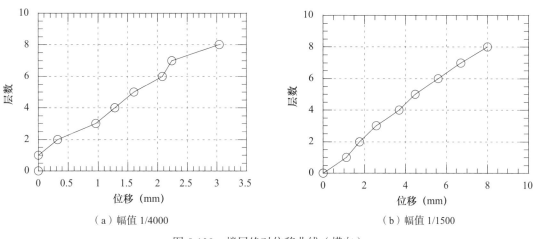

（a）幅值 1/4000　　　（b）幅值 1/1500

图 5-139　楼层绝对位移曲线（横向）

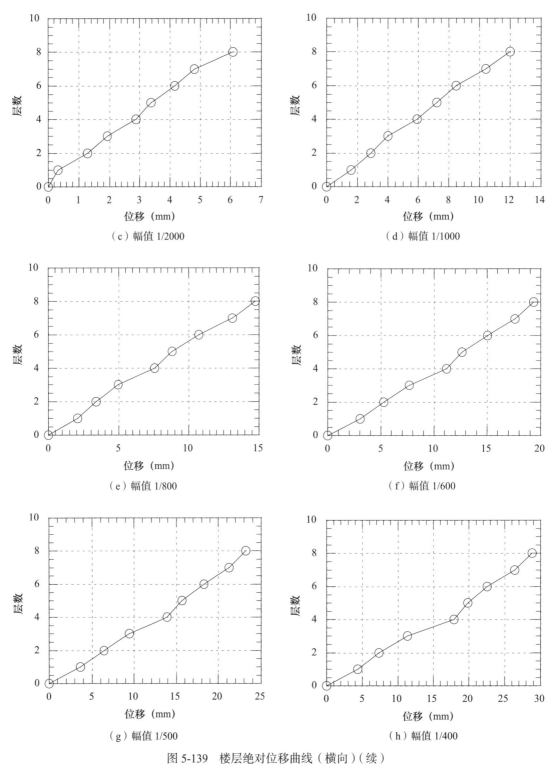

图 5-139　楼层绝对位移曲线（横向）（续）

（2）纵向拟静力试验

图 5-140 为结构基底剪力、底部倾覆弯矩与顶部位移关系曲线。结构横向部分为两道

加固墙体和一道原墙体，但是这三道墙体上都有较多的门窗洞口，极大地影响了剪力墙的抗震性能。从之前的试验现象和数据中可以看出，当结构受到小震作用时，连梁出现开裂，结构的刚度有了一个较明显的下降。此时联肢墙转变成多个单独墙体共同承担地震剪力。

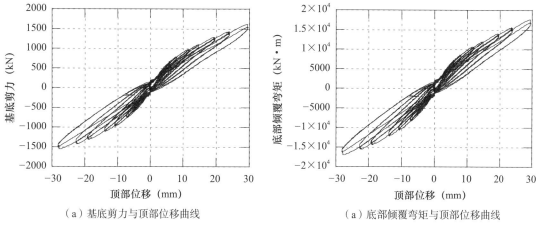

（a）基底剪力与顶部位移曲线   （a）底部倾覆弯矩与顶部位移曲线

图 5-140　纵向地震作用与位移曲线

虽然结构在小震作用下刚度已经有部分损失，但是根据滞回曲线判断在中震作用时各墙体仍然处于弹性工作状态，刚度没有明显的下降。结构顶部位移达到中震情况时，承受的基底剪力为1600kN，小于中震下结构的基底剪力2150kN。但是考虑到结构刚度此时并没有明显下降，各墙肢仍处于弹性工作状态，所以结构还有较高的剩余承载力。

图 5-141 分别为试验模型在不同工况下每个楼层的绝对位移。

在幅值为 1/4000 和 1/2000 时，楼层的绝对位移曲线在四层发生了突变，这是由于四层的钢梁使得四层刚度过大，位移发生突变，但是当幅值加大之后钢梁的影响就逐渐变小，结构仍然呈弯曲型破坏。

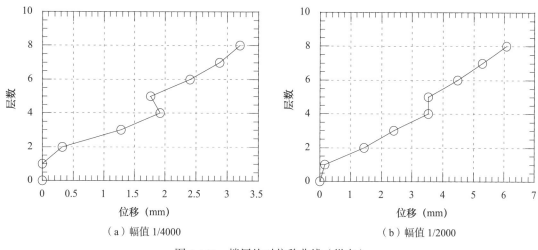

（a）幅值 1/4000   （b）幅值 1/2000

图 5-141　楼层绝对位移曲线（纵向）

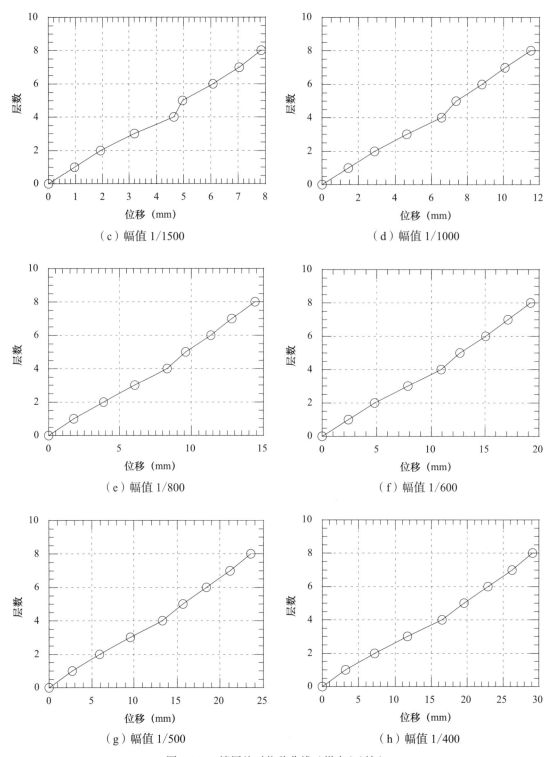

（c）幅值 1/1500

（d）幅值 1/1000

（e）幅值 1/800

（f）幅值 1/600

（g）幅值 1/500

（h）幅值 1/400

图 5-141　楼层绝对位移曲线（纵向）（续）

（3）横向拟动力试验

横向拟动力试验分为两个工况，分别对结构输入峰值为 300gal 的 El Centro 地震波以及峰值为 400gal 的 El Centro 地震波。以考验结构在大震作用下的抗震性能。图 5-142 和图 5-143 分别为峰值为 300gal 和峰值为 400gal 地震波作用下结构各层的位移时程曲线。

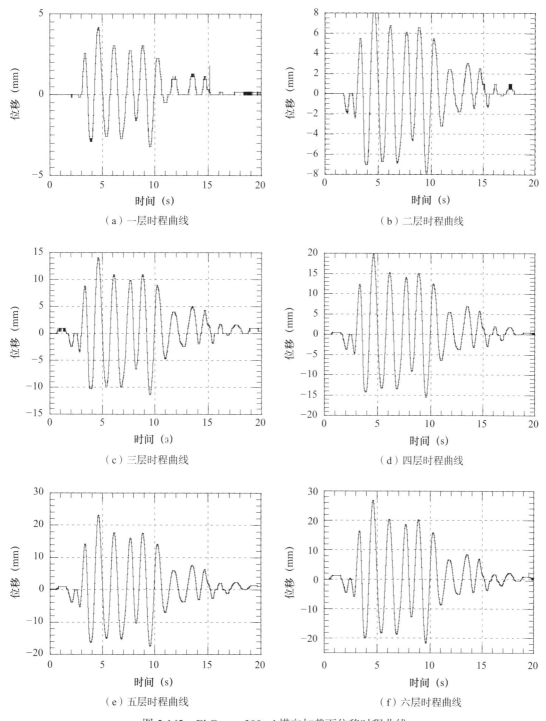

（a）一层时程曲线

（b）二层时程曲线

（c）三层时程曲线

（d）四层时程曲线

（e）五层时程曲线

（f）六层时程曲线

图 5-142　El Centro 300gal 横向加载下位移时程曲线

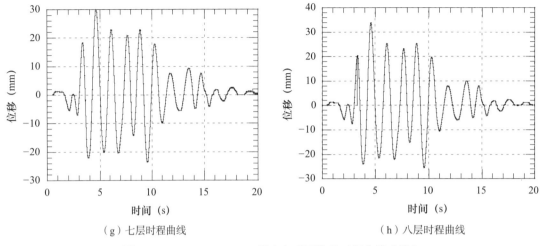

（g）七层时程曲线　　　　　　　　　　　　（h）八层时程曲线

图 5-142　El Centro 300gal 横向加载下位移时程曲线（续）

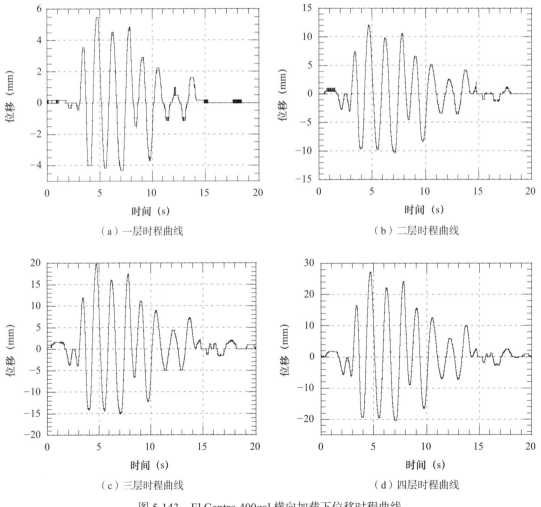

（a）一层时程曲线　　　　　　　　　　　　（b）二层时程曲线

（c）三层时程曲线　　　　　　　　　　　　（d）四层时程曲线

图 5-143　El Centro 400gal 横向加载下位移时程曲线

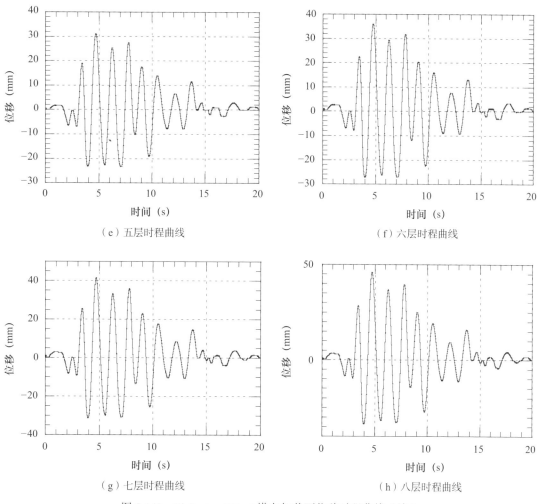

（e）五层时程曲线　　　　　　　　　　　（f）六层时程曲线

（g）七层时程曲线　　　　　　　　　　　（h）八层时程曲线

图 5-143　El Centro 400gal 横向加载下位移时程曲线（续）

表 5-27 为两种不同工况下结构各层位移峰值的比较，可以看出随着地震波强度的增加每层位移峰值都变大。

表 5-27　横向试验位移峰值

工况	横向试验峰值（mm）							
	一层	二层	三层	四层	五层	六层	七层	八层
300gal	4.16	8.48	14.08	20.16	22.88	26.24	30.24	33.60
400gal	5.44	11.20	19.04	26.72	31.20	35.52	40.64	44.96

从表 5-27 可以看出，当结构受到峰值为 400gal 的地震作用（相当于大震）时，顶部最大位移为 45mm，为结构总高度的 1/250，远小于规范要求的 1/100，证明结构在地震作用下的抗震能力满足要求。

（4）纵向拟动力试验

纵向拟动力试验分为两个工况，分别对结构输入峰值为 300gal 的 El Centro 地震波以及峰值为 400gal 的 El Centro 地震波。以考验结构在大震作用下的抗震性能。图 5-144 和图 5-145 分别为峰值为 300gal 和峰值为 400gal 地震波作用下结构各层的位移时程曲线。

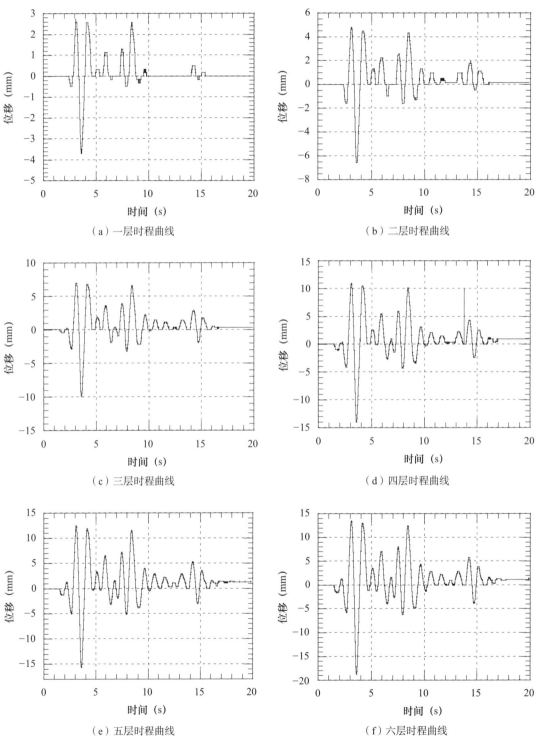

（a）一层时程曲线　　　　　　　　　　　（b）二层时程曲线

（c）三层时程曲线　　　　　　　　　　　（d）四层时程曲线

（e）五层时程曲线　　　　　　　　　　　（f）六层时程曲线

图 5-144　El Centro 300gal 横向加载下位移时程曲线

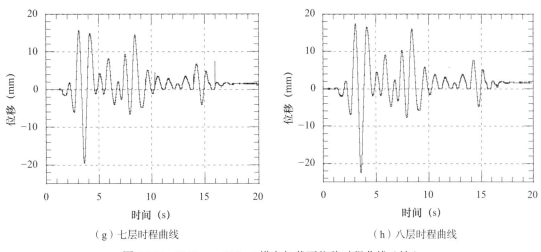

（g）七层时程曲线　　　　　　　　　　　（h）八层时程曲线

图 5-144　El Centro 300gal 横向加载下位移时程曲线（续）

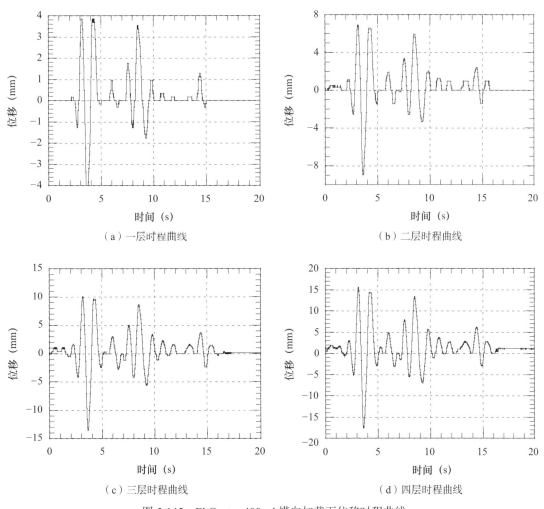

（a）一层时程曲线　　　　　　　　　　　（b）二层时程曲线

（c）三层时程曲线　　　　　　　　　　　（d）四层时程曲线

图 5-145　El Centro 400gal 横向加载下位移时程曲线

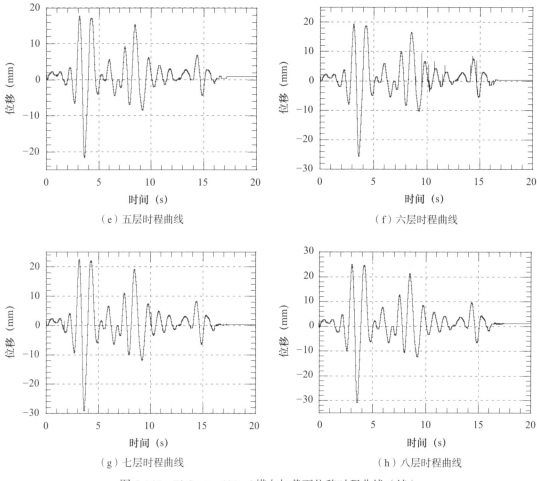

（e）五层时程曲线　　　　　　　　　　　（f）六层时程曲线

（g）七层时程曲线　　　　　　　　　　　（h）八层时程曲线

图 5-145　El Centro 400gal 横向加载下位移时程曲线（续）

表 5-28 为两种不同工况下结构各层位移峰值的比较，可以看出随着地震波强度的增加每层位移峰值都变大。

表 5-28　纵向试验位移峰值

工况	纵向试验峰值（mm）							
	一层	二层	三层	四层	五层	六层	七层	八层
300gal	3.68	6.56	9.92	14.08	15.68	18.72	21.44	24.23
400gal	4.64	8.82	13.15	18.22	21.44	24.89	27.88	31.23

从表 5-28 中可以看出，当结构受到峰值为 400gal 的地震作用（相当于大震）时，顶部最大位移为 31.23mm，为结构总高度的 1/380，远小于规范要求的 1/100，证明结构在地震作用下的抗震能力满足要求。

5.4.8　横向推覆试验

进行推覆试验是为了得到该结构的极限承载力及其破坏模式，共分为 4 个工况，

1/300、1/200、1/150、1/100，每个工况循环两圈。

由图 5-146 可以看出，结构所能承受的最大基底剪力为 3666kN，此时底部倾覆弯矩为 32489kN·m，在幅值为 1/300～1/100 时，结构的承载力没有明显下降，证明该加固结构有较好的延性，在幅值为 1/100 的第二圈加载时，承载力才开始有了明显的下降，但是仍然拥有最大承载力的 80% 以上。直到顶部位移达到 200mm，即为结构高度的 1/60 时，加固部分底部完全压碎，结构丧失承载力，可见加固结构具有较高的承载力及良好的延性，满足"大震不倒"的设防目标。

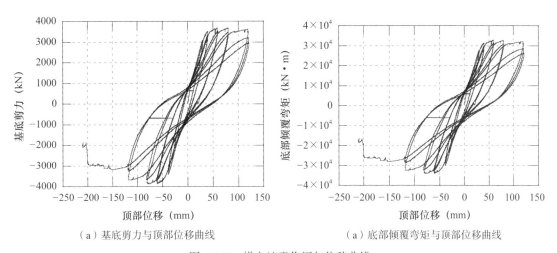

（a）基底剪力与顶部位移曲线　　　　　（a）底部倾覆弯矩与顶部位移曲线

图 5-146　横向地震作用与位移曲线

5.4.9　钢筋应变试验数据分析

在结构底层放置钢筋应变片的目的是了解结构在受到地震作用时底部截面的变形情况，通过沿墙长度方向布置的一系列钢筋应变片的数据可以大致得出墙体底部截面的应力分布情况。从而判断开洞墙的受力模式，新旧墙体之间共同工作的情况。

在试验模型底层，共放置了 54 个应变片，具体布置情况如图 5-147 所示，虽然在试验施工阶段损坏了部分应变片，但是大多数应变片还是处于良好工作状态。

（1）横向拟静力试验

首先通过新旧墙体连接处分别布置在新墙和旧墙中的钢筋应变片来验证一下新旧墙体共同工作情况。

图 5-148 为钢筋应变片 5 和钢筋应变片 10 的数据，其中应变片 5 放置在结构加固部分，即新墙处，应变片 10 放置在原结构部分，即老墙处。这两根钢筋都是贴着交接处放置，所以可以通过它们在结构受力时应变数据来判断新旧墙体是否协同工作。判断方法为：如果在钢筋受拉时，两者数据趋于一致，则证明新旧墙体在交接处变形一致，间接说明两者协同工作。如果两者数据有较大偏差则证明新旧墙体间的连接失效，为非协同工作。

由图 5-148 可以看出，当结构在小震作用下时，两个钢筋应变片的数据已经发生了小偏差，这与在试验中观察到新旧墙体交接处出现裂缝的现象相符合，说明此时新旧墙体已经不能像整墙一样很好地协同工作。

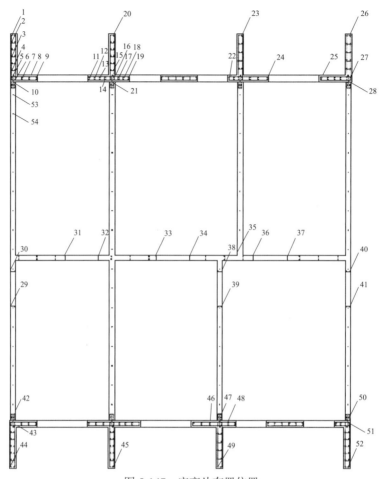

图 5-147　应变片布置位置

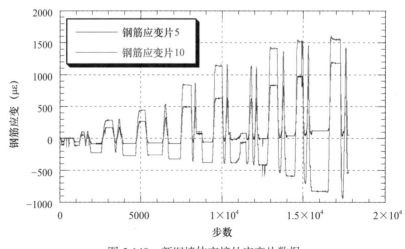

图 5-148　新旧墙体交接处应变片数据

　　接下来通过一系列沿着墙长度方向布置的应变片分析了墙 1（最左侧横墙）在地震作用下底部截面的应力分布情况。由于数据及工况较多，所以简要选取了 1/1000、1/400 两个较为重要的工况进行分析（图5-149）。3、4、5为沿着加固结构布置的钢筋应变片编号，29和30为原结构门洞两侧布置的钢筋应变片编号。42、43是处在新旧墙交接处的钢筋应变片编号。

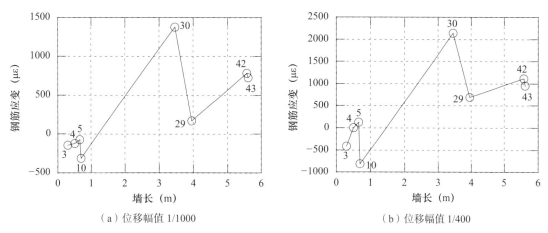

（a）位移幅值 1/1000　　　　　　　　（b）位移幅值 1/400

图 5-149　横向加载墙 1 底部变形曲线

由图 5-149 可以看出，墙体在门洞处的应力发生变化，该试验现象符合联肢墙的受力情况。

（2）纵向拟静力试验

首先通过新旧墙体连接处分别布置在新墙和旧墙中的钢筋应变片来验证一下新旧墙体共同工作情况。

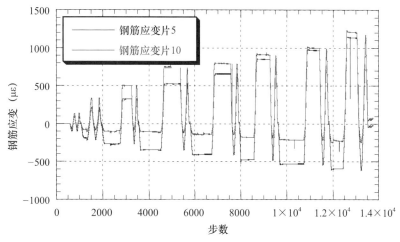

图 5-150　纵向加载墙体交接处应变片数据

由图 5-150 可以看出，两个钢筋应变片的数据基本一致，则能够证明当结构受到纵向的地震作用时，新旧墙体协同工作，共同承担地震作用。

图 5-151 为单一墙肢底面的变形曲线。其中钢筋应变片 11～19 沿着墙肢等间距布置，从图中可以看出，变形曲线大体上符合平截面假定。

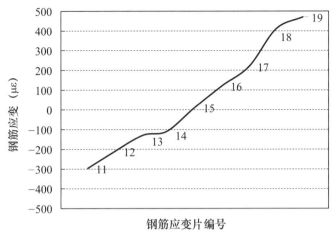

图 5-151　单一墙肢底面的变形曲线

5.5　本章小结

在前述既有砌体结构装配化外套加固技术试验的基础上，以北京市前三门地区高层鱼骨式低配筋率剪力墙结构住宅为研究对象，设计并完成了单边加固的低配筋率剪力墙试验、双边加固的低配筋率剪力墙试验、钢筋锚固的节点连接试验、整体加固模型拟静力和拟动力试验，研究结果表明采用外套预制结构加固后，高层低配筋率剪力墙结构住宅的抗震性能得到明显提高，能够满足"大震不倒"的抗震设防目标。上述研究结果表明，装配化外套加固技术能够适用于高层低配筋混凝土剪力墙结构。

第六章

既有结构装配化外套加固及隔震增层试验研究

6.1 概述

随着城市核心用地越来越紧张，在既有的高层结构上增加楼层可节省用地。对于国内很多城市，特别是北京市，由于地基条件相对较好，结构本身具有增层加固的潜力。增层加固技术具有以下优点：适用于多高层框剪、剪力墙结构的加固改造；抗震加固的同时能增加建筑面积，产生的经济效益可减少财政投资；原有房屋多处在地段较好、交通方便的区域，拆迁难度很大，改造这些房屋不需要拆迁。高层结构增层加固主要涉及抗震加固、地基基础加固、新旧部位连接等方面。国内目前已实施的高层结构增层加固实例相对较少，且相应研究基本为针对某工程的专门研究，并未见有针对该类技术进行的综合性和系统性研究。

当原有结构的承载力和变形满足增层要求时，可以在原有结构的基础上经过简单加固或不经过加固直接增层。当原有结构的承载力和变形不满足增层要求时，需要对原有结构进行加固，如果按照传统的抗震设计方法进行加固，加大截面与配筋会使结构刚度加大，地震作用力也增大。层间隔震技术使地震变形集中于隔震层，具有类似于 TMD 和基础隔震技术的耗能减震效果，将抗震加固及增层隔震相结合能够尽量减少下部既有结构的地震剪力，增层隔震加固技术一般将 1～4 层结构作为子结构，在隔震层和下部结构之间设置连接，使上部结构与下部结构不同步水平运动，以此来减小结构地震反应[111-113]。在隔震层中设置支座和阻尼器等隔震装置，其中隔震支座能够稳定持续地支承上部建筑物质量，追随建筑物的水平变形，并且具有适当弹性恢复力，而阻尼器能够用于吸收地震输入能量。当遭受一般地震时，上部结构所受的水平作用力较小，上部结构处于弹性状态，即使遭受罕遇地震，隔震结构也能维持上部结构的功能，确保建筑物安全。基于前述研究基础，采用在原有结构外增设外套结构再进行隔震增层的方法，该方法可使增层部分的荷载通过外套结构直接传递给基础，尽量减少对既有结构的影响。

为尽量减少增层上部结构的重量和对下部既有结构的影响，上部结构一般采用重量较轻的钢结构。采用装配化外套加固及增层隔震后的整体结构体系复杂，缺少类似的工程设计经验与结构试验数据，有必要对结构模型进行试验研究。针对北京市 76 住 1 或 73 住乙结构体系的砌体结构房屋，以及既有前三门高层剪力墙住宅分别进行增层隔震振动台试验研究，主要内容如下：

1）既有砌体结构外套加固及顶部增层隔震振动台试验

以前述砌体结构装配化外套加固足尺试验模型为原型进行顶部增层隔震，针对确定振动台试验模型相似关系，设计隔震支座并提出振动台试验方案；制作加固增层隔震模型和加固增层非隔震模型（直接增层模型）进行振动台试验，验证老旧砌体住宅采用装配化外套加固后和顶部隔震技术后的抗震性能；进行直接增层和隔震增层试验模型在罕遇地震作用下的弹塑性动力分析，研讨其损伤破坏机理，验证结构的抗震性能[114-119]。

2）既有混凝土结构外套加固及顶部增层隔震振动台试验

以前述北京市前三门地区既有高层剪力墙结构为原型进行外套加固及顶部增层隔震，首先确定试验相似关系，提出合理的试验方案，设计制作顶部隔震增层的试验模型，并设置顶部直接增层模型作为对比，根据振动台试验结果，对外套结构加固效果，隔震增层结构以及常规增层结构的抗震性能进行评估和比较，验证低配筋混凝土结构在采用装配化外套加固后和顶部隔震技术后的抗震性能[120-121]。

6.2 既有砌体结构装配化外套加固及增层隔震试验研究

既有砌体结构装配化外套加固及增层隔震示意图如图 6-1 所示，从图中可以看出，加固后的结构是同时含有砌体结构、混凝土结构和钢结构三种结构的混合结构，并且采用了层间隔震技术，目前国内并无相关的规范标准指导这类结构的设计。

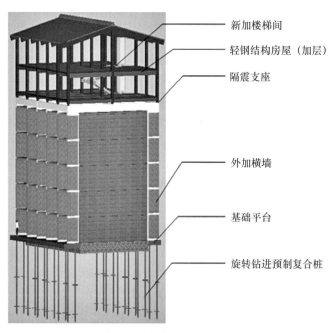

新加楼梯间

轻钢结构房屋（加层）

隔震支座

外加横墙

基础平台

旋转钻进预制复合桩

图 6-1 装配化外套加固及增层隔震示意图

6.2.1 试验研究目的

本试验的主要研究内容包括：

1）针对北京市 76 住 1 或 73 住乙结构体系，进行采用装配化外套加固的老旧砌体住宅模型、加固增层隔震模型和加固增层非隔震模型（直接增层模型）等 3 种不同结构方案在多遇地震作用下的时程分析，进行隔震增层加固方案参数优化分析，验证隔震增层加固方案的优越性；根据理论分析的结果，针对老旧砌体住宅的特点，提出能够模拟采用外套结构加固和层间隔震技术进行钢结构增层的老旧砌体住宅试验模型[115-116]。

2）确定准确的振动台试验模型相似关系，对隔震支座模型进行详细设计，提出合理的振动台试验方案，包括加固后顶部隔震增层以及加固后顶部非隔震增层的试验方案[117]。

3）对 76 住 1 或 73 住乙加固增层隔震模型和加固增层非隔震模型（直接增层模型）进行振动台试验，验证老旧砌体住宅采用装配化外套加固后和顶部隔震技术后的抗震性能。

4）进行直接增层和隔震增层试验模型在罕遇地震作用下的弹塑性动力分析，研讨其损伤破坏机理，验证结构的抗震性能[122]。

6.2.2 振动台试验缩尺模型的设计

本试验在南京工业大学江苏省土木工程与防灾减灾重点实验室进行，实验室振动台由美国 MTS 公司生产，采用美国 SD 公司控制系统。振动台的主要性能参数如下：台面尺寸 3.36m×4.86m，台面标准载重量 25t，台面允许最大倾覆力矩 45t·m，试件允许最大高度 6.0m，振动方向为水平单向，台面最大加速度 1.0g，频率范围 0.1～50Hz。

（1）动力模型设计依据

模型设计、制作和地震激励输入应严格遵循相似理论原则，要求模型与原型几何尺寸相似并保持一定的比例，要求模型与原型的材料相似或具有某种相似关系，要求施加于模型的荷载按原型荷载的某一比例缩小或放大，要求确定模型结构试验过程中各物理量的相似常数，并由此求得反映相似模型整个物理过程的相似条件。模型结构只有满足上述相似理论的要求，才能按相似关系由模型的试验结果推算出原型结构的相应地震反应。但要做到模型与原型完全相似是十分困难的，通常情况下，模型设计需要忽略一些次要因素。

本试验主要研究地震作用下加固的砌体结构及上部隔震增层的隔震效果及抗震性能。因此设计时着重考虑隔震层的主要性能参数的相似关系，满足主要抗侧力构件的相似关系，同时用设置配重的方法来满足模型质量与原型结构质量的相似性。根据加固增层结构体系的特点，综合现有振动台试验条件，选取试验结构单元平面尺寸为 1.96m×3.13m，试验分别沿两方向激振，如图 6-2 所示。

（2）相似比设计

振动台试验模型设计最关键的是正确地确定模型与原型之间的相似关系。由于目前振动台试验多为缩尺模型试验，因而需要设计结构模型的相似关系。

1）模型相似设计原则

根据试验要关注的结构动力响应，确定影响结构性能的主要物理量有：结构几何尺寸 L、结构的水平变位 X、应力 σ、应变 ε、结构材料的弹性模量 E、结构材料的平均密度 ρ、结构的自重 q、结构的振动频率 ω、结构的阻尼比 ξ、地震动的加速度峰值 a、运动的最大频率 ω_g。与各物理量相对应的相似常数分别为 S_L、S_X、S_σ、S_ε、S_E、S_ρ、S_q、S_ω、S_ξ、S_A、S_{ω_g}。由于振动台试验研究中包含诸多的物理量，物理量之间无法写出明确的函数关系，故本试验研究选用量纲分析法确定模型与原型之间的相似关系，各物理量之间的量纲矩阵如表 6-1 所示。

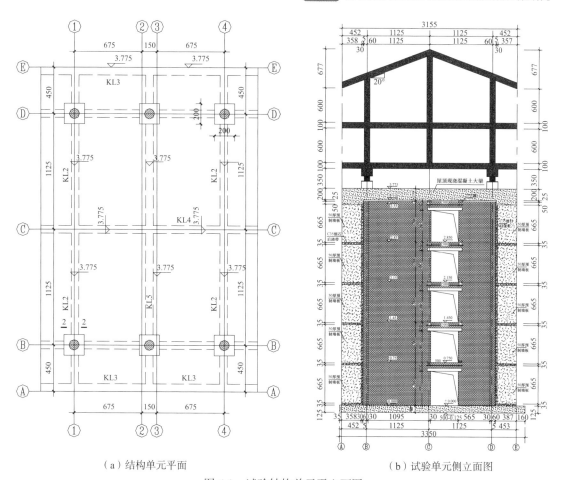

（a）结构单元平面 　　　　　　　　（b）试验单元侧立面图

图 6-2　试验结构单元平立面图

表 6-1　量纲矩阵

	L	X	σ	ε	E	ρ	q	ω	ξ	a	ω_g
M	0	0	1	0	1	1	1	0	0	0	0
L	1	1	-1	0	-1	-3	1	0	0	1	0
T	0	0	-2	0	-2	0	-2	-1	0	-2	-1

选取 L、E、a 为基础物理量，则其余物理量均可以由 L、E、a 表示为：$L^{x1}E^{x2}a^{x3}$。解上述量纲矩阵可以得到 8 个无量纲 Π 数：

$$\Pi_1 = \frac{X}{L}, \qquad \Pi_2 = \frac{\sigma}{E}, \qquad \Pi_3 = \varepsilon, \qquad \Pi_4 = \frac{\rho}{EL^{-1}a^{-1}}$$

$$\Pi_5 = \frac{q}{EL^2}, \qquad \Pi_6 = \frac{\omega}{L^{-0.5}a^{0.5}}, \qquad \Pi_7 = \xi, \qquad \Pi_8 = \frac{\omega_g}{L^{-0.5}a^{0.5}} \tag{6-1}$$

由于模型与原型要保持相似，则对应的物理量成比例：

$$L_m = S_L L_p, \quad X_m = S_X X_p, \quad \sigma_m = S_\sigma \sigma_p, \quad \varepsilon_m = S_\varepsilon \varepsilon_p, \quad \rho_m = S_\rho \rho_p,$$

$$q_m = S_q q_p, \quad \omega_m = S_\omega \omega_p, \quad \xi_m = S_\xi \xi_p, \quad a_m = S_a a_p, \quad \omega_{gm} = S_{\omega_g} \omega_{gp} \tag{6-2}$$

由相似性和式（6-2）得出各相似常数的计算公式为：

$$S_X = S_L, \quad S_\sigma = S_E, \quad S_\varepsilon = 1, \quad S_\rho = \frac{S_E}{S_L S_a}$$

$$S_q = S_E S_L^2, \quad S_\omega = \sqrt{\frac{S_a}{S_L}}, \quad S_\xi = 1, \quad S_{\omega_g} = \sqrt{\frac{S_a}{S_L}}$$

（6-3）

2）模型相似设计

根据试验结构特点、模型制作和现有试验条件，确定试验模型几何相似比为 1:4；初步确定弹性模量相似比为 1:1，根据北京地区地震烈度及振动台台面加载能力初步确定加速度相似比为 2.5:1。令式（6-3）中 $S_L = 1:4$、$S_E = 1$、$S_a = 2.5:1$，则由此确定的试验模型与原型的相似比列于表 6-2 中。

表 6-2 模型与原型相似比

物理量	相似关系	相似系数	物理量	相似关系	相似系数
几何尺寸 L	S_L	1:4	质量 M	$S_M = S_L^2 S_E / S_a$	1:40
线位移 X	$S_X = S_L$	1:4	时间 T	$S_T = S_L^{0.5} / S_a^{0.5}$	1:3.162
应力 σ	$S_\sigma = S_E$	1:1	阻尼比 ξ	S_ξ	1:1
应变 ε	S_ε	1:1	加速度 a	S_a	2.5:1
弹性模量 E	S_E	1:1	重力 q	$S_\sigma = S_E S_L^2$	1:16

（3）隔震支座设计

试验橡胶隔震支座采用低弹性 G4-LRB-10 铅芯支座 6 个。支座设计参数由详细理论分析确定。每个隔震支座的竖向刚度为 106000kN/mm，水平有效刚度 $K_{eq} = 110$N/mm，屈服力 $Q_y = 300$N（屈重比约为 4%）。由此确定的隔震支座详细规格参数如表 6-3 所示，支座设计图如图 6-3 所示。

表 6-3 隔震支座详细规格参数

剪切模量（MPa）	外径（mm）	铅芯直径（mm）	橡胶层厚（mm）	橡胶层数	钢板层厚（mm）	钢板层数	封板厚（mm）	连接板厚（mm）
0.392	100	10	1.5	22	1.5	21	10	10

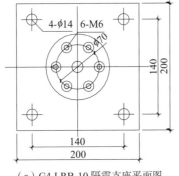

（a）G4-LRB-10 隔震支座平面图

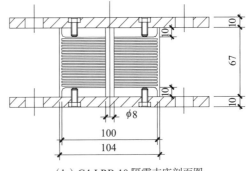

（b）G4-LRB-10 隔震支座剖面图

图 6-3 隔震支座设计图

橡胶支座力学性能计算过程：

材料特性：

橡胶剪切模量 G：	0.392N/mm^2
橡胶体积弹性模量 E_b：	1960N/mm^2
橡胶竖向弹性模量 E_0：	1.176N/mm^2
橡胶硬度修正系数 κ：	0.878

形状系数：

第一形状系数 S_1：
$$S_1 = \frac{D-d}{4t_r} = \frac{100-10}{4\times1.2} = 15.0$$

第二形状系数 S_2：
$$S_2 = \frac{D}{nt_r} = \frac{100}{22\times1.5} = 3.03$$

屈服荷载 Q_y：
$$Q_y = \tau A = 0.650\text{kN}$$

水平刚度 k_{h0}：
$$k_{h0} = \frac{GA}{nt_r} = \frac{0.392\times7804}{22\times1.5} = 0.0927\text{kN/mm}$$

剪切变形 50% 水平刚度 $k_{eq,50}$：
$$k_{eq,50} = k_{h0} + \frac{Q_y}{\delta_{50}} = 0.123\text{kN/mm}$$

剪切变形 100% 水平刚度 $k_{eq,100}$：
$$k_{eq,100} = k_{h0} + \frac{Q_y}{\delta_{100}} = 0.112\text{kN/mm}$$

屈服后刚度 $k_{y,50}$：
$$k_{y,50} = k_{h0}\left(1 + 0.588\frac{A_q}{A}\right) = 0.093\text{kN/mm}$$

屈服前刚度取为屈服后刚度的 13 倍，所以：

屈服前的刚度 $k_{y,0}$：
$$k_{y,0} = 13k_{y,50} = 0.93\times13 = 1.21\text{kN/mm}$$

竖向刚度 k_v：
$$k_v = \frac{E_{cb}A}{T_r} = 102.4\text{kN/mm}$$

其中，$E_{cb} = E_c E_b/(E_c + E_b)$；$E_c = 3G(1 + 2\kappa S_1^2)$

（4）试验模型结构设计

试验模型原型结构为 5 层，高度 14.2m；增层部分为两层结构，层高 2.8m，隔震层高度为 1.5m。按相似关系设计的加固增层结构体系试验单元模型与原型各物理量之间的对应关系如表 6-4 所示。该试验砌体加固模型拟由砌体加固结构、外套加固结构以及顶部两层钢框架组成，上部钢框架与下部结构之间设有隔震层。屋顶的标高为 5.386m，下部砌体加固部分顶部标高为 3.875m，整体结构高度为 5.386m。

表 6-4　模型与原型物理量

	原型	模型
总高度（m）	21.3	5.386
原结构层数	5	5
增层层数	2	2

续表

	原型	模型
结构宽度（m）	9	1.96
结构长度（m）	12.62	3.13
质量（t）	约580	18

1）砌体结构设计

试验模型砌体部分平面尺寸为 1.5m×2.25m，一层层高 0.75m，二至五层层高均为 0.7m，砌体部分总高 3.55m，标准层平面图如图 6-4 所示。砖墙按照"一顺一丁"的方法砌筑。砌体结构砌筑于现浇混凝土底座上，并通过底座与振动台基座连接。混凝土底座按照弹性地基梁的方式设计，尺寸为 2.06m×3.25m×0.3m，混凝土强度等级为 C30，浇筑、振捣并养护 28d 后才开始在其上砌筑砖墙。

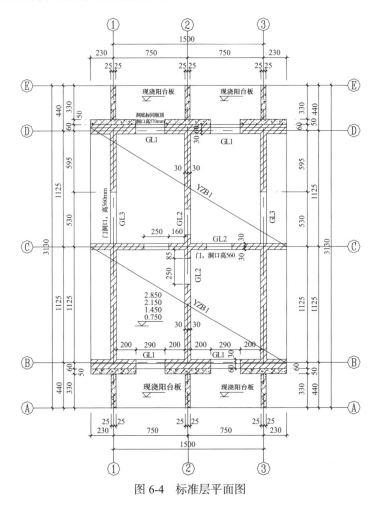

图 6-4　标准层平面图

砌体结构于第一层、第三层顶部布置砖圈梁，第五层顶部布置混凝土圈梁，门窗洞口上部均布置过梁，以保证砌体结构具有一定的抗震性能。楼板采用预制楼板，端部预留

0.45m 的镀锌铁丝。镀锌铁丝在有现浇阳台板处锚入现浇阳台板，其余则分别锚入上下层加固墙板，以增强结构整体稳定性。

2）外套混凝土结构设计

由于缩尺模型构件的截面尺寸较小，原型中的预制混凝土加固墙板的节点在模型中难以模拟施工，故采用整体现浇的方法制作砌体模型外围两侧的混凝土墙板，墙板的截面尺寸按 1/4 缩比制作，采用镀锌铁丝替代里面的钢筋。具体截面设计及配筋如图 6-5 所示。

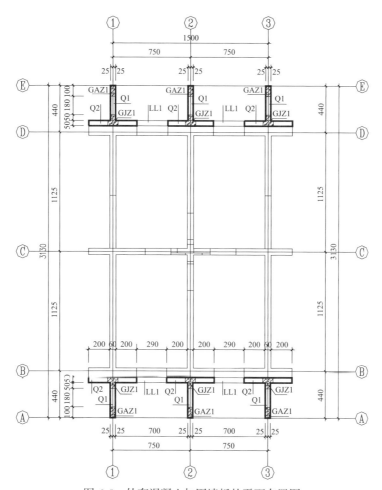

图 6-5　外套混凝土加固墙板的平面布置图

3）钢结构设计

由于钢结构具有自重轻、刚度大、承载力高、制作方便等优点，本试验上部增层的模型拟采用钢结构制作。钢框架共分两层，平面尺寸为 1.5m×3.13m，层高分别为 0.54m 和 0.85m，采用 Q235 钢。柱选择 40mm×40mm×4mm 的方钢管，梁选择 40mm×30mm×3mm 的方钢管。长向边柱下端点焊 20mm 厚带螺栓孔的钢垫，通过 ϕ12 的高强度螺栓与隔震支座相连。沿钢框架长向每层各布置 4 道 30mm×4mm 角钢制成的柱间支撑以提高其在长向的刚度。钢结构的具体设计如图 6-6 所示。

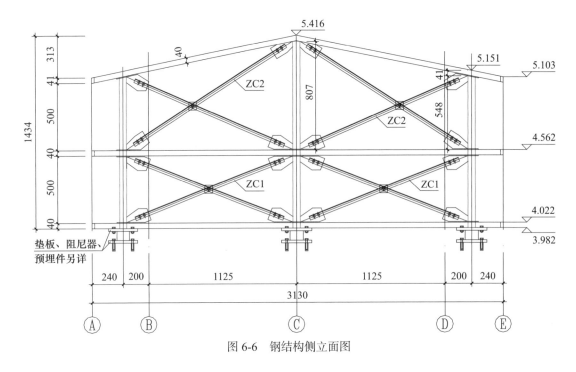

图 6-6 钢结构侧立面图

6.2.3 振动台试验模型的制作

（1）模型材料设计

1）黏土砖及砂浆

在砌体结构中，为了能准确地反映原型砌体结构的动力特性，选择合适的砖尺寸很重要。根据确定的试验模型几何相似比 1：4，可选择的砖尺寸有 a 类和 b 类两种：

a 类是长 × 宽 × 高为 60mm×27mm×13mm 的黏土砖，强度为 MU10；

b 类是长 × 宽 × 高为 115mm×60mm×27mm 的黏土砖，强度为 MU10。

a 类砖尺寸为标准砖尺寸的 1/4，b 类砖尺寸为标准砖尺寸的 1/2。考虑到实际施工中时，a 类砖的加工需要将一块标准砖切割成 64 块，所需的劳动强度巨大，且施工精度很难保证。因此，为了保证试验具有足够的精度，本试验选择了标准砖尺寸 1/2 的 b 类砖。同时砂浆取 M2.5，灰缝厚度取 5mm，以保证砖块之间能有足够的粘结强度。

2）混凝土设计

根据相似关系的要求，模型材料一般应具有尽可能低的弹性模量和尽可能大的密度。同时，在应力-应变关系方面尽可能与原型材料类似。基于这些考虑，模型加固墙板处选用小粒径（5~25mm）骨料 C30 细石混凝土。

小粒径混凝土用较大砂砾作为粗骨料代替普通混凝土中的碎石，以较小粒径的砂砾作为细骨料代替普通混凝土中砂砾。由于小粒径混凝土的施工方法、振捣方式和养护条件都与普通混凝土相同，所以与普通混凝土材性极为相似。该种材料从 20 世纪 60 年代就被应用于结构试验，特别是近几十年来得到更为广泛的应用。小粒径混凝土模型与砂浆模型不同，它和原型混凝土一样具有几级连续级配，不同微粒的砂砾占其相应的比例，因而其力学性能和级配与原型混凝土具有较好的相似性。

3）镀锌铁丝设计

模型制作中，用镀锌钢丝和镀锌铁丝来模拟原型中的钢筋，原型中外套混凝土加固墙板中的钢筋数量较少，所以模型中相应部位的 HPB235 钢筋用镀锌铁丝等效替代。对于隔震支座下的屋顶大梁，由于其配筋较多，用铁丝换算其中的 HRB400 级钢筋会使铁丝的配筋量过大，不利于模型施工，故采用镀锌钢丝替代，模型中采用的镀锌铁丝和镀锌钢丝的力学性能由试验测得，试验在南京工业大学力学性能实验室进行。

（2）整体试验模型

本次试验共有三种模型，每个模型分横向和纵向，试验的整体模型如图 6-7 所示。

（a）五层加固模型　　　　　　　（b）增层不隔震模型　　　　　　（c）增层隔震模型

图 6-7　施工完成后的模型

6.2.4　隔震增层模型的振动台试验

（1）试验工况设计

本次试验在 7 度小震 88gal 输入的工况选用了 El Centro 波、Taft 波、人工波、Sanfer_h 波（$T_g = 0.35s$）、mammoth-180 波（$T_g = 0.40s$）、KERN-TAF-021 波（$T_g = 0.45s$）、NCALIF-FRN-314 波（$T_g = 0.55s$）和 COALINGA-PRK-090 波（$T_g = 0.65s$）。8 度小震以及 7 度、8 度中震和大震的工况均选用 El Centro 波、Taft 波、人工波，地震波的具体情况如下。

1）El Centro 波，为 1940 年美国 Imperial 山谷地震记录，持时 53.73s，最大加速度：南北方向 341.7gal，东西方向 210.1gal，竖直方向 206.3gal。场地土属Ⅱ～Ⅲ类，震级 6.7 级，震中距 11.5km，属于近震，原始记录相当于 8.5 度地震。

2）Taft 波，为 1952 年 7 月 21 日美国 California 地震记录，持时 54.38s，最大加速度：南北方向 152.7gal，东西方向 175.9gal，竖直方向 102.9gal。场地土属Ⅱ～Ⅲ类，震级 6.7 级，震中距 11.5km，属于近震，原始记录相当于 7 级地震。

本次振动台试验分别考虑了五层未增层结构模型、七层增层隔震结构模型和七层增层非隔震结构模型。试验加载工况按照 7 度多遇、8 度多遇、8 度基本烈度和 8 度罕遇的顺序分阶段进行。

五层未增层结构模型试验工况：7度多遇、8度多遇。

七层增层隔震结构模型试验工况：7度多遇、8度多遇、8度基本烈度和8度罕遇。

七层增层非隔震结构模型试验工况：8度多遇、8度基本烈度和8度罕遇。

上述试验工况均沿模型纵向加载，全部试验工况完成后，根据模型损伤状况，在可能的情况下，将模型平面转动90°，再沿模型横向加载。

七层增层隔震结构模型试验工况（横向）：8度多遇。

七层增层非隔震结构模型试验工况（横向）：8度多遇。

在不同水准地震波输入前后，对模型进行扫频或白噪声输入，测量结构的自振频率、振型和阻尼比等动力特征参数。地震波持续时间按相似关系进行压缩。各水准地震下，台面输入加速度峰值均按有关规范的规定及模型试验的相似关系要求进行了调整，以模拟不同水准地震作用。

（2）测点布置

根据试验的要求和研究的内容，采用了加速度传感器、摄像位移测量、混凝土应变计、钢筋应变计、声发射传感器等测量装置。

6.2.5 振动台试验结果加速度数据分析

试验模型有五层加固模型、七层增层隔震模型和增层非隔震模型，地震波输入分为横向输入和纵向输入，以下分别对各模型各输入方向的加速度数据进行了整理和分析。

（1）横向输入下三种模型的加速度响应对比分析

1）增层隔震模型与增层非隔震模型的对比分析

表6-5给出了增层隔震模型和增层非隔震模型在横向输入下的加速度峰值对比，图6-8给出了响应的对比图，可以看出增层隔震模型下部楼层的加速度峰值小于增层非隔震模型；增层隔震模型上部框架部分的加速度峰值远小于增层非隔震模型；增层非隔震模型的框架部分有明显的鞭梢效应。其中：F8（Frequent earthquake）、M8（Middle earthquake）、R8（Rare earthquake）分别代表8度多遇地震、中震和罕遇地震，NI（No Isolation）和IS（Isolation）分别代表未隔震和隔震工况（下同），加速度峰值为3条地震波输入后测得的加速度峰值的平均值。

表 6-5 隔震模型与非隔震模型的试验加速度峰值对比（gal）

层号	F7		F8		M7		M7.5		M8		R8	
	NI	IS	NI	IS	NI	IS	NI	IS	NI	IS	NI	IS
8	738	76	1191	142	1443	185	2094	249	2582	317	3058	822
7	138	37	269	73	391	103	579	154	771	211	1689	575
6	98	41	189	77	266	110	458	169	694	234	1678	599
5	98	116	189	227	266	324	458	471	694	646	1678	1446
4	81	81	158	161	218	226	329	330	475	433	925	1052
3	77	57	148	115	262	166	400	243	517	344	1136	961

续表

层号	F7		F8		M7		M7.5		M8		R8	
	NI	IS	NI	IS	NI	IS	NI	IS	NI	IS	NI	IS
2	74	57	163	112	260	162	414	260	550	390	1241	1125
1	86	69	179	139	259	198	392	313	521	425	1093	1071
输入	88	88	175	175	250	250	375	375	500	500	1000	1000

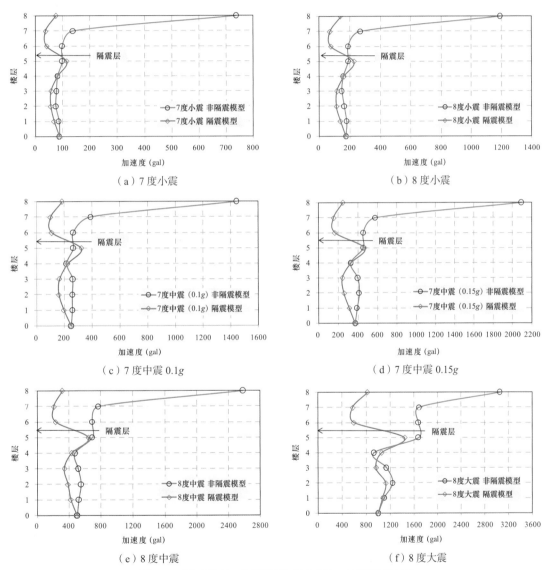

（a）7度小震 　　　　　　　　　　　　　（b）8度小震

（c）7度中震0.1g 　　　　　　　　　　　（d）7度中震0.15g

（e）8度中震 　　　　　　　　　　　　　（f）8度大震

图 6-8　隔震模型与非隔震模型的试验加速度峰值对比

2）增层非隔震模型与五层加固模型的对比分析

表 6-6 给出了七层增层非隔震模型和五层加固模型在横向输入下的加速度峰值对比，图 6-9 给出了响应的对比图，可以看出，在输入加速度幅值较小时，五层加固模型的加速

度峰值小于增层非隔震模型，但随着输入增加上部钢框架对下部结构产生有利影响，但钢框架顶部的鞭梢效应明显；五层加固模型的顶层加速度峰值均大于非隔震模型。

表 6-6　非隔震模型与加固模型的试验加速度峰值对比（gal）

层号	F7		F8		M7		M7.5		M8	
	NI	五层	NI	五层	NI	五层	NI	五层	NI	五层
8	738	—	1191	—	1443	—	2094	—	2582	—
7	138	—	269	—	391	—	579	—	771	—
6	98	—	189	—	266	—	458	—	694	—
5	98	119	189	237	266	391	458	639	694	928
4	81	85	158	168	218	205	329	366	475	568
3	77	63	148	117	262	274	400	446	517	647
2	74	53	163	112	260	293	414	474	550	678
1	86	67	179	147	259	264	392	432	521	596
0	88	88	175	175	250	250	375	375	500	500

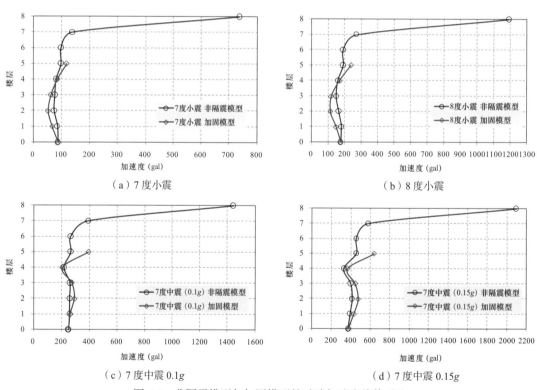

（a）7度小震　　　　　　（b）8度小震

（c）7度中震 0.1g　　　　（d）7度中震 0.15g

图 6-9　非隔震模型与加固模型的试验加速度峰值对比

3）增层隔震模型与五层加固模型的对比分析

表 6-7 给出了七层增层隔震模型和五层加固模型在横向输入下的加速度峰值对比，图 6-10 给出了响应的对比，可以看出：在输入加速度幅值较小时，增层隔震模型与五层

加固模型的加速度峰值相当,与理论分析吻合良好;随着输入加速度幅值增加,隔震层上部的 TMD 效应明显,增层隔震模型的加速度峰值小于五层加固模型;该隔震方案不论对下部混凝土加固砌体结构还是上部增层钢框架都非常有利。

表 6-7 隔震模型与加固模型的试验加速度峰值对比（gal）

层号	F7		F8		M7		M7.5		M8	
	IS	五层	IS	五层	IS	五层	IS	五层	IS	五层
8	738	—	1191	—	1443	—	2094	—	2582	—
7	138	—	269	—	391	—	579	—	771	—
6	98	—	189	—	266	—	458	—	694	—
5	98	119	189	237	266	391	458	639	694	928
4	81	85	158	168	218	205	329	366	475	568
3	77	63	148	117	262	274	400	446	517	647
2	74	53	163	112	260	293	414	474	550	678
1	86	67	179	147	259	264	392	432	521	596
0	88	88	175	175	250	250	375	375	500	500

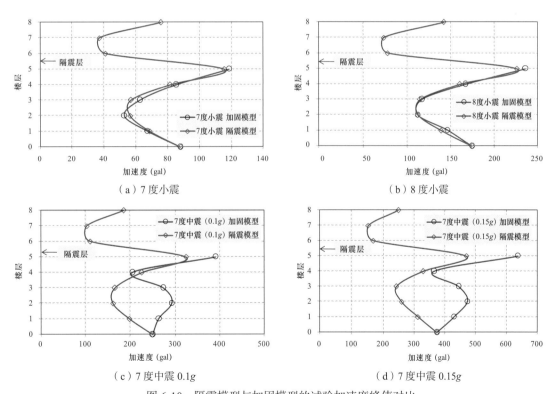

（a）7 度小震   （b）8 度小震

（c）7 度中震 0.1g   （d）7 度中震 0.15g

图 6-10 隔震模型与加固模型的试验加速度峰值对比

（2）纵向输入下三种模型的加速度响应对比分析

表 6-8 给出了在三个典型工况下增层隔震模型和增层非隔震模型的平均加速度对比,

从图 6-11 中可以看出，在小震作用下，隔震效果显著，上部钢结构部分以及下部加固砌体部分的峰值加速度均小于非隔震结构；在中震及大震的情况下，由于结构损伤，致使隔震结构对下部砌体结构产生了不利影响，部分楼层的加速度大于非隔震结构。

表 6-8　隔震模型与非隔震模型的试验平均加速度对比（gal）

层号	F8		M7		M8	
	NI	IS	NI	IS	NI	IS
8	465	115	1066	272	2026	631
7	411	123	978	293	1837	675
6	251	117	650	277	1281	725
5	251	222	650	752	1281	1505
4	152	155	441	569	847	1178
3	141	129	403	484	1067	1123
2	169	153	495	552	1291	1234
1	198	167	550	491	1175	1105
台面	175	175	500	500	1000	1000

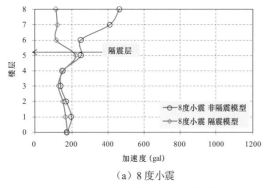

（a）8 度小震

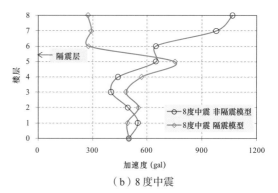

（b）8 度中震

图 6-11　隔震模型与非隔震模型的试验平均加速度对比

表 6-9 给出了三个典型工况下七层增层非隔震模型和五层加固模型的平均加速度峰值对比，从图 6-12 中可以看出，地震作用下非隔震结构的顶层具有较为强烈的鞭梢效应。随着地震波输入的增大，顶部钢结构对下部部分楼层产生有利影响，降低了其加速度峰值。

表 6-9　非隔震模型与加固模型的试验平均加速度峰值对比（gal）

层号	8 度小震		7 度中震		8 度中震	
	NI	五层	NI	五层	NI	五层
8	465	—	1066	—	2026	—
7	411	—	978	—	1837	—
6	251	—	650	—	1281	—

续表

层号	8 度小震		7 度中震		8 度中震	
	NI	五层	NI	五层	NI	五层
5	251	234	650	650	1281	1430
4	152	171	441	481	847	1074
3	141	127	403	378	1067	957
2	169	128	495	410	1291	1155
1	198	161	550	499	1175	1174
0	175	175	500	500	1000	1000

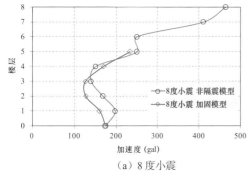
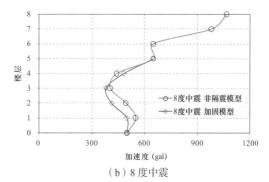

（a）8 度小震　　　　　　　　　　　（b）8 度中震

图 6-12　非隔震模型与加固模型的试验平均加速度峰值对比

6.2.6　振动台试验结果位移试验数据分析

以下是地震波横向输入下三种模型的位移响应对比分析，其中平均相对位移为 3 条地震波输入后测得的相对位移峰值的平均值。

1）增层隔震模型和增层非隔震模型的对比

为了研究增层隔震结构和增层非隔震结构的位移响应，表 6-10 给出了两个结构模型在不同工况下的位移响应的峰值对比，图 6-13 给出了相应的对比曲线。从图表中可以看出，隔震模型的隔震层位移很大，在 8 度地震作用下达到了 14mm，但下部结构的位移响应明显都小于增层非隔震模型，而且随着输入增加，这种效应更加显著。

表 6-10　隔震模型与非隔震模型的试验平均相对位移峰值对比（mm）

层号	F7		F8		M7		M7.5		M8		R8	
	NI	IS	NI	IS	NI	IS	NI	IS	NI	IS	NI	IS
8	0.36	0.78	0.44	1.59	0.82	2.37	1.23	3.96	1.73	5.96	4.97	14.21
7	0.18	0.79	0.30	1.65	0.70	2.40	1.11	4.01	1.46	6.00	4.53	14.16
6	0.18	0.78	0.28	1.58	0.63	2.28	0.97	3.85	1.39	5.85	4.04	13.82
5	0.18	0.15	0.28	0.23	0.63	0.34	0.97	0.52	1.39	0.64	4.04	1.78
4	0.12	0.09	0.18	0.17	0.45	0.23	0.66	0.36	0.91	0.45	2.23	1.07

245

层号	F7		F8		M7		M7.5		M8		R8	
	NI	IS	NI	IS	NI	IS	NI	IS	NI	IS	NI	IS
3	0.10	0.07	0.13	0.15	0.34	0.20	0.51	0.30	0.74	0.39	1.80	0.85
2	0.09	0.08	0.12	0.15	0.26	0.20	0.43	0.30	0.65	0.39	1.59	0.82
1	0.07	0.04	0.07	0.07	0.20	0.11	0.34	0.19	0.49	0.22	1.30	0.57
0	0.00	0.00	0.00	0.00	0.00	0.00	0.00	0.00	0.00	0.00	0.00	0.00

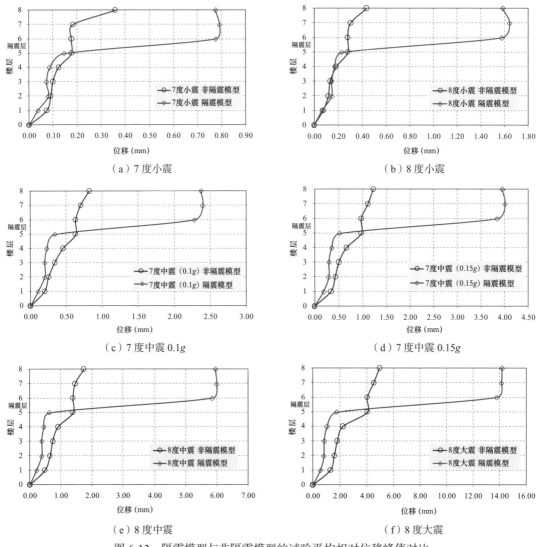

（a）7度小震 （b）8度小震

（c）7度中震0.1g （d）7度中震0.15g

（e）8度中震 （f）8度大震

图6-13　隔震模型与非隔震模型的试验平均相对位移峰值对比

2）增层非隔震模型和五层加固模型的对比

为了研究增层非隔震结构对下部结构的影响，表6-11给出了增层非隔震模型和五层加固模型在不同工况下的位移响应的峰值的对比，图6-14给出了相应的对比曲线。从图表中可以看出，五层加固模型的楼层位移基本大于增层非隔震模型，但随着输入加速度幅值增加，上部钢框架对下部结构产生有利影响，但钢框架顶部的鞭梢效应明显。

表 6-11　非隔震模型与加固模型的试验平均相对位移峰值对比（mm）

FLOOR	F7		F8		M7		M7.5		M8	
	NI	五层	NI	五层	NI	五层	NI	五层	NI	五层
8	0.36	—	0.44	—	0.82	—	1.23	—	1.73	—
7	0.18	—	0.30	—	0.70	—	1.11	—	1.46	—
6	0.18	—	0.28	—	0.63	—	0.97	—	1.39	—
5	0.18	0.13	0.28	0.28	0.63	0.95	0.97	1.53	1.39	2.03
4	0.12	0.08	0.18	0.19	0.45	0.63	0.66	1.08	0.91	1.12
3	0.10	0.07	0.13	0.17	0.34	0.46	0.51	0.79	0.74	0.76
2	0.09	0.06	0.12	0.18	0.26	0.34	0.43	0.58	0.65	0.48
1	0.07	0.05	0.07	0.15	0.20	0.24	0.34	0.40	0.49	0.18
0	0.00	0.00	0.00	0.00	0.00	0.00	0.00	0.00	0.00	0.00

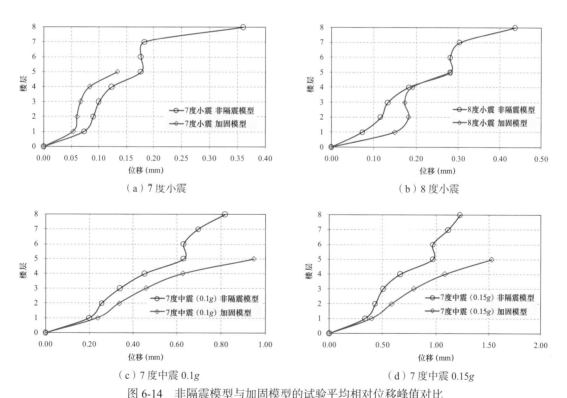

（a）7 度小震　　　　　　　　　（b）8 度小震

（c）7 度中震 0.1g　　　　　　　（d）7 度中震 0.15g

图 6-14　非隔震模型与加固模型的试验平均相对位移峰值对比

3）增层隔震模型和五层加固模型的对比

为了研究增层隔震结构对下部结构的影响，表 6-12 给出了增层隔震和五层加固模型在不同工况下的位移响应的峰值的对比，图 6-15 给出了相应的对比曲线。从图表中可以

看出，在输入加速度幅值较小时，五层加固模型的楼层位移与增层隔震模型相当，但随着
输入的增大，隔震部分不论是对下部加固砌体部分还是对上部钢框架都十分有利。

表 6-12　隔震模型与加固模型的试验平均相对位移峰值对比（mm）

层号	F7		F8		M7		M7.5		M8	
	IS	五层	IS	五层	IS	五层	IS	五层	IS	五层
8	0.78	—	1.59	—	2.37	—	3.96	—	5.96	—
7	0.79	—	1.65	—	2.40	—	4.01	—	6.00	—
6	0.78	—	1.58	—	2.28	—	3.85	—	5.85	—
5	0.15	0.13	0.23	0.28	0.34	0.95	0.52	1.53	0.64	2.03
4	0.09	0.08	0.17	0.19	0.23	0.63	0.36	1.08	0.45	1.12
3	0.07	0.07	0.15	0.17	0.20	0.46	0.30	0.79	0.39	0.76
2	0.08	0.06	0.15	0.18	0.20	0.34	0.30	0.58	0.39	0.48
1	0.04	0.05	0.07	0.15	0.11	0.24	0.19	0.40	0.22	0.18
0	0.00	0.00	0.00	0.00	0.00	0.00	0.00	0.00	0.00	0.00

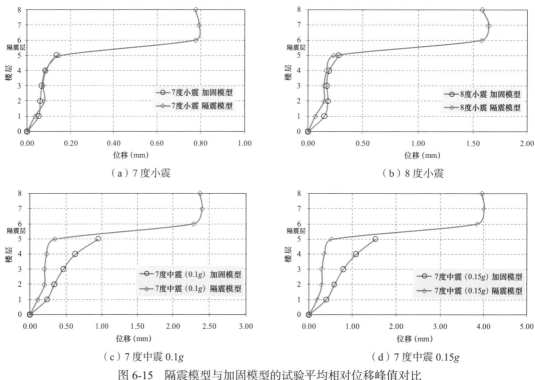

（a）7度小震　　　　　　　　　　　　（b）8度小震

（c）7度中震0.1g　　　　　　　　　　（d）7度中震0.15g

图 6-15　隔震模型与加固模型的试验平均相对位移峰值对比

6.2.7　隔震增层模型振动台试验的数值仿真

（1）模型概述

利用 ABAQUS 有限元软件建立振动台试验模型原型结构的精细化模型，研究加固前

后的结构在大震作用下的损伤，以分析加固方案的合理性。同时建立加固后增层隔震模型，研究在大震作用下增层隔震模型的非线性动力响应和损伤，分析增层隔震对结构非线性损伤的影响。

原型结构的砌体部分高度为 14.0m，共 5 层，层高均为 2.8m。外套预制钢筋混凝土墙片采用 C35 混凝土，顶部放置大梁，主梁尺寸为 300mm×800mm，次梁尺寸为 800mm×700mm。上部钢框架采用 Q345 钢，框架梁由 160mm×80mm 的空心钢管制成，壁厚 16mm。框架柱为 160mm×160mm 的空心钢管制成，壁厚 16mm。上部钢楼板及屋面板由厚度为 20mm 的钢板制成，框架柱间支撑为 120mm×120mm 等肢角钢，肢厚 16mm。上部钢框架和下部砌体加固结构之间设有铅芯橡胶隔震支座，经过参数优化后的竖向刚度为 1104kN/mm，水平有效刚度取 0.612kN/mm。既有砌体结构的标准层平面图如图 6-16 所示。

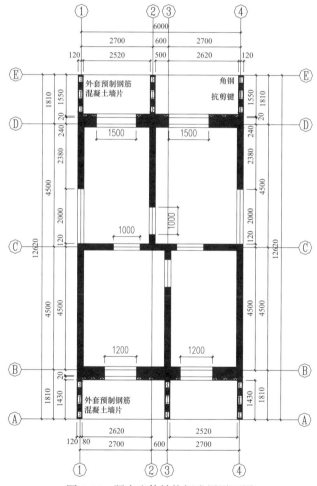

图 6-16　既有砌体结构标准层平面图

（2）模型建立

1）本构模型

①混凝土和砌体

采用 ABAQUS 中提供的 Concrete Damaged Plasticity 材料模型模拟混凝土和砌体材料。

填充墙体开裂导致墙体的应力重分布，会引起砌块内的应力突变现象。为了精确模拟，需要考虑加载过程中砌块的损伤累积。该模型考虑了材料的损伤定义，在 Concrete Damaged Plasticity 材料模型中定义了损伤因子 d 用以修正材料在加载过程中弹性模量的降低情况，损伤因子越大，材料的损伤越严重。通过引入损伤因子参数将材料的拉伸开裂和压缩破碎两个主要失效机制体现出来：

$$E = (1-d)E_0 \tag{6-4}$$

这里损伤因子 d 同时考虑了循环加载中的受拉损伤因子及受压损伤因子。

$$(1-d) = (1-s_t d_c)(1-s_c d_t) \tag{6-5}$$

其中 s_t 和 s_c 由刚度恢复系数控制：

$$s_t = 1 - w_t r^*(\sigma_{11}) \qquad 0 \leqslant w_t \leqslant 1 \tag{6-6}$$

$$s_c = 1 - w_c[1 - r^*(\sigma_{11})] \qquad 0 \leqslant w_c \leqslant 1 \tag{6-7}$$

其中刚度恢复系数 w_c、w_t 用以模拟材料反加载时的刚度变化现象，对材料开裂面张开－闭合的法向行为有较好的模拟效果，w_c、w_t 取值在 0 至 1 之间，其取值越大，刚度恢复越多。在计算中取 $w_t = 0$，$w_c = 1$，即表示往复加载中拉伸刚度不恢复，受压刚度完全恢复。$w_t = 0$，$w_c = 1$ 时单轴往复荷载下材料滞回恢复关系如图 6-17 所示。

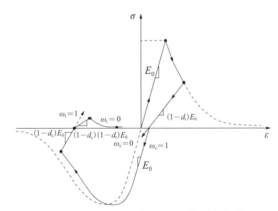

图 6-17 单轴往复荷载下材料滞回恢复关系

② 钢筋

钢筋采用双线性动力硬化模型，考虑包辛格效应，简化为如图 6-18 所示，在循环过程中，无刚度退化。

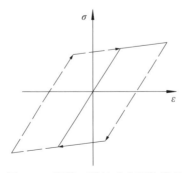

图 6-18 钢筋双线性动力硬化模型

③ 铅芯橡胶支座恢复力模型

现有的铅芯橡胶支座恢复力模型中，常见的有双线性模型、修正双线性模型、Ramberg-Osgood 模型、Wen 模型以及修正双线性＋Ramberg-Osgood 模型等。由于在 ABAQUS 中没有针对铅芯橡胶支座的单元，通过组合使用 TRUSS 单元与用户材料子程序 UMAT 在 ABAQUS 中开发了修正双线性＋RO 模型，如图 6-19 所示为 ABAQUS 中自定义铅芯橡胶支座滞回曲线，图 6-20 为试验用铅芯橡胶支座滞回曲线，二者吻合较好。

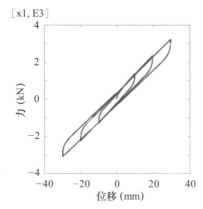
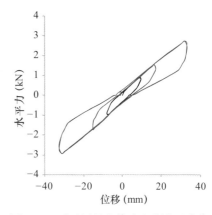

图 6-19 ABAQUS 中自定义铅芯橡胶支座滞回曲线　　图 6-20 试验用铅芯橡胶支座滞回曲线

（3）非线性损伤分析模型的建立

本研究需要建立三个模型，具体见表 6-13。

表 6-13 各模型名称和描述

模型编号	模型名称	模型描述
A	五层砌体模型	未加固的砌体模型
B	五层加固模型	在模型 A 的基础上采用北京院加固方案并加上屋顶大梁后的模型
C	顶部增层隔震模型	在模型 B 的基础上顶部设置隔震层，再加两层钢框架结构的模型

建立模型 B，是在模型 A 的横向两侧建立了混凝土加固单元，对于加固单元和配筋砌体将钢筋以"三维线单元"的形式"内置／嵌入"混凝土／砌体中来体现，以准确模拟混凝土、砌体内配筋及其力学行为。原加固方案中纵墙方向对应的两片加固墙板之间及加固墙板和砌体之间通过钢筋和法兰螺栓连接，增强了加固墙板对原砌体的约束作用，并且提高了加固体系的整体性。由于连接的重要性，在试验单元的数值模拟和振动台模型的设计中都加入了贯穿砌体并连接加固墙板的钢筋，从而体现原方案的加固理念及数值模拟的精确性。建好的各有限元模型如图 6-21 所示。

为验证模型的准确性，表 6-14 给出了 SAP2000 中建立的弹性分析模型、ABAQUS 中建立的非线性分析模型动力特性以及北京市建筑设计研究院提供的原型结构静力试验的实测数据的对比。可以看出，SAP2000 模型和 ABAQUS 模型动力特性吻合良好，除了模型 B 的横向一阶弯曲和模型 C 的纵向一阶弯曲周期略大于 5%，其余都与试验结果相差在 5% 以内，可以认为所建立的有限元模型能够准确反映结构的力学特性。

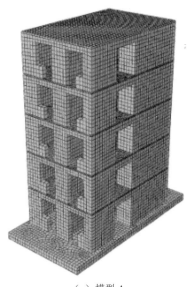
（a）模型 A

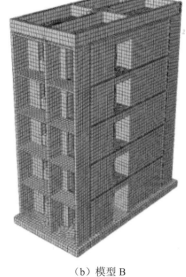
（b）模型 B

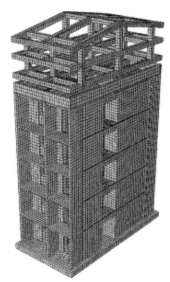
（c）模型 C

图 6-21 有限元模型

表 6-14 结构自振周期对比

模型	方向	自振周期（s）			ABAQUS 误差
		SAP2000	ABAQUS	试验结构	
A	纵向一阶弯曲	0.439	0.429	0.41	4.63%
	横向一阶弯曲	0.310	0.327	0.34	3.82%
	一阶扭转	0.228	0.236	—	—
B	纵向一阶弯曲	0.255	0.263	0.26	1.15%
	横向一阶弯曲	0.236	0.241	0.26	7.31%
	一阶扭转	0.210	0.225	—	—
C	纵向一阶弯曲	1.503	1.591	—	5.53%
	横向一阶弯曲	1.469	1.517	—	3.16%
	一阶扭转	1.238	1.286	—	3.73%

（4）结果分析

数值模拟时选用 El Centro NS 波、Taft EW 波和一条人工波，地震波峰值加速度调幅至 0.4g。本研究采用显式算法进行动力分析，这适合规模较大的弹塑性模型进行弹塑性时程分析。

图 6-22 和图 6-23 分别给出了 El Centro NS 波作用下各模型的受拉损伤云图和受压损伤云图。从图中可以看出，模型 A 的受拉和受压损伤因子达到了 0.9144，且损伤主要集中在底层，上部结构除了局部位置，其余基本没有损伤；模型 B、C 的混凝土加固单元受拉和受压损伤因子在 0.8734～0.9144，砌体部分的受拉和受压损伤因子在 0.8006～0.8382 之间，明显小于模型 A，且砌体部分损伤不再集中于底层。

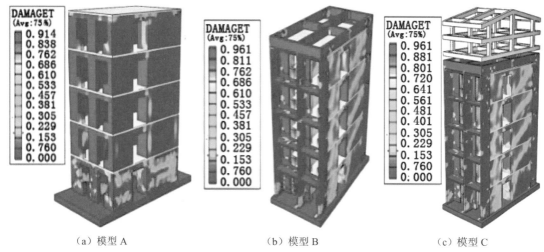

（a）模型 A　　　　　　（b）模型 B　　　　　　（c）模型 C

图 6-22　各模型的受拉损伤云图

（a）模型 A　　　　　　（h）模型 B　　　　　　（c）模型 C

图 6-23　各模型的受压损伤云图

图 6-24 和图 6-25 分别给出了 El Centro NS 波作用下各模型的塑性应变云图和裂缝开展示意图。从塑性应变云图中可以看出，模型 A 的底层产生了较大的塑性应变，而模型 B、C 砌体部分的塑性应变相差不大且分布比较均匀；从裂缝开展来看，模型 A 的底层墙体损伤基本属于剪切型破坏。由此可见，未加固的砌体结构在大震作用下会发生较为严重的脆性剪切破坏，对结构极为不利，而加固结构则表现出良好的连续变形能力，具有较好的耗能能力，大大提高了结构的抗震性能。

综上所述，在大震作用下，未加固的砌体结构底层损伤非常严重，加固结构的砌体损伤则有所减轻，且比较均匀，所以采用装配化外套加固有效减轻了砌体部分的损伤，提高了结构的抗震性能。同时，增层隔震结构模型 C 没有表现出比模型 B 更为严重的损伤。

表 6-15 列出了各模型在三条地震波作用下的基底剪力，并与在小震作用下产生的基底剪力进行对比。从表中可以看出，在大震作用下，模型 A 基底剪力与小震弹性反应相

比基本没有增长，说明未加固结构在小震作用下已经有了损伤，在大震作用下塑性损伤已经比较严重；模型 B、C 在大震作用下基底剪力为小震弹性基底剪力的 3.1 倍左右。由于大震加速度峰值是小震的 5.7 倍，可知大震下弹塑性反应与大震下弹性反应相比，基底剪力有减小的趋势，这也是结构非线性损伤的表现；同时可以看出模型 C 虽然是在模型 B 的基础上加了两层，但由于层间隔震的原因，其基底剪力较模型 B 不但没有增加，反而出现了一定程度的减小。

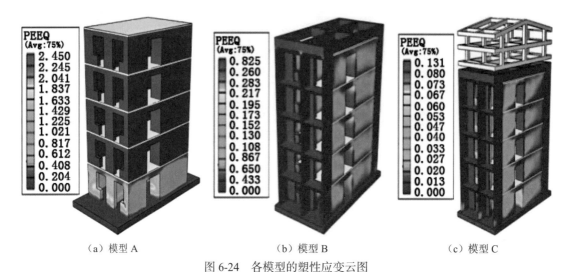

（a）模型 A　　　　（b）模型 B　　　　（c）模型 C

图 6-24　各模型的塑性应变云图

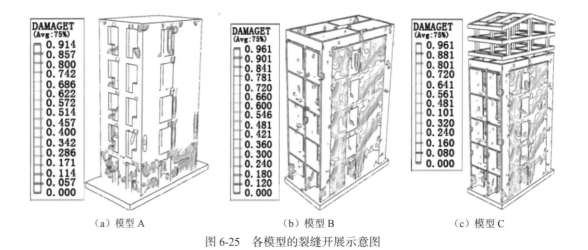

（a）模型 A　　　　（b）模型 B　　　　（c）模型 C

图 6-25　各模型的裂缝开展示意图

表 6-15　地震波作用下各模型的基底剪力（kN）

模型及工况		El Centro NS	Taft EW	人工波
模型 A	小震	416	494	456
	大震	601	685	653
	大震 / 小震	1.44	1.39	1.43

续表

模型及工况		El Centro NS	Taft EW	人工波
模型 B	小震	796	827	816
	大震	2308	2564	2530
	大震 / 小震	2.9	3.1	3.1
模型 C	小震	746	775	758
	大震	2163	2325	2306
	大震 / 小震	2.9	3	3.04

表 6-16 给出了各模型在大震作用下砌体部分承担的基底剪力大小，图 6-26 给出了各模型在大震作用下基底总剪力与砌体部分承担的剪力对比。从图表中可以看出，大震作用下，模型 B、C 的基底剪力有大幅增加，说明加固方案增强了结构的刚度，但砌体所承担的基底剪力均比模型 A 小，说明加固方案大大削减了砌体所承担的基底剪力，大部分剪力由外套钢筋混凝土墙承担；模型 C 的基底剪力和砌体所承担的基底剪力均比模型 B 略小，且模型 C 的减震率均比模型 B 大，说明增层隔震的地震响应较不增层的不仅没有增大，反而有所减小。因此，增层隔震方案不仅对结构耗能是有利的，而且还大大增加了建筑的使用面积。

表 6-16　大震作用下各模型砌体部分承担的基底剪力 (kN)

地震记录	模型 A	模型 B		模型 C	
	剪力	剪力	减震率	剪力	减震率
El Centro NS 波	601	412	31.4%	404	32.8%
Taft EW 波	685	479	30.1%	455	33.6%
人工波	653	430	34.2%	419	35.8%

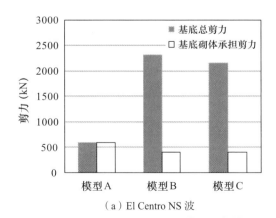

（a）El Centro NS 波

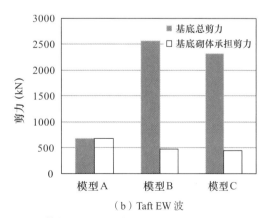

（b）Taft EW 波

图 6-26　大震作用下各模型基底总剪力与砌体部分承担的剪力对比

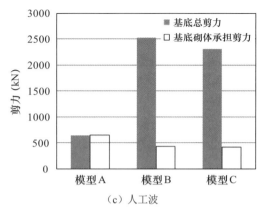

（c）人工波

图 6-26　大震作用下各模型基底总剪力与砌体部分承担的剪力对比（续）

6.2.8　增层隔震试验研究与数值仿真分析结论

（1）振动台试验的主要结论

根据动力相似关系，设计了砌体加固模型、增层隔震模型和增层非隔震模型的 1/4 缩尺振动台模拟地震试验模型，并完成了模型的加工和制造。同时，对模型制造过程中使用的各材料进行了材性试验，并进行了隔震支座模型的力学性能试验。

1）一共设计和完成了 12 组、共计 158 个试验工况。按照 7 度多遇、8 度多遇、7.5 度基本烈度、8 度基本烈度和 8 度罕遇的顺序对加固模型、增层隔震结构模型和增层非隔震结构模型分阶段进行了横向和纵向输入，同时为了分析结构在损伤后的行为，特别是为了研究下部结构损伤后隔震效果的变化，在试验模型经历大震后又进行对比试验，特别关注增层隔震模型在下部结构损伤后是否会产生不利影响。

2）通过加速度试验数据的分析表明，将增层隔震模型与增层非隔震模型对比，下部混凝土加固部分的加速度响应小于增层非隔震模型，而且上部框架部分的加速度也远小于增层非隔震模型，说明隔震体系不但减小了下部加固部分的加速度响应，同时也抑制了上部楼层的动力响应。增层隔震模型与五层加固模型相比，楼层的加速度响应在小输入下相当，与理论分析吻合良好，但随着输入增加，隔震层的减震效果更加明显，增层隔震模型的各楼层加速度响应小于五层模型。

（2）数值仿真的主要结论

利用 ABAQUS 软件对砌体结构模型、采用装配化外套加固模型以及增层隔震模型进行了大震作用下的非线性数值模拟。研究结果表明：

1）采用装配化外套加固方案可有效削减既有砌体结构的地震响应，大大减轻了砌体部分的非线性损伤；

2）采用增层隔震不但不会增大原有结构的地震响应，反而会削弱地下部分结构的地震作用，提高了减震率，进一步减轻了砌体部分的非线性损伤；

3）对砌体结构采用装配化外套加固后再增层隔震可同时获得更好的加固效果和更大的利用空间，是一种比较安全经济的加固方法，具有良好的推广应用价值。

6.3 既有混凝土结构装配化外套加固及增层隔震试验研究

6.3.1 结构模型概况

以北京宣武区象来街 201-2 号高层住宅楼为原型，由于结构的平面形状为狭长的矩形，原型结构两个主轴方向的抗侧刚度相差很大，只需要对原结构弱向（结构横向）进行抗震性能分析，因此，从中提炼出典型单元作为缩尺试验模型原型，如图 6-27 所示。北京市建筑设计研究院有限公司复杂结构研究所对此类结构加固前后的抗震性能进行一系列试验研究验证，并对加固后结构的抗震性能进行评估，确定结构加固后的抗震性能达到后续使用年限 30 年的抗震要求。对部分条件允许的建筑，拟进行隔震增层，并委托哈尔滨工业大学通过振动台试验来验证采用外套结构加固法及隔震增层后的结构的抗震性能。

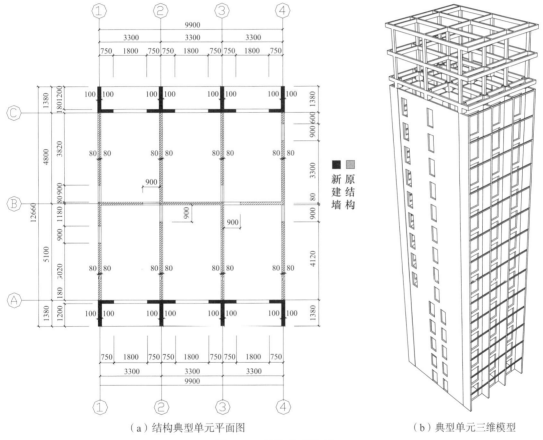

（a）结构典型单元平面图　　　　　　　　（b）典型单元三维模型

图 6-27　结构典型单元

6.3.2 理论分析和试验研究目的

本试验旨在验证外套结构加固法及隔震增层后的低配筋率剪力墙结构的抗震性能，由于模型制作和试验难度较高，首先进行了理论分析。基于理论分析的结果，提出了合理的试验方案，并通过振动台试验来验证采用该加固方法及隔震增层后的结构的抗震性能，具

257

体的研究内容包括：

1）根据试验目标和试验条件提出合理的模型试验单元，确定准确的试验相似关系，提出合理的试验方案，包括加固后的试验方案、加固后顶部隔震增层的试验方案以及加固后顶部常规增层的试验方案。

2）对顶部隔震增层的试验模型，对隔震支座模型的设计和上下连接件，以及由顶部隔震增层模型向常规增层模型转化的锁定系统进行详细设计。

3）合理设计试验工况，尽量减小模型损伤累计对试验效果的影响。同时，采取措施减小底部墙体由于配重不足而引起的过早开裂的现象，以确保试验结果的可靠性。

根据振动台试验结果，对外套结构加固效果、隔震增层结构以及常规增层结构的抗震性能进行评估和比较。

取结构典型单元进行有限元建模，如图 6-27 所示。对该典型单元加固前、后进行罕遇地震下的弹塑性动力时程分析，以考察抗震加固效果；对有、无隔震支座的结构进行分析，考察隔震措施对结构整体抗震性能的影响规律。

针对 Ⅱ 类场地的特征周期（$T_g = 0.40s$），选择了 2 条天然地震波和 1 条人工地震波（图 6-28、表 6-17），在此基础上对不同加固方案的结构进行了抗震性能分析。

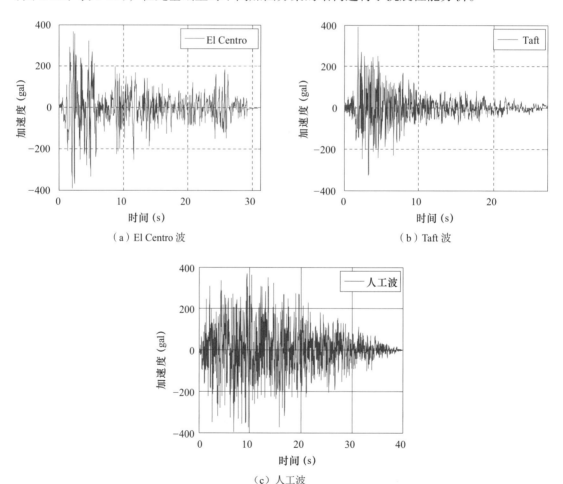

（a）El Centro 波

（b）Taft 波

（c）人工波

图 6-28 选用地震波加速度时程

表 6-17 设计输入地震动特征周期 $T_g = 0.40s$

	最大输入加速度（cm/s^2）	
	8 度多遇	8 度罕遇
El Centro 波	70	400
Taft 波	70	400
8 度 $T_g = 0.40s$ 人工波	70	400

6.3.3 振动台试验缩尺模型的设计

（1）模拟地震振动台介绍

相关试验在中国地震局工程力学研究所地震工程与工程振动重点实验室完成。该所于 1997 年将地震模拟振动台升级成三向振动台。全部机械和液压系统由国内制造。控制系统由工程力学研究所自行研制。数据采集系统还整合了国内多家厂家的动态测试设备。该振动台的主要技术参数如表 6-18 所示。

表 6-18 振动台的主要技术参数

项目	参数
频率范围	0.5～50Hz
振动方向	3-D（XYZ）
台面尺寸	5m×5m
最大试件质量	25t
台面质量	20t
最大位移	水平向 X 和 Y 方向为 80mm，竖向 Z 方向为 50mm
最大速度	50cm/s
最大加速度	水平向 X 和 Y 方向为 1.0g，竖向 Z 方向为 0.7g
振动波形	正弦、随机、地震波

（2）动力模型设计依据

模型设计、制作和地震激励输入应严格按照相似理论进行，要求模型与原型几何尺寸相似并保持一定的比例，要求模型与原型的材料具有相似性或具有某种相似关系，要求施加于模型的荷载按原型荷载的某一比例缩小或放大，要求确定模型结构试验过程中各物理量的相似常数，并由此求得反映相似模型整个物理过程的相似条件。只有当模型结构满足上述相似理论的要求时，才能按相似关系由模型的试验结果推算出原型结构的相应地震反应。但要实现模型与原型完全相似是十分困难的，模型设计在通常情况下需要忽略一些次要因素。

本试验主要研究采用外套结构加固和增层隔震后的结构在地震作用下的抗震性能以及

隔震效果。因此，在设计时着重考虑隔震层的主要性能参数的相似关系，以满足主要抗侧力构件的相似关系，使原结构剪力墙部分和外套混凝土墙板等满足相似关系。用设置配重的方法来满足模型质量与原型结构质量的相似性。根据加固增层结构体系的特点，并综合现有振动台试验条件，原型结构单元平面尺寸为 12.66m×7.9m，缩尺试验模型平面尺寸为 2.11m×1.65m，试验沿①—①轴单向激振，如图 6-29 所示。

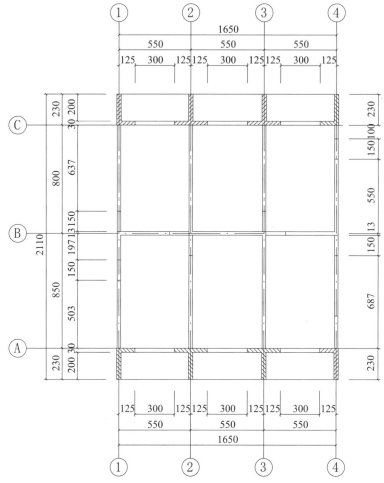

图 6-29 试验模型一至五层单元平面图

（3）相似比设计

振动台试验模型设计最关键的是正确地确定模型与原型之间的相似关系。由于目前振动台试验多为缩尺模型试验，因而需要设计结构模型的相似关系。

1）模型相似设计原则

根据试验要关注的结构动力响应，确定影响结构性能的主要物理量及相似常数的计算方法可见本章 6.2.2 节的相关内容，本节不再冗述。

2）模型相似设计

根据试验结构特点、模型制作和现有试验条件，确定试验模型几何相似比为 1∶6；初步确定弹性模量相似比为 0.62∶1，根据北京地区地震烈度及振动台能力确定加速度相似比为 1.86:1。取 $S_L = 1/6$、$S_E = 0.62:1$、$S_a = 1.86:1$，则由此确定的试验模型与原型的相似比列于表 6-19 中。

表 6-19　模型与原型相似比

物理量	相似关系	相似系数	物理量	相似关系	相似系数
几何尺寸 L	S_L	1:6	质量 M	$S_M = S_L^2 \cdot S_E/S_a$	1:108
线位移 X	$S_X = S_L$	1:6	时间 T	$S_T = S_L^{0.5}/S_a^{0.5}$	0.3:1
应力 σ	$S_\sigma = S_E$	0.62:1	阻尼比 ξ	S_ξ	1:1
应变 ε	S_ε	1:1	加速度 a	S_a	1.86:1
弹性模量 E	S_E	0.62:1	等效密度 $\bar{\rho}$	$S_{\bar\rho} = \dfrac{S_E}{S_L \cdot S_a}$	2:1

（4）隔震支座设计

试验所用橡胶隔震支座初步拟采用低弹性 LRB-100 铅芯支座 10 个。支座设计参数由详细理论分析确定。每个隔震支座的竖向刚度为 168.5kN/mm，水平有效刚度 $K_{eq} = 132$N/mm，屈服力 $Q_y = 982$N。由此确定的隔震支座详细规格参数如表6-20所示，支座设计图如图6-30所示。

表 6-20　隔震支座详细规格参数

支座名称	剪切模量（N/mm²）	外径（mm）	铅芯直径（mm）	橡胶层厚（mm）	橡胶层数	钢板层厚（mm）	钢板层数	封板厚（mm）	连接板厚（mm）
LRB-100	0.392	90	10	1.2	15	1.5	14	10	10

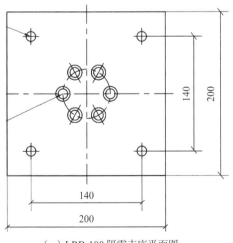

（a）LRB-100 隔震支座平面图

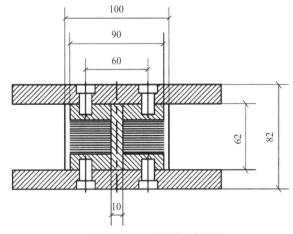

（b）LRB-100 隔震支座剖面图

图 6-30　隔震支座设计图

橡胶支座力学性能计算过程：

材料特性：

橡胶剪切模量 G：	0.392N/mm^2
橡胶体积弹性模量 E_b：	1960N/mm^2
橡胶竖向弹性模量 E_0：	1.176N/mm^2
橡胶硬度修正系数 κ：	0.878

形状系数：

第一形状系数 S_1：
$$S_1 = \frac{D-d}{4t_\text{r}} = \frac{90-10}{4 \times 1.2} = 16.67$$

第二形状系数 S_2：
$$S_2 = \frac{D}{nt_\text{r}} = \frac{90}{15 \times 1.2} = 5$$

屈服荷载 Q_y：
$$Q_\text{y} = \tau A = 0.982\text{kN}$$

水平刚度 k_h0：
$$k_\text{h0} = \frac{GA}{nt_\text{r}} = \frac{0.392 \times 6283}{15 \times 1.2} = 0.1368\text{kN/mm}$$

剪切变形 50% 水平刚度 $k_\text{eq, 50}$：
$$k_\text{eq, 50} = k_\text{h0} + \frac{Q_\text{y}}{\delta_{50}} = 0.2459\text{kN/mm}$$

剪切变形 100% 水平刚度 $k_\text{eq, 100}$：
$$k_\text{eq, 100} = k_\text{h0} + \frac{Q_\text{y}}{\delta_{100}} = 0.1914\text{kN/mm}$$

屈服后刚度 $k_\text{y, 50}$：
$$k_\text{y, 50} = k_\text{h0}\left(1 + 0.588\frac{A_\text{q}}{A}\right) = 0.1955\text{kN/mm}$$

屈服前刚度取为屈服后刚度的 13 倍，所以：

屈服前的刚度 $k_\text{y, 0}$：
$$k_\text{y, 0} = 13k_\text{y, 50} = 0.1955 \times 13 = 2.542\text{kN/mm}$$

竖向刚度 k_v：
$$k_\text{v} = \frac{E_\text{cb}A}{T_\text{r}} = 153.9\text{kN/mm}$$

其中，$E_\text{cb} = E_\text{c}E_\text{b}/(E_\text{c} + E_\text{b})$；$E_\text{c} = 3G(1 + 2\kappa S_1^2)$

（5）模型结构设计

1）试验模型设计

试验模型按照相似比 1∶6 进行缩尺。同时，采用典型户型加固方案，在模型上下两侧增设混凝土构件，与原结构进行必要的连接。顶部还增加了两层钢结构，即 15、16 层，并与原结构顶层之间设置隔震措施。模型结构层高 483.3mm，总高 7733mm。新增加固结构采用 M15 水泥砂浆制作，原结构采用 M7.5 水泥砂浆制作，钢筋采用相应规格焊接铁网或铁丝制作。模型的加固构件即新增外套加固墙体，与原结构之间采用胶合板隔离，仅墙体连接筋穿过，用以模拟实际工程即将采用的连接方法。

钢框架平面尺寸为 1.65m×2.11m，层高为 483.3mm，采用 Q235 钢材，选择 40mm×60mm×2mm 的矩形钢管。隔震层顶增加一圈钢梁增强钢结构整体性。柱下端点焊 10mm 厚带 ϕ20 螺栓孔的钢垫，通过高强螺栓与隔震支座相连。模型设计图纸如图 6-31、图 6-32 所示。模型配筋信息见表 6-21。

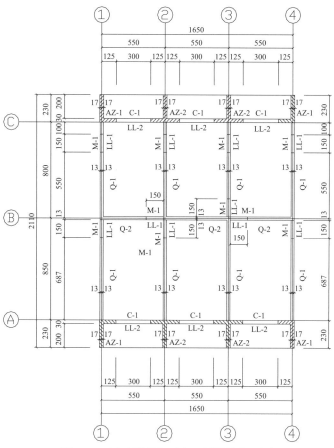

图 6-31　试验模型六至十四层结构布置图

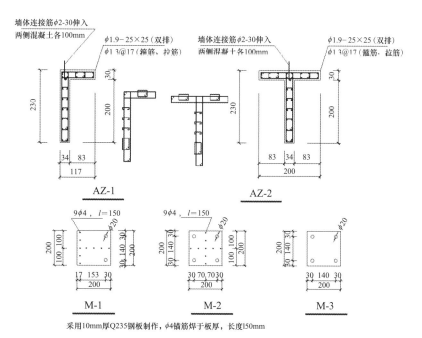

采用10mm厚Q235钢板制作，φ4锚筋焊于板厚，长度150mm

图 6-32　试验模型剪力墙配筋及零件详图

表 6-21 试验模型配筋信息

剪力墙				连梁				
名称	墙厚	配筋	拉筋	名称	梁截面	下部配筋	下部纵筋	侧面纵筋、箍筋
Q-1	27	$\phi0.8@13\times13$		LL-1	27×150	$\phi3@2$	$\phi3@2$	$\phi0.8@13\times13$
Q-2	27	$\phi1.9@13\times13$	$\phi1.3@60$	LL-2	30×150	$\phi3@2$	$\phi3@2$	

2）配重计算

在确定相似比的过程中，根据 Bockingham π 定理，需要满足关系式 $S_E = S_L \cdot S_\rho \cdot S_a$；试验过程中，重力加速度的相似比 S_g 的值始终为 1，如果要使水平加速度的相似比 S_a 满足 $S_a = S_g = 1$，则等式相应变为 $S_E = S_L \cdot S_\rho$。此时，模型应满足的质量比为：

$$S_m = S_\rho \cdot S_l^3 = \frac{S_E \cdot S_l^2}{S_a} = S_E \cdot S_l^2 \tag{6-8}$$

然而，上面式子中的 S_E 与 S_ρ 都是材料的属性，在现有试验条件的限制下，这个等式是很难满足的，实际建造出的模型的质量往往小于预期的模型质量。因此，为了补足重力效应与惯性效应的不足，可进行人工配重。所需的人工质量应满足：

$$(m_m + m_a)/m_p = S_E \cdot S_l^2 \tag{6-9}$$

式中：m_m——模型质量；

m_a——人工质量；

m_p——原型结构质量。

模型人工配重计算过程如下：

剪力墙结构部分总重：

$$13\times498.4 + 339.2 = 6818.4 \text{ kg}$$

钢框架部分总重为：

$$225 + 210.1 + 202.4 = 637.5 \text{ kg}$$

为使重力效应接近100%，配重后的模型结构总重应达32.07t，超出了振动台限制（模型底座重约 7t），因此应采用欠配重模型算法。在振动台不超载的前提下，尽可能增加配重，配重后的模型质量为 17.62t，则所需配重为：

$$17620 - 7615.7 = 1\times10^4 \text{ kg}$$

按照原型结构的质量比，将配重分配到模型结构中。原型结构钢框架结构与剪力墙结构质量比：

$$\mu = m_{钢}/m_{剪} = 0.084$$

假设分配到钢框架上的质量为 x kg，则分配到剪力墙部分的质量为（10000－x）kg，则有：

$$\frac{637.5 + x}{6818.4 + 10000 - x} = 0.084$$

解得 $x = 715$kg，因此，均匀分配到钢框架上的总配重为 715kg，分配到剪力墙结构上的总配重为 9285kg。

此时，模型结构的密度可用等效质量密度来表示：

$$S_{\bar{\rho}} = \frac{m_{\mathrm{m}} + m_{\mathrm{a}}}{m_{\mathrm{p}} \cdot S_l^3} = \frac{7.62 + 10}{1862} \times 216 = 2$$

由此得出欠配重模型的水平加速度相似比：

$$S_a = \frac{S_E}{S_{\bar{\rho}} \cdot S_l} = \frac{0.62 \times 6}{2} = 1.86$$

相应的，时间相似比：

$$S_t = \sqrt{\frac{S_l}{S_a}} = \sqrt{\frac{1}{6 \times 1.86}} = 0.3$$

6.3.4 振动台试验模型的制作

（1）模型材料设计

1）砂浆设计

原型结构的混凝土为 C13，新建外套结构混凝土为 C30，根据强度相似比，模型的内浇部分选用的砂浆强度等级为 M7.5，外套部分选用的砂浆强度等级为 M15。

2）焊接钢丝网设计

模型中用焊接钢丝网和钢丝来模拟原型结构中的钢筋。强轴方向剪力墙配筋采用 $\phi 0.8@13 \times 13$ 钢丝网，弱轴方向剪力墙采用双层 $\phi 1.9@25 \times 25$ 钢丝网片。原型中旧结构楼板中钢筋数量较少，相应部位的钢筋用单层 $\phi 1.5@25 \times 25$ 焊接钢丝网等效换算替代，网片每隔 150mm 剪断；对于新增结构楼板，由于其配筋较多，采用双层 $\phi 1.5@25 \times 25$ 焊接钢丝网替代。新旧结构之间的拉结筋采用直径为 1.3mm 的镀锌钢丝，沿竖直方向间距 60mm 布置。

（2）强度相似比核算

由于相似比设计时使用的强度相似比为估计值，在测得真实材料性能后，需要对实际强度相似比进行核算，以保证其他试验参数的可靠性。具体的强度相似比计算过程如下：

取出承担主要地震作用的横墙段 Q-1（图 6-33 红框部分）进行模型强度计算，墙宽 800mm，高 483.3mm，厚 13mm，内部铁丝规格为单层 $\phi 0.7@13 \times 13$。计算出模型配筋率为 $\rho_{\mathrm{m}} = 0.46\%$。

模型墙段使用材料参数：

砂浆立方体抗压强度标准值 6.55MPa，铁丝屈服强度平均值 826.02MPa。对应原型该墙段配筋率 ρ_{p} 约为 0.40%。

原型墙段使用材料参数：

C13 混凝土抗压强度标准值 13MPa，HPB235 钢筋屈服强度标准值 235MPa。

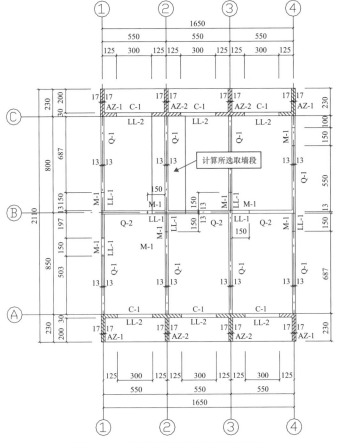

图 6-33　强度相似比计算所选取墙段

为了简化计算，仅针对轴压承载力考虑强度相似比，将铁丝／钢筋面积按强度等效为砂浆／混凝土面积，则：

原型等效面积：

$$A_{\mathrm{p}} = 36A\left(1 + 0.40\% \times \frac{355}{13}\right) = 39.932A$$

模型等效面积：

$$A_{\mathrm{m}} = A\left(1 + 0.46\% \times \frac{826.02}{6.55}\right) = 1.580A$$

则承载力相似比为：

$$S_F = \frac{A_{\mathrm{m}} \times 6.55}{A_{\mathrm{p}} \times 13} = \frac{1.580 \times 6.55}{39.932 \times 13} = 0.019$$

相应的，强度相似比应为：

$$S_\sigma = \frac{S_F}{S_l^2} = 0.019 \times 36 = 0.684$$

考虑到外挂结构的强度相似比较低（约为 0.48），原强度相似比 0.62∶1 在合理取值范围之内，无需进行改动。

（3）整体试验模型

振动台试验的整体模型如图 6-34 所示。

图 6-34　整体模型

6.3.5　隔震增层模型的振动台试验

（1）试验工况设计

振动台试验共分 8 度小震、中震和大震 3 种工况，采用了 El Centro 波、Taft 波、人工波和卧龙波，各地震波的具体情况如下：

1）El Centro 波南北向，为 1940 年美国 Imperial 山谷地震记录，持时 31.18s，南北方向最大加速度 312.4gal。场地土属Ⅱ～Ⅲ类，震级 6.7 级，震中距 11.5km，属于近震，原始记录相当于 8.5 度地震；

2）Taft 波，为 1952 年 7 月 21 日美国 California 地震记录，持时 54.38s，最大加速度：南北方向 152.7gal，东西方向 175.9gal，竖直方向 102.9gal。场地土属Ⅱ～Ⅲ类，震级 6.7 级，震中距 11.5km，属于近震，原始记录相当于 7 级地震；

3）人工波，利用 8 度多遇、基本和罕遇地震Ⅱ类场地（$T_g = 0.40s$）的反应谱，利用三角级数法得到满足要求的地震时程，重新采样放大而成；

4）卧龙波，为 2008 年 5 月 12 日中国四川汶川卧龙地震记录，持时 180s，东西方向最大加速度 958gal，震级 8 级，震中距 19km，属于近震。

振动台试验模型分为增层隔震结构模型和增层非隔震结构两种模型。试验加载工况按照 8 度多遇、8 度基本烈度和 8 度罕遇的顺序分阶段进行。增层隔震结构模型试验工况：

8度多遇地震、8度基本地震和8度罕遇地震。

增层非隔震结构模型试验工况：8度多遇、8度基本烈度和8度罕遇。

上述试验工况均沿模型外套结构加固方向输入地震波，地震波持续时间按近似关系进行压缩。各水准地震下，台面输入加速度峰值均按有关规范的规定及模型试验的相似关系要求进行了调整，以模拟不同水准地震作用。详细试验工况见表6-22。

表6-22 增层隔震加固模型振动台试验工况表

工况	编号	激振水平	地震波	加速度峰值（gal）
增层隔震结构模型				
C1	W2	第一次白噪声		50
C2	ISF8-E	8度多遇地震	El Centro 波	130.2
C3	ISF8-T	8度多遇地震	Taft 波	130.2
C4	ISF8-S	8度多遇地震	人工波	130.2
C5	W2	第二次白噪声		50
增层非隔震结构模型				
C6	W2	第三次白噪声		50
C7	NISF8-E	8度多遇地震	El Centro 波	130.2
C8	NISF8-T	8度多遇地震	Taft 波	130.2
C9	NISF8-S	8度多遇地震	人工波	130.2
C10	W2	第四次白噪声		50
C11	NISB8-E	8度基本地震	El Centro 波	372
C12	NISB8-T	8度基本地震	Taft 波	372
C13	NISB8-S	8度基本地震	人工波	372
C14	W2	第五次白噪声		50
增层隔震结构模型				
C15	W2	第六次白噪声		50
C16	ISS8-E	8度基本地震	El Centro 波	372
C17	ISS8-T	8度基本地震	Taft 波	372
C18	ISS8-S	8度基本地震	人工波	372
C19	W2	第七次白噪声		50
C20	ISB8-E	8度罕遇地震	El Centro 波	744
C21	ISB8-T	8度罕遇地震	Taft 波	744
C22	ISB8-S	8度罕遇地震	人工波	744
C23	W2	第八次白噪声		50

工况	编号	激振水平	地震波	加速度峰值（gal）
增层非隔震结构模型				
C24	W2	第九次白噪声		50
C25	NISS8-E	8度罕遇地震	El Centro 波	744
C26	NISS8-T	8度罕遇地震	Taft 波	744
C27	NISS8-S	8度罕遇地震	人工波	744
C28	W2	第十次白噪声		50
增层隔震结构模型				
C29	IS-WL	隔震卧龙波		900
增层非隔震结构模型				
C30	NIS-WL	非隔震卧龙波		900

表 6-22 中，W2 表示白噪声；ISF8-E（ISolation Frequent 8- El Centro）表示隔震模型 8 度多遇地震工况，地震波为 El Centro 波；ISF8-T（ISolation Frequent 8-Taft）表示隔震模型 8 度多遇地震工况，地震波为 Taft 波；ISF8-S（ISolation Frequent 8-Artificial）表示隔震模型 8 度多遇地震工况，地震波为人工波；NISF8-E（Non-ISolation Frequent 8-El Centro）表示非隔震模型 8 度多遇地震工况，地震波为 El Centro 波，其余同理。ISB8-E（ISolation Basic 8-El Centro）表示隔震模型 8 度基本烈度地震工况，地震波为 El Centro 波，其余同理。ISS8-E（ISolation Scarce 8-El Centro）表示隔震模型 8 度罕遇地震工况，地震波为 El Centro 波，其余同理。IS-WL（ISolation Basic 8-WoLong）表示隔震模型承受卧龙地震波，其余同理。

（2）测点布置

根据项目的要求和研究的内容，试验中采用了加速度传感器、拉线位移传感器、混凝土应变计、钢筋应变计等测量装置。

（3）试验过程描述

1）第一组工况：增层隔震结构模型（C1～C5）

在 8 度多遇地震（峰值加速度 130.2gal）输入下，增层隔震结构模型下部结构响应很小，但隔震层响应相对较大，各工况试验完成后模型表面未发现可见裂纹。本组试验结束后进行了白噪声扫频分析，发现模型自振频率基本没有下降，说明结构处于弹性工作阶段。

2）第二组工况：增层非隔震结构模型（C6～C10）

在 8 度多遇地震（峰值加速度 130.2gal）输入下，增层非隔震结构模型下部结构振动仍然较小，但增层结构响应相对较大，存在明显的鞭梢效应，各工况试验完成后下部结构模型表面未发现可见裂纹。本组试验结束后进行了白噪声扫频分析，发现模型自振频率基本没有下降，结构仍处于弹性阶段。

3）第三组工况：增层非隔震结构模型（C11～C14）

在加速度峰值为 372gal 的地震输入下，增层非隔震结构模型下部结构振动很小，上部钢结构响应较大，存在明显的鞭梢效应，各工况试验完成后结构模型1～7层表面出现一些可见裂纹，窗体出现沿对角线开展的裂纹，加固结构墙板外缘处也出现少量裂纹。本组试验结束后进行了白噪声扫频分析，发现模型自振频率轻微下降，说明结构出现了轻微程度的损伤。

4）第四组工况：增层隔震结构模型（C15～C19）

在加速度峰值为372gal的地震输入下，增层隔震结构模型下部结构振动仍然很小，隔震层上部结构响应逐渐增大，各工况试验完成后结构模型1～7层表面出现一些可见裂纹，窗体出现沿对角线开展的裂纹，加固结构墙板外缘处也出现少量裂纹。本组试验结束后进行了白噪声扫频分析，发现模型自振频率下降，说明结构损伤扩展。

5）第五组工况：增层隔震结构模型（C20～C23）

在8度罕遇地震（峰值加速度744gal）输入下，增层隔震结构模型下部结构振动逐渐明显，上部钢结构振动非常明显，工况试验完成后观察发现原先裂纹均有所开展，内部剪力墙结构层间出现长裂纹，裂纹主要集中在1～7层，从5层开始，层数越高，裂纹越少。本组试验结束后进行了白噪声扫频分析，模型自振频率有明显下降，结构内部损伤加剧。

6）第六组工况：增层非隔震结构模型（C24～C28）

在8度罕遇744gal横向输入下，增层非隔震结构模型下部结构振动逐渐增大，上部钢结构振动剧烈，鞭梢效应明显，工况试验完成后观察发现原先裂纹均有所开展，内部剪力墙结构层间出现长裂纹，裂纹主要集中在1～7层，从5层开始，层数越高，裂纹越少。本组试验结束后进行了白噪声扫频分析，模型自振频率有明显下降，结构内部损伤加剧。

7）第七组工况：增层隔震结构模型（C29）

在900gal输入下，增层隔震结构模型下部结构振动逐渐明显，上部钢结构振动非常明显，原有裂缝继续开展，通过观察录像发现，模型与底座连接处出现明显贯穿裂纹。

8）第八组工况：增层非隔震结构模型（C30）

在900gal输入下，增层非隔震结构模型下部结构振动逐渐明显，上部钢结构振动非常明显，原有裂缝继续开展，通过观察录像发现，模型与底座连接处出现明显贯穿裂纹，裂纹深度较工况C29更为明显。

具体裂纹开展情况如图6-35所示。

 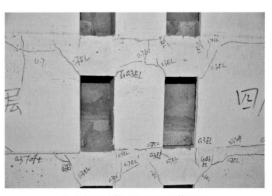

（a）侧面墙体裂纹开展整体情况　　　　　　（b）加固墙体裂纹开展整体情况

图6-35　模型裂纹开展情况

（c）侧面墙体裂纹开展局部图　　　　　　（d）加固墙体裂纹开展局部图

（e）新旧墙体连接处裂纹开展情况　　　　（f）结构上下部裂纹分布密度情况

（g）十四层侧面墙体基本无可见裂纹　　　（h）十层加固墙体基本无可见裂纹

图 6-35　模型裂纹开展情况（续）

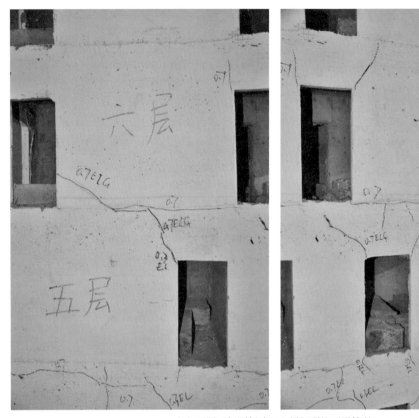

（i）开洞不规则侧墙五六层间裂纹开展情况

（j）开洞规则侧墙五 六层裂纹开展情况

（k）模型与底座出现贯穿裂纹2

图 6-35　模型裂纹开展情况（续）

6.3.6　隔震增层模型的振动台试验结果分析

（1）加速度试验数据分析

试验模型有增层隔震模型和增层非隔震模型，以下内容分别对各模型各输入加速度数据进行了整理和分析。

1）增层非隔震模型

表 6-23 给出了增层非隔震模型在各工况输入下不同测点的加速度峰值，从表中可以

看出，在小震下，二层、三层的加速度响应幅值与基底输入非常接近，但随着输入量级的加大，加速度的放大趋于稳定。

表 6-23　增层非隔震模型试验加速度峰值

工况	试验加速度峰值（单位：gal）						
	基底	二层	三层	五层	七层	八层	九层
NISF8-E	130	147	205	203	186	204	214
NSF8-T	130	141	156	177	186	222	239
NSF8-S	130	132	144	159	161	189	209
NISB8-E	375	346	428	386	387	453	478
NISB8-T	375	411	538	541	484	457	481
NISB8-S	375	394	402	441	440	468	473
NISS8-E	744	818	1149	750	611	588	664
NISS8-T	744	799	779	784	717	801	794
NISS8-S	744	564	794	852	813	814	758

工况	试验加速度峰值（单位：gal）						
	基底	十层	十一层	十三层	十四层	隔震层	十六层
NISF8-E	130	214	239	293	297	521	547
NSF8-T	130	239	274	320	322	744	602
NSF8-S	130	209	240	321	309	534	564
NISB8-E	375	478	523	734	696	1845	1351
NISB8-T	375	481	628	1031	988	2429	1177
NISB8-S	375	473	564	719	710	2152	1062
NISS8-E	744	664	865	1671	1241	2468	1551
NISS8-T	744	794	812	1841	1388	2469	2558
NISS8-S	744	758	785	1046	986	2419	1057

2）增层隔震模型

表 6-24 给出了增层隔震模型在各工况输入下不同测点的加速度峰值，从表中可以看出，在小量级输入下，加速度在二层的幅值小于输入，三层顶部加速度响应与输入很接近。但随着输入量级的加大，加速度的放大趋于稳定，增层钢结构的鞭梢效应非常明显。

表 6-24　增层隔震模型试验加速度峰值

工况	试验加速度峰值（单位：gal）						
	基底	二层	三层	五层	七层	八层	九层
ISF8-E	130	122	166	183	184	203	219
ISF8-T	130	124	150	167	170	193	203
ISF8-S	130	122	133	141	144	172	191

273

工况	试验加速度峰值（单位：gal）						
	基底	二层	三层	五层	七层	八层	九层
ISB8-E	375	350	496	425	410	442	482
ISB8-T	375	429	515	544	465	469	458
ISB8-S	375	247	277	300	326	375	393
ISS8-E	744	658	769	733	563	535	612
ISS8-T	744	843	1026	964	857	834	728
ISS8-S	744	426	485	532	535	587	624

工况	试验加速度峰值（单位：gal）						
	基底	十层	十一层	十三层	十四层	隔震层	十六层
ISF8-E	130	219	247	303	284	513	556
ISF8-T	130	203	232	280	282	567	616
ISF8-S	130	191	214	263	251	468	533
ISB8-E	375	482	555	711	696	1749	1723
ISB8-T	375	458	607	1030	1015	2251	1803
ISB8-S	375	393	445	521	494	1199	621
ISS8-E	744	612	777	1154	1098	2430	2326
ISS8-T	744	728	976	1713	1670	2468	2328
ISS8-S	744	624	724	939	852	1702	699

3）增层隔震模型与增层非隔震模型的加速度响应对比分析

图 6-36 给出了加速度峰值对比图，从图中可以看出：增层隔震模型下部的加速度峰值小于增层非隔震模型；增层隔震模型上部钢框架部分的加速度峰值远小于增层非隔震模型；增层非隔震模型的钢框架部分有明显的鞭梢效应。此外，从图中还可以看出：隔震支座效果在小震下比较明显。试验过程中，增层隔震结构的大震试验在增层非隔震结构的大震试验之前，结构已经出现较大损伤，因此大震时的比较结果仅具有一定参考意义。

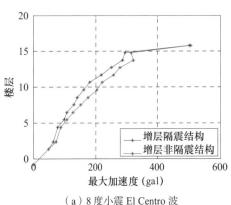

（a）8 度小震 El Centro 波

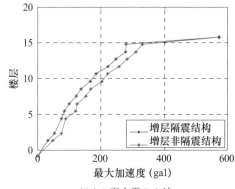

（b）8 度小震 Taft 波

图 6-36 非隔震模型与隔震模型的试验加速度峰值对比

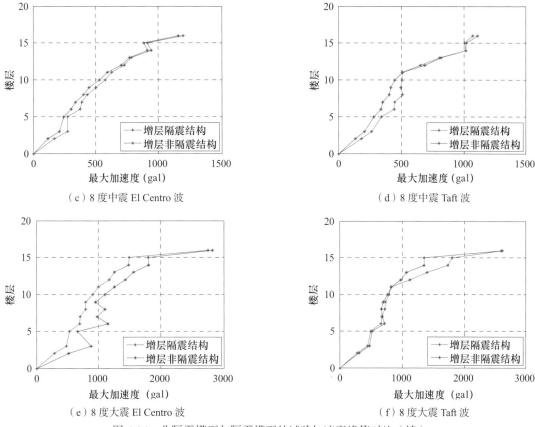

（c）8度中震 El Centro 波

（d）8度中震 Taft 波

（e）8度大震 El Centro 波

（f）8度大震 Taft 波

图 6-36　非隔震模型与隔震模型的试验加速度峰值对比（续）

（2）位移试验数据分析

图 6-37 非隔震模型与隔震模型的试验相对位移峰值对比给出了两个模型在不同工况下位移响应的峰值对比。从图中可以看出，隔震模型的隔震层位移很大，但下部结构的位移响应明显都小于增层非隔震模型，而且随着地震波输入以及加速度的增大，这种效应更显著，隔震支座在结构损伤较大的时候仍能起到作用。

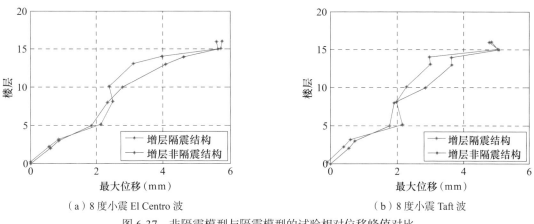

（a）8度小震 El Centro 波

（b）8度小震 Taft 波

图 6-37　非隔震模型与隔震模型的试验相对位移峰值对比

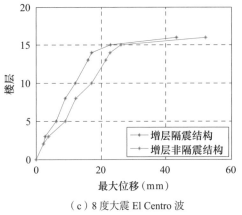

（c）8度大震 El Centro 波

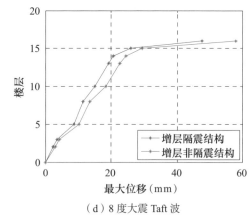

（d）8度大震 Taft 波

图 6-37 非隔震模型与隔震模型的试验相对位移峰值对比（续）

6.3.7 增层隔震试验研究结论

根据动力相似关系设计了北京市前三门地区内浇外挂高层剪力墙结构采用外套结构加固后的增层隔震结构和增层非隔震结构 1/6 缩尺模型，并进行了振动台试验。试验研究结论如下：

1）加速度试验数据的分析表明，增层隔震模型的下部混凝土加固部分的加速度响应小于增层非隔震模型，而且上部框架部分的加速度也远小于增层非隔震模型，在小震作用下尤为明显。

2）大震时，隔震结构的下部位移得到了有效抑制。

以上分析结果说明，隔震体系不但减小了下部结构的加速度响应，也同时削弱了上部增层钢结构的动力响应。

6.4 本章小结

对既有砌体结构和既有混凝土结构进行了外套加固及顶部增层隔震振动台试验，比较了隔震、非隔震结构在不同烈度地震作用下的动力特性和地震响应。研究成果表明：对结构进行外套增层加固改造后，整体抗震性能良好，外套结构和原结构能良好的协同工作。增层隔震体系能够在一定范围内抑制下部结构地震响应，且不会明显放大上部结构地震响应，验证了层间隔震结构设计方法的可行性和可靠性。相关研究为既有结构增层隔震提供了技术支撑。

第七章

外套加固结构沉降控制关键技术研究

7.1　概述

在装配化外套加固方法中，外套预制结构能够与既有结构紧密结合、共同工作对于保证整体结构的抗震性能和安全性至关重要。为避免因外套结构加固造成原结构二次沉降并引起原有砌体墙开裂，考虑在外套结构基础底板下设置桩基础，通过桩基来调整地基刚度。可以在满足承载力前提下，通过对基础差异沉降尽量调平，降低上部结构次内力、降低基础内力、增加基础的安全储备并减少工程造价。

既有建筑结构一般位于建筑密集的老城区，桩基施工存在着施工场地窄小、障碍物多的困难；一般的桩型很难贴近既有建筑结构施工，还存在噪声大、工期长等问题。因此，目前常用的桩型无法满足外套结构加固的工程需求。为满足工业化要求，使装配化外套加固方法成为可能，需研发新型的、可适应狭小空间的、施工速度快的桩型，解决新老结构不均匀沉降难题。

考虑到不均匀沉降控制、装配化和施工便捷性三方面的需求，提出了一种新型的旋转钻进预制复合桩。该桩型由钢桩与注浆体组成，钢桩为焊有叶片的钢质预制桩，采用专用机械旋转钻进方式成桩，之后进行桩端、桩侧后注浆，从而形成一种钢桩与注浆体组成的复合型桩基。钢桩主要由桩尖、一节或数节桩杆组成，桩尖由尖头、注浆孔等组成，桩杆由杆体、叶片、注浆孔、桩帽等组成，杆体为钢质管材，叶片为弧形螺旋状钢质板，每360°投影为一组，可由单组或多组组合而成，叶片与杆体间采用焊接方式组成整体，桩帽为钢质法兰盘。可根据桩长需要，由一节或数节桩体组成，各桩杆之间由连接件（即法兰）连接。该桩基形式具有成桩角度多样化、施工机械化、施工机械小型化、施工方便快捷、工期短、绿色环保等优点。同时，该桩型具有较强的适应性，除含较大坚硬块体的填土外，适用于大部分土体，尤其对地下水水位无任何要求。该桩型的桩身为钢管，桩身上带有钢页盘，通过机械拧入土体，拧入土体后以钢管的空心作为通道进行桩端和桩侧注浆。该桩型由钢桩和注浆体共同工作，属于复合桩型。

本章对该桩型进行了机理分析、试验研究和工程桩试桩的压桩试验，最终予以定型，并研发了专用施工机械，从设计与施工角度解决了装配化外套加固结构沉降控制关键技术难题。

7.2　旋转钻进预制复合桩工作机理

新型的旋转钻进预制复合桩主要由钢管桩身和注浆体组成，具体见图 7-1 和图 7-2。桩身由桩身钢管、桩身连接、页盘、注浆孔、桩顶、桩尖等组成。

该桩型成桩时，首先采用专用机械将带页盘的钢管桩身拧入土体，再通过钢管的空心对桩端及桩侧土体进行注浆，钢管桩身、注浆体和灌注体三者有机结合，形成承载力较高的旋转钻进预制复合桩。

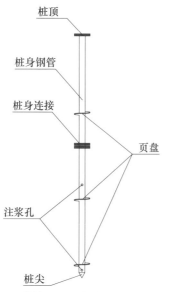

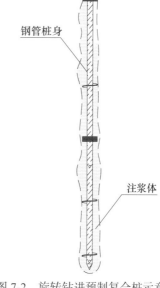

图 7-1　旋转钻进预制复合桩桩身示意图　　　　图 7-2　旋转钻进预制复合桩示意图

旋转钻进预制复合桩的特点如下：

（1）在钢管桩身拧入土体的过程中，桩侧页盘直径范围内的土体被页盘反复扰动，土体结构破坏，形成管状松散土体，成为后续注浆工序的浆液通道。

（2）钢管桩身采用拧进方式成桩，成桩后基本没有弃土（见图 7-3），桩身的拧入将对桩侧土产生挤土效应，页盘直径范围外侧的土体会被挤密。

图 7-3　桩顶弃土示意图

（3）桩端后注浆时，桩端土被挤密，土体孔隙被浆液填充，浆液进入桩侧受扰动的松散土体，形成管状注浆体，实现了对土体的加固。

（4）注浆后，钢桩内充满浆液，形成灌注体，在凝结达到强度后，可明显增加钢桩的竖向承载力和刚度。

7.3 旋转钻进预制复合桩试验研究

7.3.1 试验设计

为研究旋转钻进预制复合桩的成桩工艺和承载能力，完成了旋转钻进预制复合桩试验。各试验所处场地的典型地质情况详见表 7-1。

完成了 12 根试验桩的成桩及压桩试验。试验桩的钢管桩身见图 7-4，现场施工图如图 7-5、图 7-6 所示。各试验桩参数见表 7-2。为考察注浆工艺的效果，对注浆和不注浆两种情况进行试验研究。P1～P11 在钢管桩身拧入土体后先不进行注浆即进行压桩试验，在压桩试验后，进行后注浆，并继续进行注浆后的压桩试验。为进行对比，P12 只进行注浆后的压桩试验。

表 7-1 所处场地的典型地质情况表

劲松地区		管庄地区		东坝高杨树地区	
岩土名称	孔深（m）	岩土名称	孔深（m）	岩土名称	孔深（m）
素填土	2.1	杂填土	2.3	杂填土	1.2
砂质粉土黏质粉土	3.9	砂质粉土黏质粉土	4.8	砂质粉土黏质粉土	2.5
粉质黏土	5.2	粉质黏土	5.8	粉细砂	4.0
砂质粉土黏质粉土	6.4	砂质粉土黏质粉土	6.3	粉细砂	6.5
粉质黏土	7.9	粉质黏土	14.7	砂质粉土黏质粉土	8.0
砂质粉土黏质粉土	9.2	粉质黏土	16.9	粉细砂	11.5
		细砂、中砂	18.3	粉质黏土	13.0
细砂	10.0（27.96）	卵石	20.0（29.90）	粉细砂	20.0（30.15）

图 7-4 旋转钻进预制复合桩钢管桩身

图 7-5 钢管桩身拧进施工

图 7-6 试验桩压桩试验

表 7-2 试验桩参数一览表

桩数（根）	桩编号	管径（mm）	页盘外径（mm）	桩长（m）
2	P1、P2	108	250	8.0
2	P3、P4	108	300	8.0
2	P5、P6	108	400	8.0
3	P7、P8、P9	159	300	9.0
3	P10、P11、P12	159	400	P10 8.0；P11 9.0；P12 9.0

7.3.2 试验结果

各试验桩在注浆前后压桩试验 *Q-s* 关系曲线具体详图 7-7～图 7-11。

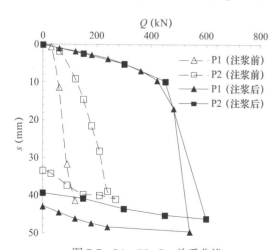

图 7-7 P1、P2 *Q-s* 关系曲线

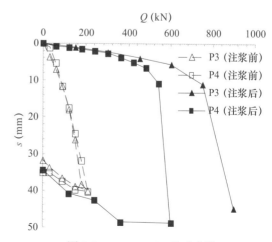

图 7-8 P3、P4 *Q-s* 关系曲线

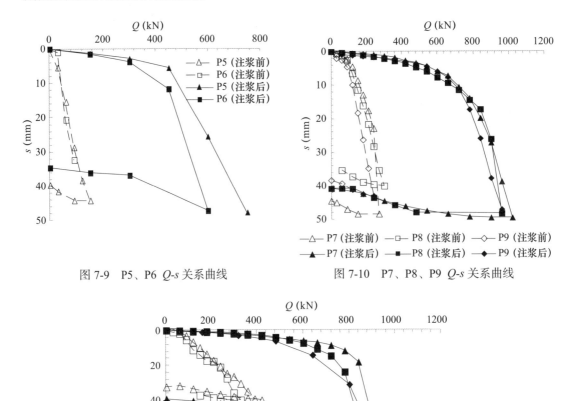

图 7-9　P5、P6 *Q-s* 关系曲线　　　　　图 7-10　P7、P8、P9 *Q-s* 关系曲线

图 7-11　P10、P11、P12 *Q-s* 关系曲线

由各压桩试验 *Q-s* 关系曲线图可见：

1）注浆前钢桩本身的承载力较低，原因是未注浆时，桩侧土被扰动而导致强度降低；

2）注浆后的旋转钻进预制复合桩承载力增加了 2～4 倍；因此，为充分发挥该桩型的优点，需要配合以注浆工艺；

3）注浆后的旋转钻进预制复合桩 *Q-s* 关系曲线为缓变型，受力良好；

4）对不同直径钢桩的试验结果进行对比可知，该桩型承载力与桩身钢管管径和页盘直径呈正相关关系。

以 P10、P11、P12 桩为例，进行单桩极限承载力标准值试验值与计算值的比较分析，以期对旋转钻进预制复合桩承载力计算公式的应用获得相关经验。

根据图 7-12 和桩基承载力计算方法，P10～P12 单桩竖向极限承载力标准值如下：840kN、780kN、800kN，其平均值为 806.7kN，级差为 60kN，可知级差为平均值的 7.4%，满足规范中关于承载力取值要求。因此该地质条件下，管径 159mm、页盘外径 400mm 的旋转钻进预制复合桩单桩竖向极限承载力标准值可取为 806.7kN。

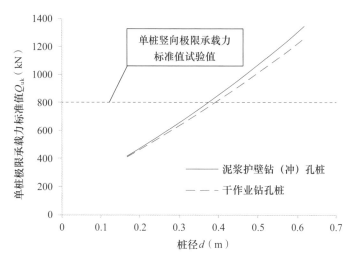

图 7-12　单桩极限承载力标准值试验值与计算值关系图

　　根据规范，分别按泥浆护壁钻（冲）孔桩和干作业钻孔桩两种施工工艺，对极限侧阻力标准值 q_{sik} 和极限端阻力标准值 q_{pk} 按地勘报告进行取值。同时，根据不同桩径（0.2～0.7m）进行单桩极限承载力标准值的计算，计算结果见图 7-12。由图 7-12 可知，泥浆护壁钻（冲）孔桩和干作业钻孔桩两种施工工艺单桩极限承载力标准值 Q_{uk} 与试验值 806.7kN 相对应的桩径分别为 0.465m 和 0.49m，约为页盘外径的 1.2 倍。根据上述试验结果可知：

　　1）旋转钻进预制复合桩具有相对较高的承载力。

　　2）在本试验场地及桩径的条件下，等效桩径按页盘外径 1.2 倍取值时的计算结果与试验值基本相同。

7.4　旋转钻进预制复合桩设计方法

7.4.1　破坏形式分析

　　下面结合基桩受压可能出现的破坏形式，对旋转钻进预制复合桩的破坏机制及构造进行分析：

　　（1）桩顶竖向变形超过允许值

　　竖向力作用下，由于桩身轴向压缩量与桩端土体压缩量之和超过了规范规定的限值，即发生桩受压破坏。需通过桩承载力验算来避免该破坏模式发生。

　　（2）桩截面受压破坏

　　桩截面受压承载力不足时，将出现桩身受压破坏。需通过桩身受压承载力验算来避免该破坏模式发生。

（3）桩受压失稳

由于桩长细比过大或注浆后的土体对桩身的侧向约束不足，桩出现受压失稳，表现为受压时桩顶或桩中部出现较大水平变形而丧失竖向承载力。工程实践中，桩身处于土体内，一般不会出现压屈失稳问题；且由于旋转钻进预制复合桩身周边的土体经过注浆加固，一般可避免该破坏形式的发生。

（4）桩身钢管局部失稳破坏

如桩身钢管的径厚比过大，则可能发生钢管局部失稳。由于实际工程中用到的钢桩壁厚与直径之比均较大，且桩身钢管内填充了灌注体，因此一般可避免该破坏模式的发生。

（5）页盘破坏

如页盘厚度过小、外伸长度与厚度之比过大或注浆不饱满，桩受压时可能出现页盘根部切断、页盘弯折等破坏。需采取控制页盘最小厚度、保证页盘与桩身钢管的等强焊接、控制页盘外伸长度与厚度比的最大限值、控制最小注浆压力等措施，以避免该破坏形式的发生。

7.4.2 定型设计研究

旋转钻进预制复合桩在成桩时需要通过专用机械对桩顶施加扭矩将桩身拧入土体，页盘直径越大，所需扭矩越大，该桩型可提供的桩承载力也越高。受目前所研发的专用机械所提供的扭矩限制，页盘直径不能超过400mm，桩端持力层应为黏性土层或砂层，单桩竖向极限承载力标准值均不超过1000kN。从上述条件出发，针对北京地区多层砌体房屋外套结构加固方法，结合桩破坏方式及耐久性等因素进行桩基构造研究，确定旋转钻进预制复合桩的规格。

（1）桩承载力需求分析

由于北京地区1980年以前建造的多层砌体住宅的层数均为六层或六层以下，因此在采用外套方式加固时，外扩尺寸均不超过2.0m。根据上文所述的旋转钻进预制复合桩试验结果，需要在外套结构基础位置沿房屋纵向布置旋转钻进预制复合桩，桩间距约1.5m，房屋每侧的每开间布置两根旋转钻进预制复合桩，单桩竖向承载力需求不超过420kN。原砌体房屋为六层、外扩尺寸为2.0m时，单桩竖向承载力需求为350~420kN。

（2）桩身钢管直径与壁厚的确定

桩身钢管直径和壁厚受施工抗扭要求、桩身承载力要求、耐久性要求等因素共同决定。

旋转钻进预制复合桩位于地面以下，后注浆可对钢管内壁形成有效防护，使钢管内壁同外界隔绝；后注浆对外壁不能形成有效防护，需要考虑钢管外壁的腐蚀问题。根据《建筑桩基技术规范》JGJ 94—2008，在几种地下水位的最为不利情况下，钢桩外表面的腐蚀率为0.05mm/年。北京地区1980年以前建成的既有住宅加固设计后续使用年限为30年，因此，钢桩总腐蚀量为1.5mm。

根据上文所述的旋转钻进预制复合桩试验，选取P159×8的钢管作为桩身。根据下列公式计算桩身抗压承载力：

$$N_e = \varphi(f_{yp}A_p + f_cA_c) \qquad (7-1)$$

式中：N_e——桩身抗压承载力设计值；

φ——桩身受压的稳定系数；

f_{yp}——钢管的钢材受压屈服强度设计值；

A_p——钢管截面积；

f_c——注浆体的抗压强度设计值；

A_c——注浆体的截面积。

由于采用后注浆技术对桩侧土体进行了加固，因此一般不存在失稳问题；对桩身采用截面 P159×8 钢管的旋转钻进预制复合桩，偏保守地取 $\varphi = 0.9$；考虑钢桩腐蚀问题引起壁厚减薄 1.5mm，旋转钻进预制复合桩桩身承载力计算时钢管壁厚取为 6.5mm。

经计算，该截面中灌注注浆材料（强度等级 C50）后，桩身正截面受压承载力为 995kN，可满足砌体房屋外套结构加固的需求。

（3）页盘构造

根据上文的旋转钻进预制复合桩试验及施工钻进的需求，确定页盘直径为 0.4m，间距约 3m，页盘根部与钢管等强焊接，页盘的倾斜角度根据土层情况确定。

（4）注浆要求

为对桩顶和桩侧土体进行有效加固，需要控制单桩的最小注浆量和最小注浆压力；根据旋转钻进预制复合桩试验结果，每根桩的注浆量不应小于 3.0m³，且注浆时的注浆压力应为 2.0～4.0MPa。

7.4.3 竖向承载力和沉降计算

（1）竖向承载力计算

根据现有对旋转钻进预制复合桩受力机理的认识，参考规范中相关桩基承载力计算公式，提出采用等效直径的方法计算其单桩竖向极限承载力标准值，其计算公式如下：

$$Q_{uk} = u_e \sum_{i=1}^{n} q_{sik} l_i + q_{pk} A_p \tag{7-2}$$

式中：u_e——等效周长（m），$u_e = \pi d_e$，d_e 为等效直径（m）；

n——桩侧土层数；

q_{sik}——桩侧土层极限侧阻力标准值（kPa）；

l_i——桩侧土层厚度（m）；

q_{pk}——桩端土层极限端阻力标准值（kPa）；

A_p——桩端截面积（m²）。

上式中，等效直径 d_e 需根据相关试验、地质条件等确定，一般可取为页盘的直径；对于桩身钢管为 P159×8 的桩型，桩身页盘直径为 400mm，略保守地将等效直径 d_e 取为 400mm。极限侧阻力标准值 q_{sik}、端阻力标准值 q_{pk} 可结合地层资料等，根据常规桩基规范中泥浆护壁钻（冲）孔桩或干作业钻孔桩施工工艺来确定取值。

（2）沉降计算

旋转钻进预制复合桩沉降计算可采用《建筑桩基技术规范》JGJ 94—2008 中的桩沉降计算公式（5.5.14-1）～（5.5.14-5）。桩周长和桩身截面面积计算时采用等效直径 d_e，桩身压缩系数按摩擦型桩计算，沉降计算经验系数可取 1.0。

7.4.4 试验验证

为对旋转钻进预制复合桩的构造与计算方法进行验证，完成了北京地区不同区域的19根工程桩的试桩静载试验。表7-3所示为这些试验桩的基本情况。

表7-3 试验桩情况一览表

区域	试验桩数（根）	桩编号	页盘外径（mm）	桩长（m）	桩径（mm）	壁厚（mm）	桩端地层（mm）
东坝高杨树地区	3	S1～S3	400	8	159	8	④层粉细砂
管庄地区	7	S4～S10	400	10.5	159	8	④层粉质黏土
劲松地区	9	S11～S19	400	7	159	8	③层细沙、粉砂

压桩试验得到的 Q-s 关系曲线如图7-13～图7-18所示。

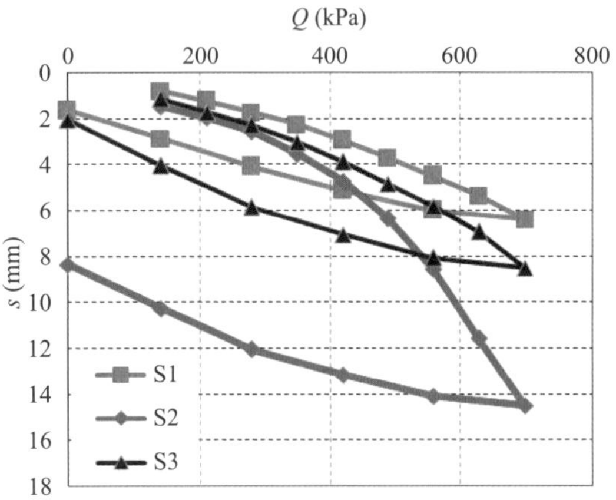

图7-13 S1～S3 Q-s 关系曲线

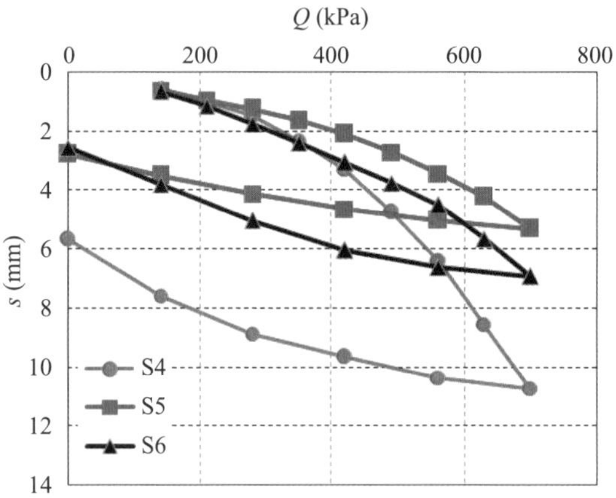

图7-14 S4～S6 Q-s 关系曲线

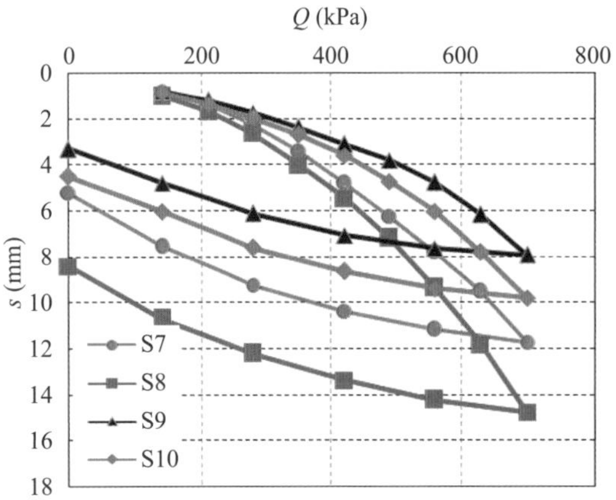

图7-15 S7～S10 Q-s 关系曲线

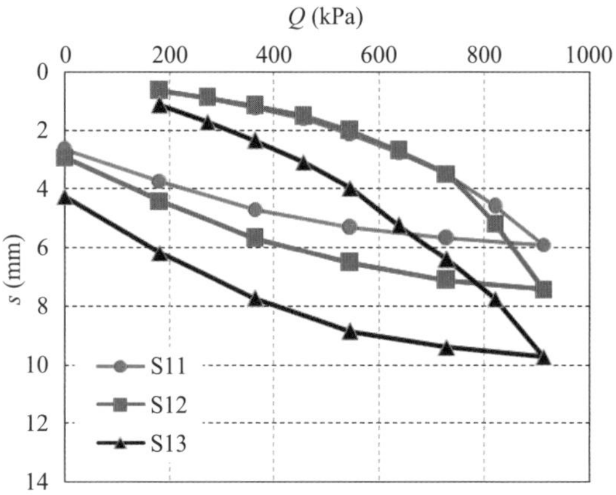

图7-16 S11～S13 Q-s 关系曲线

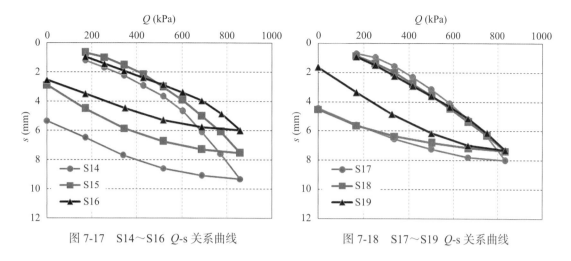

图 7-17　S14～S16 Q-s 关系曲线　　　　图 7-18　S17～S19 Q-s 关系曲线

根据地勘报告和文中所述的沉降计算方法，这些试桩计算得到的单桩竖向极限承载力标准值为 700～910kN，沉降变形计算值为 3.26～5.78mm。图 7-19 所示为各桩沉降计算值与实测值的对比。

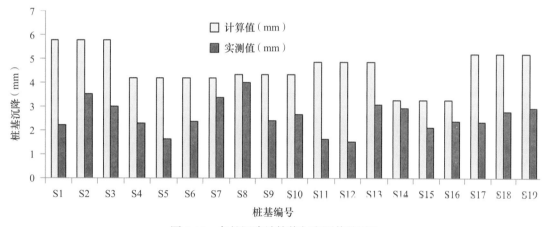

图 7-19　各桩沉降计算值与实测值的对比

根据试验桩压桩结果的分析，可得到如下结论：

1）静压荷载达到单桩竖向极限承载力特征值时，各旋转钻进预制复合桩的桩顶沉降量实测得到的最大值为 4mm，桩轴向刚度均大于 100kN/mm，可满足砌体住宅装配化外套加固方法对桩的沉降需求。

2）对于桩身钢管为 P159×8 的定型旋转钻进预制复合桩，压桩试验得到的桩承载力标准值均大于按文中所述方法计算得到的数值，压桩试验得到的桩沉降量均小于按文中所述方法计算得到的数值；文中所述的桩承载力和沉降计算方法可作为 P159×8 定型旋转钻进预制复合桩工程桩试桩的承载力与沉降计算公式。

7.5 专用施工机械开发及应用

　　根据旋转钻进预制复合桩桩型的设计和施工要求，研制组装的配套专用施工机械样机见图7-20，包括钢桩旋转钻进机车、后注浆环保车等，能较好地完成钢桩钻进、后注浆施工等。该专用施工机械由挖掘机械改装而成，主要由机车、机械臂、减速机等构件组成。施工过程中，由液压产生的动力传输到减速机上，并由减速机将动力转换为扭矩，从而达到旋转钻进钢桩的目的。在旋转钻进预制复合桩试验成果及施工机械研制成功后，成功应用于一老旧砌体住宅抗震加固试点工程。该工程位于老城区，道路狭窄，施工空间十分狭小，大型机械无法进入，采用专用施工机械可以在狭小的空间内施工，每根桩施工时间不足30min，且立即具有一定承载能力，大大缩短了桩基础的施工周期。在该工程施工中充分体现了本桩型及施工机械的特点，施工非常成功，该施工机械应用情况详见图7-21～图7-23。

图 7-20　专用施工机械　　　　　　　　　图 7-21　施工机械应用 1

图 7-22　施工机械应用 2　　　　　　　　图 7-23　施工机械应用 3

7.6 本章小结

通过对旋转钻进预制复合桩的成桩机理分析、试验研究及设计方法研究，可得出如下结论：

1）工程桩试桩的成果表明该桩型具有承载力较高、施工便捷、施工速度快、环境污染少等优点。

2）注浆后钢桩极限承载力有显著提高，约为注浆前极限承载力的3～5倍；因此，为提高桩承载力，需要采用后注浆施工工艺。

3）该桩型可与装配化外套加固方法相配合，满足工业化要求；同时可有效控制外套结构沉降，解决新老结构不均匀沉降难题。

4）研制的专用施工机械可以在老旧小区等狭小的空间内施工，每根桩施工时间不足30min，且立即具有一定承载能力，大大缩短了桩基础的施工周期。

第八章

外套加固结构专用设计软件

8.1 概述

砌体结构与混凝土结构装配化外套加固计算原理类似，但前者包含的结构材料种类更多，计算更为复杂。砌体结构装配化外套加固的设计过程至少涉及两种结构材料（砌体和混凝土），另外还需要独特的施工过程模拟才能得到恒载作用下较准确的构件内力，这是由于砌体材料和混凝土材料之间刚度相差过大（不同于多高层结构的施工模拟）。根据试算分析，如果不采用施工模拟，恒载作用下砌体墙会产生很大的剪切变形，明显与实际情况不符，导致恒载内力失真，因此施工模拟是砌体外套加固分析的必要环节。目前国产软件尚不具备此项功能，而 MIDAS 和 SAP2000 等通用有限元软件应用起来过于繁琐，需要手工干预分析过程，且不能直接得到外套结构的配筋结果。除此之外，双层剪力墙（一层砌体一层混凝土）的计算分析目前也无软件能直接支持。北京市建筑设计研究院根据上述砌体加固的具体要求，基于自主核心的有限元软件，开发了专用分析设计软件 Fecis-RM，可完整解决现有软件的应用限制，满足砌体加固的设计需要[123]。

8.2 既有砌体装配化外套加固设计难点

以一个砌体外套加固实际工程为例对模型的输入过程、计算原理及结果查看等方面进行简要介绍，以帮助用户快速建立砌体加固模型并用于实际工程设计。

该实例结构共 6 层，层高均为 2900mm，加固前砌体外墙厚 360mm，内墙厚 160mm；加固时外贴混凝土纵墙厚 140mm，横墙厚 160mm，强度等级均为 C30。加固前后的平面布置分别如图 8-1、图 8-2 所示（由于结构左右对称，图中取左半边结构）。

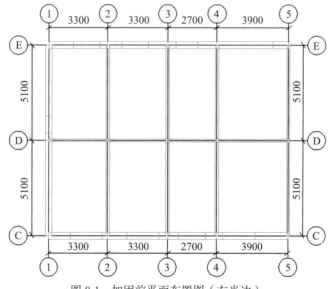

图 8-1　加固前平面布置图（左半边）

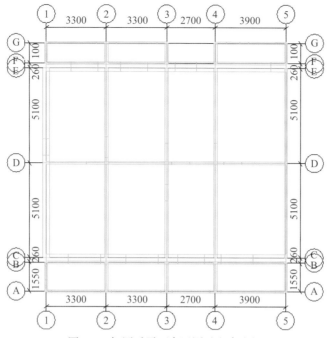

图 8-2　加固后平面布置图（左半边）

Fecis-RM 综合考虑了 PKPM、SAP2000 和 MIDAS 等结构设计软件的优点，建模速度快，通过建立轴网—定义构件特性—建立构件—剪力墙开洞—施加荷载—镜像结构—复制结构的步骤来进行操作。外套结构建立完毕并施加荷载的视图如图 8-3 所示。

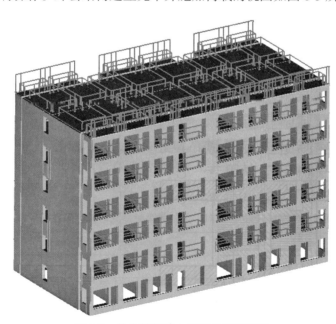

图 8-3　外套结构建立完毕的模型视图

与一般结构模型相比，既有砌体结构装配化外套加固模型还需解决以下问题：1）既有外纵墙与外贴墙片之间的处理不仅需要考虑二者之间的共同工作，还需要得到外贴混凝土墙片的准确配筋信息；2）建模过程应准确反映施工建造过程，即应考虑装配化施工过程模拟，才能得到更为准确的内力；3）结构内力调整等。

8.2.1 既有结构与外套结构连接关系

施工过程中，原砌体结构与外套结构之间的连接是弹性的。为建立弹性连接，可选择"模型—连接—弹性连接"菜单项，弹出如图 8-4 所示对话框，本例题中连接刚度可只填写轴向刚度，大小为 25000kN/m，然后单击"拾取"按钮，依次拾取要建立弹性接连的两个结点，即可完成弹性连接的布置，本例弹性连接可建立在各片相关剪力墙的角点处，完成后如图 8-5 所示。

图 8-4   "弹性连接布置"对话框

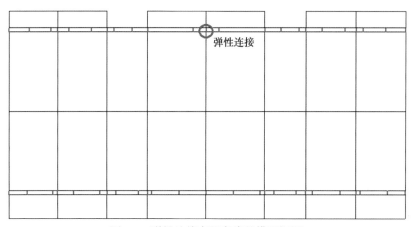

图 8-5   弹性连接布置完毕的模型视图

294

上述弹性连接只在施工阶段起作用，外套结构建成后，原纵墙与外贴墙之间进行灌浆连接，以共同抵抗地震作用。为此，需要采用刚性杆来连接内墙与外墙，选择"模型—杆件—杆件布置"菜单项，选择前面定义过的刚性杆材料，并选择截面 R100×100，布置到砌体外墙和外套混凝土内墙之间的网格线上即可，图 8-6、图 8-7 分别为刚性杆的布置位置及完成后的整体模型。

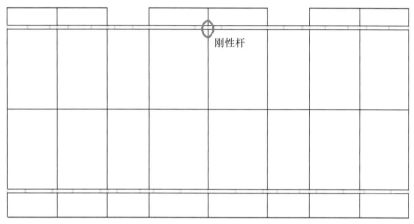

图 8-6　刚性杆布置位置

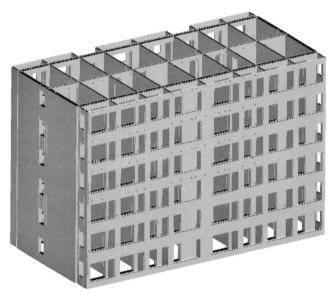

图 8-7　完成后的整体模型

8.2.2　装配化外套施工过程模拟

塔号、层号和施工号是多高层结构的三个重要编号。由于本例题只有一个塔，而默认塔号为 1，所以不需要进行塔号设定，下面将重点介绍层号的设定方法。

对于层号的概念，Fecis-RM 当前版本认为层号只需设定到结点上，则网格线、杆件和墙板的层号全部得以确定。另外对于层号还有一个重要概念——"层顶结点"和"层间结点"的区别，层顶结点的位移将用于层间位移角的统计等计算，而层间结点则不参与这些计算，这需要在设定层号时特别加以区分。

对于规则的层结构模型，一般可以使用定义层高的方式来设定结点层号。本例题完全符合这一要求（层高为 2900mm，共六层）。选择"模型—层号设定—定义层高"菜单项，弹出"层高设定"对话框如图 8-8 所示。

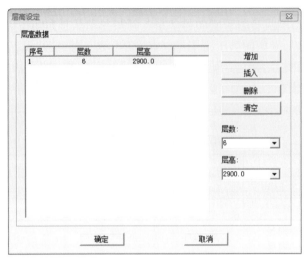

图 8-8　"层高设定"对话框

在对话框中输入层高 2900mm 以及层数 6，单击"增加"按钮完成层高定义，并单击"确定"按钮关闭该对话框。选择"模型—层号设定—结点层号设定"菜单项，弹出"结点层号设定"对话框如图 8-9 所示，单击对话框中的"按层高数据自动分层"按钮，并切换到立面视图，同时隐藏构件显示（即仅显示结点和网格线），则显示的结点层号应如图 8-10 所示。

图 8-9　"结点层号设定"对话框

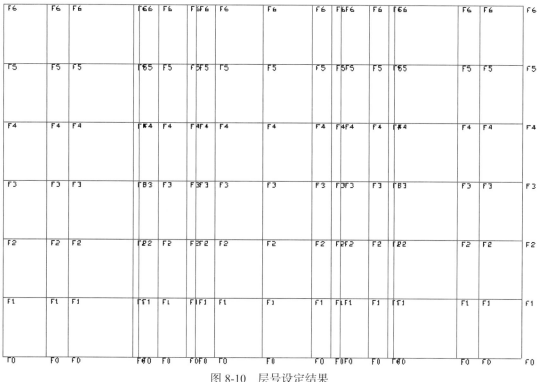

图 8-10　层号设定结果

注意到层号除 F1～F6 以外，图形窗口还显示层号 F0，这是因为 Fecis-RM 把最底层结点设为 0 层。

除按层高定义结点层号以外，Fecis-RM 还提供按 Z 坐标自动分层功能，该功能自动分析结构所有结点的 Z 坐标，并依次排列为 1～n 层，适用于没有层间结点的简单结构。另外用户也可以在对话框中指定层号后单击"拾取结点按水平面分层"按钮，用鼠标拾取一个结点，则与此结点 Z 坐标相同的结点全部设为该指定层号。

如上述快速设定功能仍不能满足需求，用户也可以指定层号后单击"拾取"按钮，以实现结点层号的逐一设定；或者在构造合适的结点选择集后单击"应用"按钮将指定层号应用到该选择集，当结构顶部不水平时（例如坡屋面），这种方法仍然适用。

下面介绍施工顺序的设定方法。Fecis-RM 提供 2 种设定施工顺序的方法，一是按层施工，二是自定义施工顺序。点击"模型—施工顺序—按层施工"菜单项，弹出如图 8-11 所示"按层施工设定"对话框，该对话框可指定每层的施工顺序，即可按自然层逐层施工，也可以多层一起施工，可满足绝大部分多高层结构施工模拟的需要。

由于砌体加固模型的施工模拟与普通多高层不同，其过程可总结为先建老旧结构，后建外套结构，最后再进行灌浆连接。为此，必须使用按构件定义施工过程的方法进行输入，单击"模型—施工顺序—施工顺序设定"菜单项，弹出如图 8-12 所示"施工号设定"对话框。该功能不依赖于层，可以任意选定处于同一个施工阶段中的构件，并在指定施工号中填入适当的施工号，点击"应用"按钮，即可完成本施工阶段的构件设定。

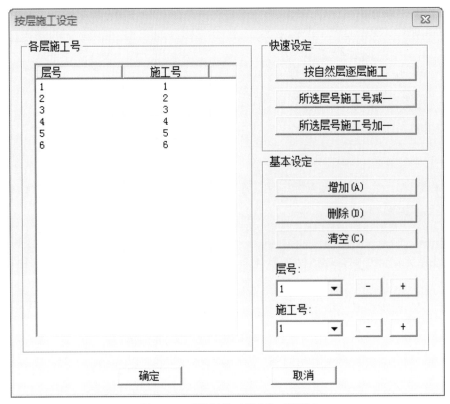

图 8-11 "按层施工设定"对话框

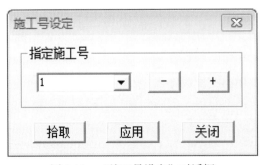

图 8-12 "施工号设定"对话框

　　本例题将该结构设为 8 个施工阶段：原结构为第一阶段，外套第一层及相应弹性连接为第二阶段，外套第二层及相应弹性连接为第三阶段，其余依此类推，直到外套第六层及相应弹性连接为第七阶段，最后是刚性杆为第八阶段。可按此顺序来选定相应构件并设定正确的施工号。

　　施工号设定完毕，还可以通过施工顺序检查来查看施工顺序定义是否符合预期，以保证施工阶段分析的准确。选择"模型—施工阶段—施工顺序检查"菜单项，弹出如图 8-13 所示对话框，可以查看各个施工阶段的构件。同时程序还提供动画播放的方式，可以使用户更形象更直观地查看结构的施工过程。查看本结构第五个施工阶段的模型视图如图 8-14 所示。

298

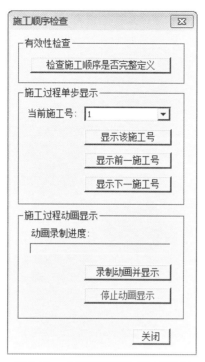

图 8-13 "施工顺序检查"对话框

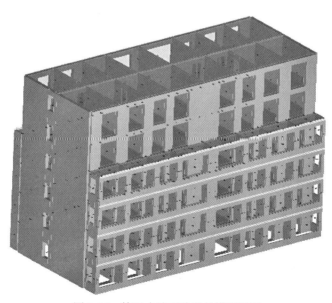

图 8-14 第五个施工阶段的模型视图

8.2.3 特殊构件定义

根据计算需要，Fecis-RM 需要用户指定哪些构件属于原砌体结构，哪些构件属于新建外套结构。这一点是通过指定墙板的特殊属性实现的，其中墙体的属性分为四种：原有纵墙、原有横墙、外加纵墙和外加横墙；楼板分为两种：原有楼板和外加楼板。此处剪力墙的特殊属性不仅用于施工模拟的计算还用于地震作用的调整，这是因为《北京地区既有建筑外套加固技术导则》规定：纵墙方向原砌体外墙与外贴墙形成的组合外墙应能承担全部纵向地震作用。Fecis-RM 软件需要这些属性信息对外纵墙进行相应的地震力调整。

墙板特殊属性的指定命令位于"模型—墙板—墙板特殊属性"菜单项，单击该菜单项，弹出"墙板特殊属性"对话框如图 8-15 所示。

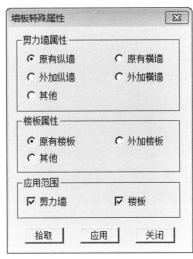

图 8-15　"墙板特殊属性"对话框

在对话框中指定需要设定的特殊属性后，可以单击"拾取"按钮并用鼠标逐一在图形窗口拾取要设定的目标墙板，或者使用选择集构造工具将目标墙板放入选择集后单击"应用"按钮进行批量设定。设定完毕后，为确保特殊属性设定成功，可使用"查询—墙板信息—特殊属性"命令对其进行查询，为清晰起见，建议定义层信息以后进行分层查询。图 8-16 所示为本范例首层楼板和剪力墙特殊属性的查询结果，从图形窗口可以清楚地看到原有楼板和外加楼板的分布；同理，对于剪力墙的特殊属性也可用同样的方式进行设定和查询。

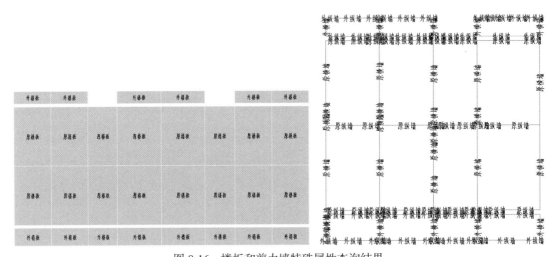

图 8-16　楼板和剪力墙特殊属性查询结果

8.2.4 结构设计方法

Fecis-RM 针对砌体加固的具体需求进行了专门开发，主要包括恒载的施工模拟计算、砌体加固独有的工况组合、砌体加固独有的内力调整以及相关构件的配筋和验算[123]。

首先是恒载计算问题，分析表明，砌体加固的恒载计算不同于通常多高层的逐层施工概念，一般情况下，应按照先老旧结构，再外套结构，最后再进行连接的方式进行施工模拟计算。根据实际需要，用户也可灵活采用其他施工过程进行计算，例如可对外套结构逐层施工逐层连接的方式，如果用户需要查看外套结构的沉降对老旧结构的影响，也可采用在外套结构下施加弹性支座的方式进行建模，对此 Fecis-RM 均提供了完整的支持，具体的建模方法可参考前面的相关介绍，计算过程则完全依照标准的施工模拟算法进行，即对于某一施工阶段，重新生成结构刚度，该阶段激活的构件产生相应的恒荷载作用，其余构件则无荷载作用，计算得到的位移和内力叠加到前一施工阶段中去，并不断循环直至施工过程结束。

其次是双层剪力墙的模拟，Fecis-RM 当前版本采用刚性杆表达砌体墙和外套混凝土墙的连接，数值试验表明，该方法对地震作用的模拟是较为准确的。

最后是砌体加固的工况组合问题，根据《北京地区既有建筑外套加固技术导则》，Fecis-RM 软件自动生成如表 8-1 所示工况组合。

表 8-1　砌体加固工况组合

序号	恒载 DL	活载 LL	水平地震 EX	水平地震 EY
1	1.35	0.98		
2	1.20	1.40		
3	1.00	1.40		
4	1.20	0.60	±1.30	
5	1.00	0.50	±1.30	
6	1.20	0.60		±1.30
7	1.00	0.50		±1.30

按照静力计算和反应谱计算得到构件标准内力后，Fecis-RM 根据《北京地区既有建筑外套加固技术导则》的规定对构件内力进行调整得到相应的设计内力，并进一步对砌体结构和混凝土结构进行了相关验算和配筋计算。其中砌体结构的抗压和抗剪验算主要依据现行《建筑抗震设计规范》GB 50011 和现行《砌体结构设计规范》GB 50003；混凝土结构的配筋计算主要依据现行《混凝土结构设计规范》GB 50010。

计算参数的设定是进行计算前的最后一个步骤，这里集成了对结构模型及计算过程进行控制的各种参数，为方便用户使用，这些参数均有默认值。由于用户对大部分参数的含义都比较熟悉，这里仅简要介绍。选择"分析—分析参数"菜单项，弹出"分析参数设定"对话框，如图 8-17 所示。

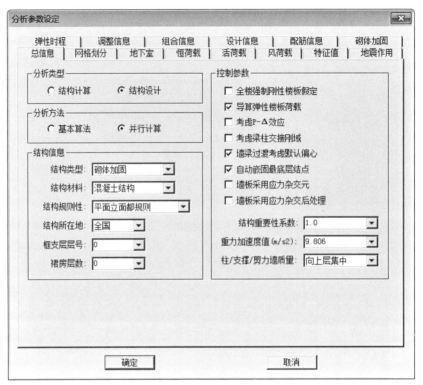

图 8-17   "分析参数设定"对话框

对于砌体加固模型，调整信息需要引起特别注意。选择"调整信息"选项卡，弹出如图 8-18 所示属性页。由于砌体加固后的设计使用年限一般为 30 年，根据可靠度理论分析，这里应填入 0.75 的系数对地震作用进行折减。同时用户也可以指定连梁刚度折减系数，该系数将影响整个结构的刚度和周期，并对连梁的内力和设计结果有直接的影响，一般情况下，用户可在 0.4～0.6 范围内取值，本例题采用连梁刚度折减系数为 0.6。另外中梁刚度放大系数在这里不使用，保持其默认值 1.0 即可。

《北京地区既有建筑外套加固技术导则》中规定构件承载力设计值应按体系影响系数和局部影响系数进行调整，该参数可在砌体加固属性页中进行指定，选择"砌体加固"选项卡，属性页如图 8-19 所示。

在图 8-19 属性页中，可填写体系影响系数和局部影响系数，这两个参数均为全局参数，所有在设计中使用这两个参数的构件都会被影响，但有一种例外情况：某构件单独设定了影响系数时则以该构件单独系数为准。另外，砌体加固属性页中还含有横墙间距以及地震力调整参数，其中横墙间距用于原砌体墙的抗压验算，按实际情况进行输入即可，内力调整参数是砌体加固比较重要的参数，根据《北京地区既有建筑外套加固技术导则》的规定，外纵墙应能承担全部纵向地震作用，因此默认状态下外纵墙地震力比例为 1.0，表示完全按照导则规定进行地震力调整。如果用户认为内纵墙也应承担一定比例地震力，例如内纵墙为配筋混凝土的情况，也可根据需要灵活掌握。

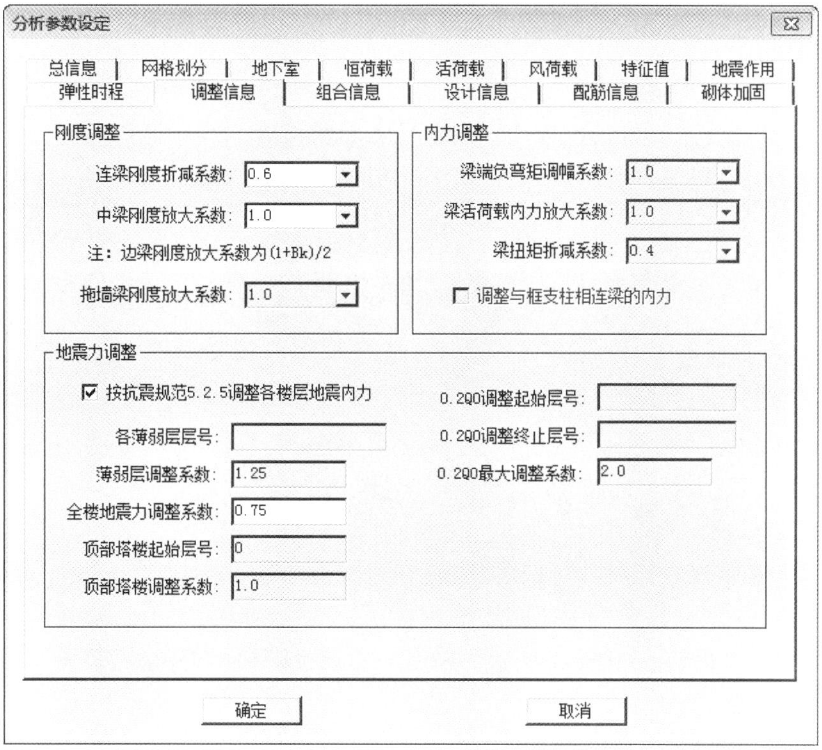

图 8-18 “调整信息”属性页

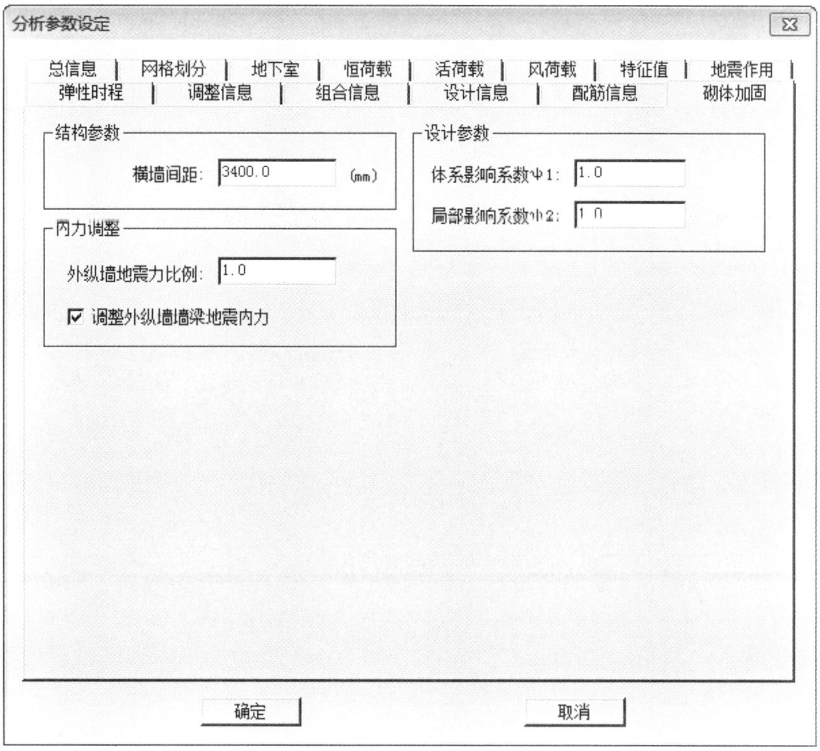

图 8-19 “砌体加固”属性页

目前 Fecis-RM 计算结果主要通过文本文件及结果简图给出，其中振型和位移可以按静态图形给出，也可以按动画格式给出；构件内力主要以内力图和等值线图的形式给出，如有需要，用户也可以查阅相关的内力文本文件。需要指出的是，构件内力文件是按照构件编号依次排列的，而构件编号则是由程序自动赋予各层构件的，用户可以在"结果"菜单下找到查询构件编号的菜单项进行查看并加以对照。砌体加固基本只涉及剪力墙这一种构件的设计，下面重点介绍剪力墙的内力计算结果。剪力墙经计算程序处理后转换为两种结构构件——墙肢和墙梁，有限元程序得到应力结果后，自动对这两种构件进行内力积分，分别得到墙肢和墙梁的轴力、剪力和弯矩，并分为标准值和调整值分别进行输出，用户可以按需要选择使用。

对于本范例，轴线 B 外套剪力墙恒载工况 DL 下的墙肢轴力、地震工况 EX 下的墙梁弯矩及墙肢剪力标准值分别如图 8-20～图 8-22 所示。

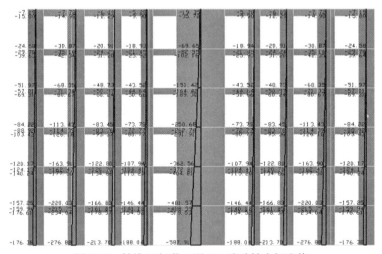

图 8-20　轴线 B 恒载工况 DL 墙肢轴力标准值

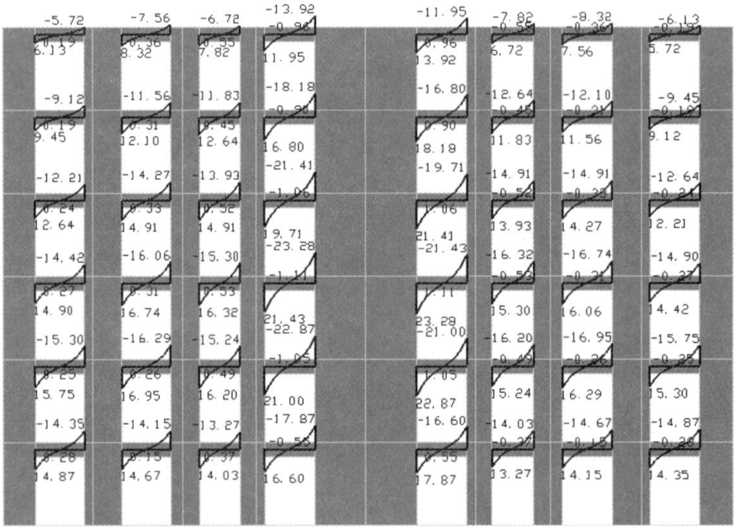

图 8-21　轴线 B 地震工况 EX 墙梁弯矩标准值

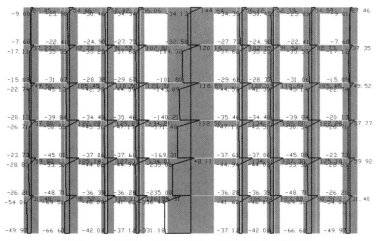

图 8-22 轴线 B 地震工况 EX 墙肢剪力标准值

Fecis-RM 对原有砌体墙给出了抗压和抗剪验算结果，该结果是以文本文件的形式给出的。计算完毕后，在工程目录下会自动生成一个名为 Check_Masonry_Press.fot 的文本文件，该文件记录了对结构原砌体墙抗压验算的结果。表 8-2 所示为本范例首层砌体墙抗压验算的节选片段，表中墙肢编号可在图形窗口进行构件编号查看以便进行对照，而控制组合编号表示该组合产生了最大设计轴力，控制截面高度则表示最大设计轴力的截面位置，该位置由距离墙肢底部的高度来给出。

表 8-2 首层砌体墙抗压验算节选片段

墙肢号	抗压承载力 (kN)	轴力设计值 (kN)	控制组合序号	控制截面高 (m)	验算结论
54	2152.01	−863.35	5	0	通过
55	2152.01	−863.35	4	0	通过
56	1486.84	−628.77	5	0	通过
72	1486.84	−628.77	4	0	通过

同理，计算完毕后 Fecis-RM 在工程目录下还会自动产生一个名为 Check_Masonry_Shear.fot 的文本文件，该文件记录了对原砌体墙进行抗剪验算的结果，表 8-3 为首层砌体墙抗剪验算节选片段。

表 8-3 首层砌体墙抗剪验算节选片段

墙肢号	抗剪承载力 (kN)	剪力设计值 (kN)	控制组合序号	控制截面高 (m)	验算结论
54	293.62	95.72	8	2.9	通过
55	293.62	95.72	8	2.9	通过
56	213.44	60.42	9	0.9	通过
72	213.44	60.42	9	0.9	通过

计算得到构件标准内力后，Fecis-RM 根据《北京地区既有建筑外套加固技术导则》的相关规定进行内力调整，得到构件内力设计值，最后再根据前述工况组合得到每个构件

305

各控制截面的组合内力，并以此为依据进行配筋计算。

对于外套混凝土结构，Fecis-RM 根据混凝土规范对墙肢进行拉弯和压弯计算以及斜截面抗剪计算；并对墙梁进行受弯计算及斜截面抗剪计算，最终可直接给出墙肢和墙梁的配筋结果。其中墙肢配筋给出主筋和水平筋，而墙梁则给出纵筋和箍筋。

为清晰起见，建议用户选择按层显示的方式逐层查看配筋简图，这些配筋简图的典型结果如图 8-23～图 8-26 所示，图中配筋面积单位均为 mm^2，其中墙肢主筋表示墙肢一端暗柱应配置的纵筋面积；墙肢水平筋表示一个间距范围内水平筋的总面积；墙梁纵筋采用上下对称配置，简图中数值表示单侧纵筋面积；墙梁箍筋表示一个间距范围内应配置的箍筋总面积。

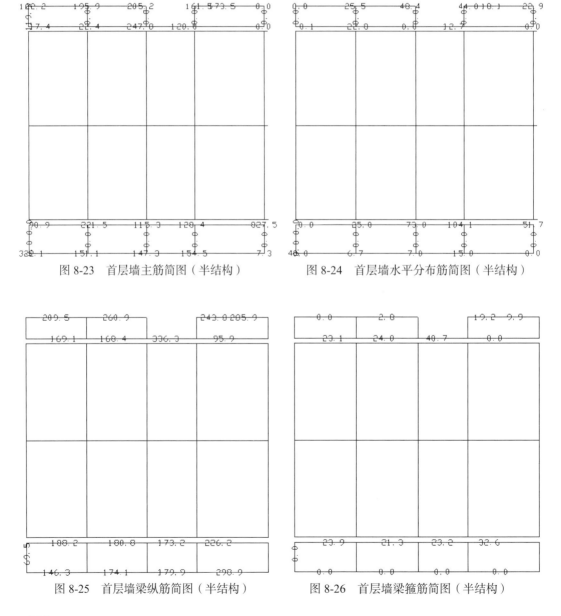

图 8-23　首层墙主筋简图（半结构）　　　　图 8-24　首层墙水平分布筋简图（半结构）

图 8-25　首层墙梁纵筋简图（半结构）　　　　图 8-26　首层墙梁箍筋简图（半结构）

另外需要特别注意的是，配筋简图中若某墙肢或墙梁配筋面积标注为零，仅表示该构件计算配筋为零，在任何情况下，用户最终使用的实际配筋面积均不得低于构造要求。

8.3 本章小结

本研究研发了装配化外套加固专用设计软件 Fecis-RM，解决了装配化外套加固中的既有结构与新建结构之间的连接建模、装配化外套施工过程模拟和特殊构件内力调整等特殊问题，得到了准确的构件内力和配筋信息，为该技术大规模推广应用奠定了坚实的基础。

9

第九章

既有建筑装配化外套加固工程应用

9.1 概述

2012 年 1 月，北京市人民政府印发了《北京市老旧小区综合整治工作实施意见》，明确了对于抗震鉴定结论为不符合规范要求且具有加固价值的建筑，应切实做好抗震节能综合改造工作。通过抗震节能综合改造工程，住户的居住环境得到明显改善。而采用外套预制结构加固能附带增加套内使用面积，得到了居民的积极响应与广泛支持。在各区县协调配合之下，北京市选取了朝阳区农光里 17 号楼、新源里西 11 号楼，东城区上龙西里 29、30 号楼，海淀区甘家口 1、3、4 号楼，共计 7 栋建筑作为装配化外套抗震加固试点工程。本章分别以朝阳区农光里 17 号楼和朝阳区农光里 25 号楼作为老旧砌体结构和低配筋混凝土结构的典型案例，对既有建筑工业化抗震加固的应用情况进行详述，从工程应用的角度完整的对装配化外套加固成套技术进行介绍，分析其加固改造方案和设计施工过程[124]。

汶川地震中，钢筋混凝土框架结构校舍的抗震性能明显低于预期，框架结构的框架柱既是抗侧力构件又是承重构件，一旦框架柱破坏，容易导致倒塌。然而，直接对框架构件进行加固的方法成本较高。在校舍加固工程当中，存在校舍抗震构造措施不满足乙类建筑抗震设防标准的情况，同时抗震构造措施的提高在部分情况下极难通过加固技术实现，并且构造措施的加固会极大破坏室内环境，学校无法正常上课。以提高校舍抗震承载能力为主导，通过采用外贴消能框架技术大幅提高结构的综合抗震承载力可有效解决以上问题，消能减震子结构大部分位于校舍外部，并不影响学校的内部使用功能，也大大减少了对学校环境的破坏，有效地提高了校舍综合防灾能力。

9.2 老旧砌体住宅装配化外套加固工程应用

9.2.1 工程概况

农光里 17 号楼抗震节能综合改造工程是北京市老旧小区抗震节能综合改造工程的试点工程之一。该改造项目于 2011 年启动，于 2013 年底竣工。该楼栋位于北京市朝阳区劲松地区，建造于 20 世纪 70 年代，采用了北京市建筑设计院编制的 74 住 1 标准图。该建筑用途为普通住宅，共有地上六层和地下一层，每层层高为 2.9m。原建筑平面布置如图 9-1 所示。

原结构形式为砌体结构，墙体为实心砖墙；采用横墙承重，原结构平面布置如图 9-2 所示。横墙间距 2.7~3.3m，房屋宽度约 8.34m，高宽比为 1.74，内墙厚度 240mm，外墙厚度 360mm。抗震设防烈度为 8 度，设计基本地震加速度为 0.2g，抗震设防类别为标准设防类，场地类别为Ⅲ类，设计地震分组为第一组。

限于建造时的社会经济发展水平和技术条件，原建筑结构的抗震性能不能满足要求，主要表现在以下几个方面：

1）抗震措施不足。原结构未设置圈梁构造柱，也缺乏其他有效约束砌体的措施，使其在大震下的延性及抗倒塌能力不足。

2）抗震承载力不足。原结构材料强度不高，根据计算，其在纵向和横向的楼层抗震综合承载力均不能满足要求。

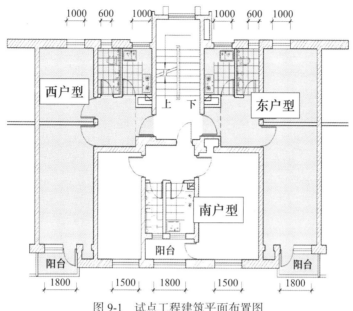

图 9-1 试点工程建筑平面布置图

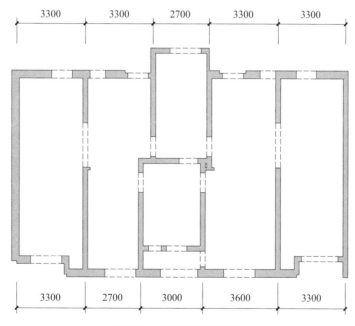

图 9-2 原结构平面布置

9.2.2 加固改造方案

改造后结构设计使用年限为30年，结构安全等级为二级，基础设计等级为甲级。改造后的典型单元建筑平面如图 9-3 所示。

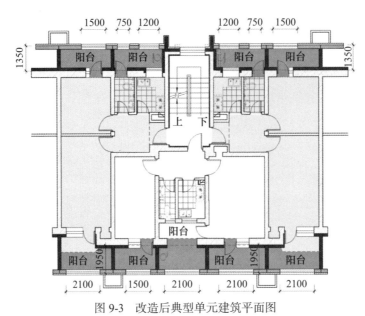

图 9-3 改造后典型单元建筑平面图

加固改造后,原外纵墙上的窗下墙被拆除,外套结构部分可用于建筑使用空间,各户型的面积均有所增加。

本工程中,在原外纵墙外侧设置外贴纵墙,在每个原横墙的位置新增横墙;外贴纵墙厚度共 140mm,新增横墙厚度 200mm,楼板厚度 100mm。加固后典型单元的结构平面如图 9-4 所示。

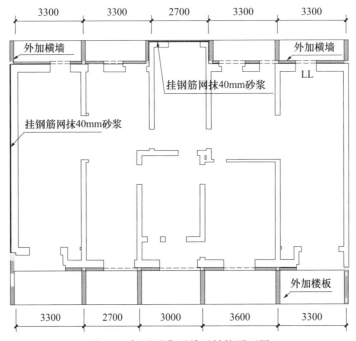

图 9-4 加固后典型单元结构平面图

具体加固方案为：在建筑纵墙外侧外贴 120mm 厚预制钢筋混凝土墙板，同时在建筑外侧横墙的方向增设 1.35m（北侧）和 1.95m（南侧）宽的钢筋混凝土墙板；在建筑外侧楼层标高处设置预制钢筋混凝土楼板，形成进深 1.35m（北侧）和 1.95m（南侧）的外套结构；楼梯间周边墙面及山墙采用单面钢筋网砂浆面层加固；原有外纵墙外表面的阳台、挑板等拆除重做。屋顶新增轻钢结构坡屋顶。图 9-5 所示为外套结构加固后的平面布置图，填充部分为新增外套墙体。图 9-6 为旋转钻进预制复合桩布置图。坡屋顶采用了钢结构，平面布置图如图 9-7 所示。

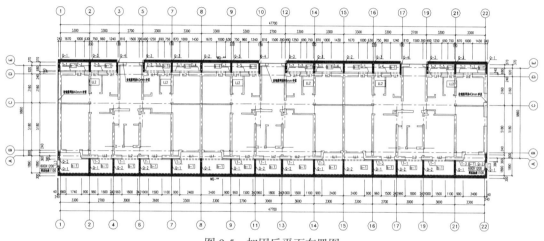

图 9-5　加固后平面布置图

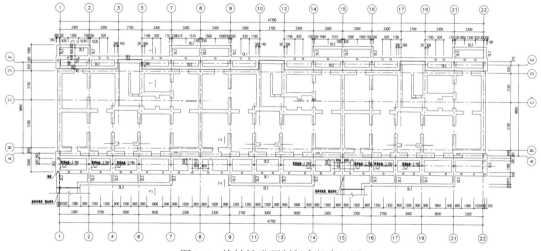

图 9-6　旋转钻进预制复合桩布置图

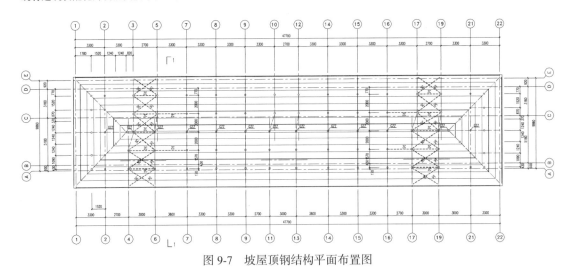

图 9-7　坡屋顶钢结构平面布置图

9.2.3　加固设计及抗震性能分析

（1）结构加固设计

外套结构混凝土强度等级采用 C30，钢筋采用 HRB400。砖墙的弹性模量为 2080N/mm²，泊松比为 0.15；混凝土的弹性模量为 30000N/mm²，泊松比为 0.2[125]。采用 Fecis-RM 进行结构计算分析，计算模型如图 9-8 所示。

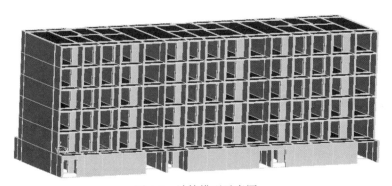

图 9-8　计算模型示意图

结构在两个方向的基本振型如图 9-9、图 9-10 所示。

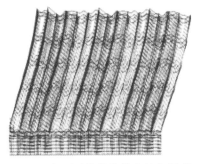

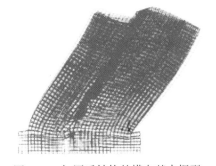

图 9-9　加固后结构的纵向基本振型　　　图 9-10　加固后结构的横向基本振型

恒载下墙肢轴力如图9-11所示（为显示清楚，仅显示首～三层两个单元的外纵墙结果）。

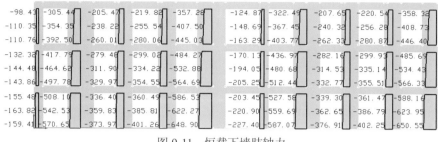

图 9-11　恒载下墙肢轴力

活载下墙肢轴力如图9-12所示（为显示清楚，仅显示首～三层两个单元的外纵墙结果）。

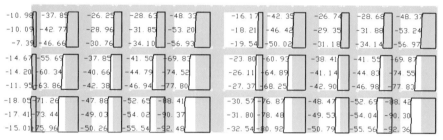

图 9-12　活载下墙肢轴力

X方向水平地震作用下墙肢剪力如图9-13所示（为显示清楚，仅显示首～三层两个单元的外纵墙结果）。

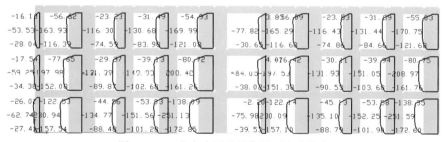

图 9-13　X方向水平地震作用下墙肢剪力

X方向水平地震作用下墙肢弯矩如图9-14所示（图中仅显示首～三层两个单元的外纵墙结果）。

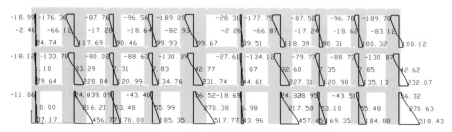

图 9-14　X方向水平地震作用下墙肢弯矩

315

Y 方向水平地震作用下横墙墙肢剪力和弯矩分别如图 9-15 和图 9-16 所示。

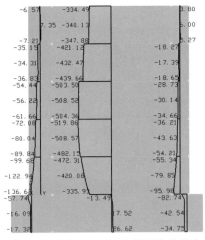
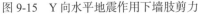
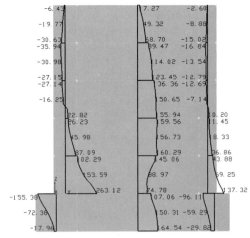

图 9-15　Y 向水平地震作用下墙肢剪力　　　　图 9-16　Y 向水平地震作用下墙肢弯矩

（2）大震下结构性能分析

　　根据计算，加固后结构的外套结构构件截面与原砌体墙截面可满足计算要求。为了对加固后结构的抗震性能进行更全面的评估，采用 ABAQUS 软件对其在横向大震下的性能进行了分析。

　　选取了满足规范基底剪力和反应谱要求的 5 组天然波和 2 组人工波。各方向地震波输入加速度之比为 X∶Y∶Z=0.85∶1.00∶0.65，其中 Y 方向加速度幅值为 0.3*g*，7 条地震波作用下结构各层横向最大位移及层间位移角分别如图 9-17 和图 9-18 所示。从图 9-18 中可以看出，各楼层在两个方向的侧移均小于 1/400。根据相关的研究成果，在位移角达到 1/150 时，砌体结构会发生倒塌。因此，该结构在大震情况下的抗震性能表现良好，外套结构的加固效果显著。

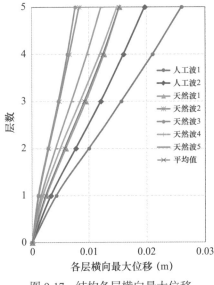
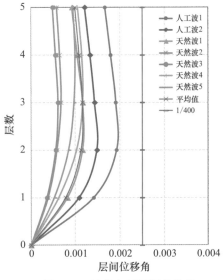

图 9-17　结构各层横向最大位移　　　　　　　图 9-18　结构各层层间位移角

天然波 1 作用下结构横向基底剪力如图 9-19 所示，横墙方向混凝土墙和砖墙约分别承担地震总剪力的各 50% 左右，其余 6 种工况所得基底剪力规律相近。

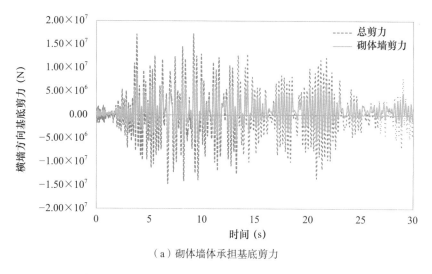

（a）砌体墙体承担基底剪力

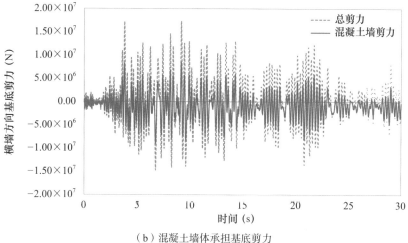

（b）混凝土墙体承担基底剪力

图 9-19　天然波 1 作用下结构横向基底剪力

天然波 1 作用下墙体累积受拉损伤和受压损伤云图分别如图 9-20 和图 9-21 所示，从图中可以看出横墙方向上，受拉损伤主要位于新增外加横墙上，受压损伤主要位于原砖墙上。

天然波 1 作用下结构新增混凝土墙部分的单根钢筋拉力小于 2.17×10^4N（图 9-22），由于计算时的配筋均采用 $\Phi 10$，$\Phi 10$ 钢筋截面面积为 78.5mm^2，即绝大部分剪力墙钢筋拉应力小于 276MPa，钢筋并未受拉屈服。

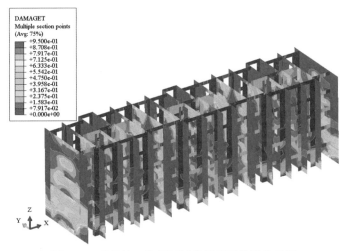

图 9-20　天然波 1 作用下墙体累积受拉损伤云图

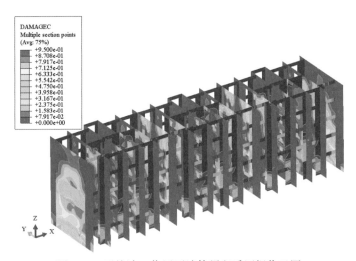

图 9-21　天然波 1 作用下墙体累积受压损伤云图

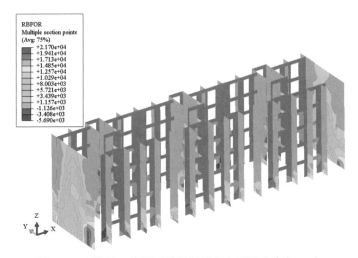

图 9-22　天然波 1 作用下单根钢筋内力云图（单位：N）

9.2.4 构造设计研究

根据实际工程应用情况及前述研究成果，在设计过程中确定了山墙加固、外加横墙顶部拉结及外加横墙的构造要求；本节所列的节点构造均已在实际工程中得到应用，其可行性已经过实际工程设计和施工验证。

（1）山墙加固构造

为避免山墙在纵向地震作用下发生外闪，在山墙外侧增设钢筋网砂浆面层进行加固；具体加固做法如图 9-23 所示，增设的钢筋网水平钢筋端部应在房屋四角与外贴纵墙可靠连接，如图 9-24 所示。

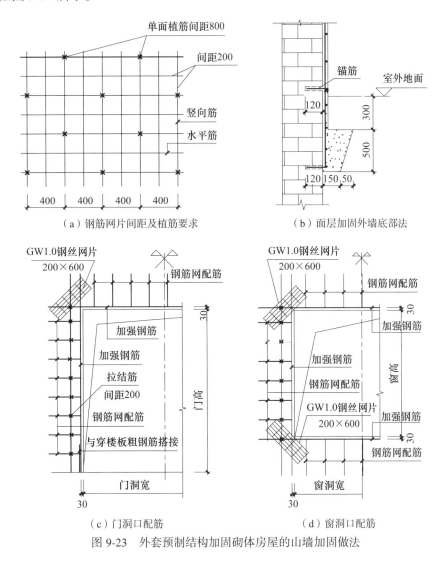

（a）钢筋网片间距及植筋要求　　　　（b）面层加固外墙底部法

（c）门洞口配筋　　　　（d）窗洞口配筋

图 9-23　外套预制结构加固砌体房屋的山墙加固做法

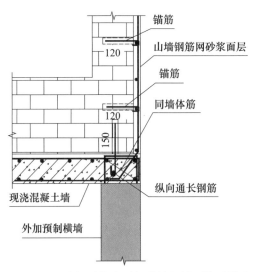

图 9-24　山墙加固的水平钢筋端部锚固构造做法

（2）外加横墙顶部拉结

为避免罕遇地震下外加横墙顶部与原砌体墙脱开，加强加固后结构的整体性，需在房屋两侧每个横墙位置的外加横墙之间设置可靠拉结；具体拉结构件可采用钢筋混凝土拉梁、钢拉梁或直径较大的钢拉杆。假定罕遇地震下意外出现外套结构与原砌体结构的脱开情况，根据罕遇地震下控制上部三层外套结构外闪所需的拉力，可估算出拉结构件的钢筋截面面积约为 $10cm^2$。采用钢筋混凝土梁与钢筋混凝土板时的构造做法分别如图 9-25～图 9-27 所示。

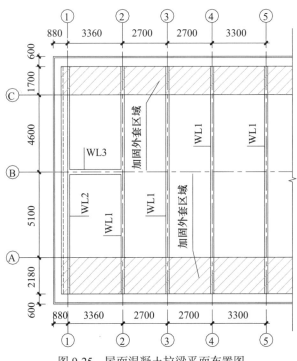

图 9-25　屋面混凝土拉梁平面布置图

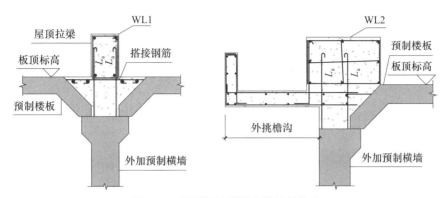

图 9-26 屋顶钢筋混凝土梁拉结构造

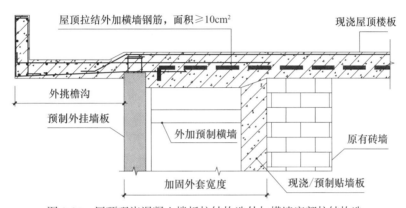

图 9-27 屋顶现浇混凝土楼板拉结构造外加横墙底部拉结构造

为避免外套结构基础地面在地震下滑移，设置了如图 9-28 所示的压浆锚杆锚入横墙基础的构造。

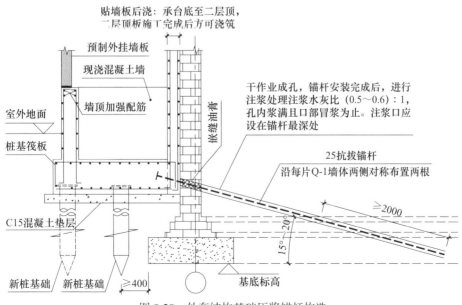

图 9-28 外套结构基础压浆锚杆构造

321

（3）外加横墙构造要求

为确保外套结构在房屋横向能够承担足够的水平地震剪力承担比例，并保证横向地震作用下外套结构对原砌体横墙的有效约束，外加横墙需要有一定的刚度和足够的强度；结合各项实际工程的计算分析得到的内力分配情况，提出了外加横墙截面的最小尺寸，如表9-1所示；在结构设计时，外加横墙截面既需要满足承载力计算要求，还需要满足表9-1所规定的最小尺寸要求。

表 9-1　外加横墙截面最小尺寸

外加横墙长度	外加横墙厚度（mm）
$h/18$	400
$h/15$	300
$h/12$	220
$h/10$	160

注：表中，h 为房屋高度。

（4）新老结构连接节点构造研究

新老结构的可靠连接是既有建筑装配化外套加固方法的基本前提，文中根据试点工程应用情况，结合前文所述试验研究和设计方法研究的结果，完善了各项新老结构连接构造，并在实际工程中进行了应用和验证。试点工程完成后，考虑到外贴纵墙涉及的预制构件种类较多，存在经济性不太好的问题，后续工程中增加了采用现浇钢筋混凝土墙作为外贴纵墙的形式。

保证新老结构可靠连接的节点构造包括：楼层标高现浇带构造、纵横墙交接节点构造和外贴纵墙与原砖墙墙面连接构造。楼层标高现浇带构造如图9-29所示。

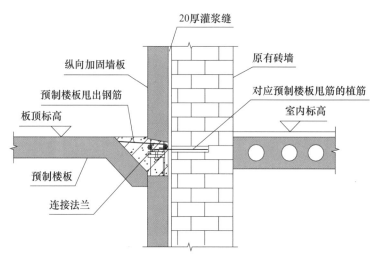

图 9-29　楼层标高现浇带构造

横墙上下连接节点构造如图9-30所示。

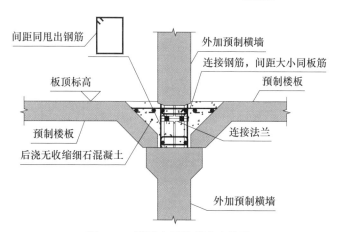

图 9-30 横墙上下连接节点构造

外贴现浇钢筋混凝土纵墙与原砖墙墙面连接构造如图 9-31 所示。

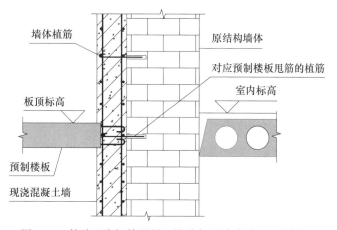

图 9-31 外贴现浇钢筋混凝土纵墙与原砖墙墙面连接构造

（5）旋转钻进预制复合桩构造与工艺

由于罕遇地震作用下桩顶会出现拉力，因此需要从构造上对该桩型进行相应加强；需设置锚固钢筋与桩顶钢板可靠连接（图 9-32），施工时各截桩身的拼接处也应采用螺栓进行有效连接（图 9-33）。

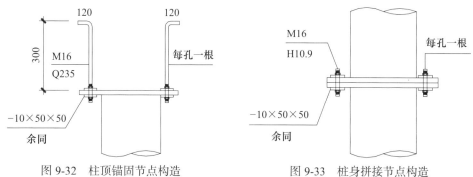

图 9-32 柱顶锚固节点构造   图 9-33 桩身拼接节点构造

　　罕遇地震作用下桩身拼接位置可能会出现一定拉力，且施工时该各截桩身的拼接节点还需要承受扭矩。基于上述需要，设计了桩身拼接节点构造（图 9-34 与图 9-35），并通过实际工程的施工过程验证了这些拼接节点的可行性。

图 9-34　与顶板连接桩顶锚筋构造做法　　　　图 9-35　桩身拼接节点施工照片

　　后注浆是保证旋转钻进预制复合桩的承载力与控制沉降的关键工艺。为对桩顶和桩侧土体进行有效的加固，需要控制单桩的最小注浆量和最小注浆压力；根据旋转钻进预制复合桩的试验结果，每根桩的注浆量不应小于 3.0m^3，且注浆时的注浆压力应为 $2.0\sim4.0\text{MPa}$；注浆时宜对地面进行硬化（图 9-36）。

图 9-36　后注浆现场施工过程照片

9.2.5　结构施工建造过程

　　总体工艺流程如下所示：

拆除楼外障碍物 → 第一次脚手架搭设施工 → 拆除原结构外墙面突出物 → 测量放线 → 原墙面清理 → 植筋 → 脚手架拆除 → 土方开挖 → 预制复合桩施工 → 锚杆施工 → 桩承台施工 → 预制构件墙、板构件安装、构件临时稳定支撑安装 → 第二次脚手架搭设（随预制构件安装逐层）→ 现浇混凝土逐层浇筑养护 → 灌缝施工（贴墙板与原结构间）→ 屋面板施工 → 脚手架拆除

施工工艺分为以下几步：

（1）拆除楼外障碍物

1）周边贴建建筑拆除

首先拆除建筑周边贴建建筑，原纵横墙外表面阳台、挑板等需拆除，如图9-37所示。施工前对于影响新建建筑物的原有地下管线进行前期改造，对居民的违章建筑（自建小房）等进行拆除。

图9-37　建筑周边贴建建筑及原有外挑阳台拆除

2）脚手架搭设施工

① 此脚手架为原有阳台、空调板、挑檐、打磨、植筋等墙面凸出物拆除和清理墙面提供的施工脚手架。

② 搭设双排单立杆落地式脚手架。

③ 脚手架搭设要求执行相关规范标准，脚手架必须与原建筑进行拉结。

3）拆除原结构外墙面突出物

① 对于带户施工，施工前应对居民家做好防护工作。对于影响到居民原有生活的外窗拆除，应安装临时外窗；对于阳台处，应安装临时门联窗。

② 楼外墙面突出物，如阳台、阳台栏板、窗改门洞、屋顶挑檐的拆除，必须采用水钻（或墙锯）进行静力切割分离。窗防水檐、窗下檐采用手提锯切割分离。

4）测量放线

测量原有建筑的轴线、层高、门窗洞口的标高尺寸，为预制板加工提供有效数据。

5）原墙面清理

① 剔除所有原墙面抹灰层。对原墙面酥碱、松动、不实的勾缝砂浆予以剔除，采用

砂浆对缝隙进行填充处理。对于严重破损的部位进行拆除并重新进行砌筑。对原混凝土酥松部分进行剔除，并用 C20 细石混凝土抹平。

② 将原墙面打磨清底。

6）植筋

植筋工艺流程如下：

定位放线 → 机械成孔 → 清孔 → 验孔 → 钢筋处理 → 注胶 → 植筋 → 固定、养护 → 拉拔试验

根据设计图纸，结合现场实际情况对原墙面进行植筋施工。植筋施工要求执行相关规范标准。放线根据现场实际情况及时反馈设计，由设计统一出放线标准及植筋位置。

7）脚手架拆除

待墙面植筋完成，拉拔试验合格后，开始进行脚手架的拆除，脚手架的拆除要求执行相关规范标准。

（2）基础施工

首先进行旋转钻进预制复合桩施工，然后进行承台施工，并预留埋件。

1）土方开挖

需确定施工现场内各种地下管线及地下埋藏物的埋设情况，在确保管线不被破坏的情况下，采用人工配合机械开挖。落实实际图纸尺寸，并进行测点、放线和开挖。土方挖运施工应首先考虑旋进桩的施工需要，为旋进桩施工创造条件，在旋进桩施工完毕后再为支护施工创造条件，开挖标高以设计图纸标注为准。待基础施工完毕，首层外挂板安装完毕进行土方回填施工，按相关规范标准执行。

2）旋转钻进预制复合桩施工（图 9-38）

钢桩制作 → 测量单位 → 桩机就位 → 钢桩安装 → 旋转钻进 → 解除桩基 → 钢桩固定 → 移机至下一桩 → 成桩完成 → 桩头以上钢桩拆除 → 注浆施工

图 9-38　旋转钻进预制复合桩施工

桩机就位时，必须保持平稳，不发生倾斜移位，在施工场地外侧引出高程标准点以控

制钢桩钻进深度，用水平尺和主塔铅坠及指针控制钢桩倾斜度。钢桩与桩机之间采用法兰连接，需用螺丝连接两法兰，钢桩旋进过程中分段连接钢桩，连接方式为法兰连接。开动桩机，调整垂直度，达到垂直要求后，开始旋转钻进，达到设计孔深停钻。在钢桩钻至设计标高之后，停止钻进，将桩机钢桩法兰连接的螺丝拧下，拆除桩机与钢桩连接的法兰。注浆前在桩周围 1～1.5m 浇筑混凝土厚度大于 0.1m，待 72h 后混凝土有一定强度即可开始注浆。

注浆机车上注浆管与钢桩之间连接，将搅拌之后的浆液注入桩体内，注浆量达到设计要求、注浆压力达到设计压力保持若干分钟后，地面冒浆即可停止注浆。当注浆量未达到设计要求时，必要时进行多次注浆。

3）锚杆施工

锚杆施工场地平整并开挖至锚杆施工标高后，锚杆钻机即可进场。锚杆施工需穿透原建筑物结构外墙、地下暖气沟和原建筑物基础等多重砖混结构构筑物时，普通锚杆机无法完成施工，采用跟管钻进的施工工艺，施工机械采用水钻锚杆机，将正常机头进行改造，连接潜孔锤，采用水流带出孔内残渣，以达到顺利成孔的目的。锚杆钻机就位，调整角度，对准孔位中心开始钻进，钻至设计深度。

4）桩承台施工

桩承台施工如图 9-39 所示。

图 9-39　桩承台施工

（3）预制墙板吊装施工

在建筑纵墙外侧贴预制钢筋混凝土板墙，在建筑外侧横墙方向增设钢筋混凝土板墙，在建筑外侧楼层标高处设置预制钢筋混凝土楼板，整个施工过程采用施工机械吊装预制钢筋混凝土板，然后用螺栓进行连接。在外纵墙加固过程中，拆除原建筑外窗下墙。工艺流程如下：

测量放线 → 预埋件定置 → 首层贴墙板安装 → 首层分户板安装 → 首层阳台板安装 →

首层外挂板安装 → 下一层构件的安装

1）预埋件埋设

根据实测数据，结合深化图纸，确定底板埋件位置。基础连梁钢筋绑扎施工时配合进行埋件埋设工作。高强螺栓埋件根据设计图纸加工，地梁钢筋绑扎完成后，在合模前开始埋件安设。如图 9-40 所示，旋转钻进钢桩及基础施工时，预留了与钢筋混凝土墙片连接的螺栓等埋件。钢筋混凝土墙片均在预制构件厂预制完成，底层钢筋混凝土墙片与预留的埋件如图 9-41 所示。

图 9-40 基础施工预留的埋件

图 9-41 墙片预留的埋件

2）预制墙片安装

贴墙板安装：按照构件位置线，首先吊装贴墙板，板安装到设计位置后，需进行临时固定。固定方法为：首先通过可靠焊接将板与原楼墙体上的植筋连接，然后连接上下螺栓。在上下层板固定后，应复查板的位置和垂直度是否符合设计要求，如偏差超过允许值，应重新校正。

贴墙板吊装就位后，开始吊装分户板。分户板安装到设计位置后，也需要进行临时固定。固定方法与之前类似：与原楼墙体上的植筋可靠焊接，然后连接上下螺栓。同时板两侧做好临时支撑，防止倾覆。阳台板吊装时工人应在板侧面脚手架上或楼内操作，工人严禁站在板下。安装时尽量用吊车安装到设计位置，不采用撬棍二次就位，防止对已经安装的构件产生不利影响。外挂板安装前应按吊装流程核对构件编号。安装墙板的连接平面应清理干净，在作业层的阳台板及分户板上，弹设控制线以便安装就位。吊装时注意外挂板的边角不被撞坏。外挂板就位的调节和安装精度可借助专用工具，同时采用经纬仪或线坠控制垂偏。不得在墙板四周的接缝内放置或填充硬质垫块等刚性材料进行支垫。

如图 9-42 所示，从下往上，依次完成钢筋混凝土墙片吊装、连接等施工。

显然，在对老旧砌体住宅进行装配化外套加固设计和施工过程中，充分展现了设计标准化、构件生产工厂化、施工装配化和土建装修一体化等工业化特点。现场安装不需要模具或仅需要少量模具，减少了模具安装的噪声污染。现场湿作业量少，仅需在后浇节点或外贴纵墙位置采用现浇混凝土，施工污染少。

图 9-42　墙片的吊装施工

（4）屋面板施工（图 9-43）

拆除原有屋顶加气板，重做屋面板，并进行坡屋顶施工。工艺流程如下：

预制构件吊装完成、外脚手架防护到位 → 加固用10号槽钢在顶层每间屋地面上就位 → 室内碗扣架支顶 → 屋顶树脂瓦拆除 → 屋顶钢屋架拆除 → 屋顶女儿墙、混凝土梁、水箱间拆除 → 屋面防水、保温层局部拆除 → 渣土清理 → 渣土外运

1）拆除施工

2）现浇混凝土施工

天沟梁钢筋绑扎 → 天沟梁模板支设 → 混凝土浇筑 → 混凝土养护。

3）屋面钢结构施工

原屋面卧梁打磨、植螺栓 → 现浇混凝土墩植筋、绑钢筋、支模、埋螺栓、混凝土浇筑 → 预制墙顶现浇卧梁植筋、绑钢筋、支模、埋螺栓 → 屋面天沟梁支模、绑钢筋、埋件安装 → 加强梁支模、绑钢筋 → 预制墙顶现浇卧梁、天沟梁、加强梁浇筑混凝土 → 天沟梁、钢梁焊接 → 钢梁安装

图 9-43　屋面板施工

根据实际工程研究验证及外套结构加固分别采用预制混凝土结构和现浇混凝土结构的对比分析，可得到如下结论：

1）外套预制结构施工速度快，对住户影响的时间短

由于本方法中外套预制结构采用了干式连接，连接件同时又可作为临时支撑件，因此施工时不需要过多的支撑，且连接节点混凝土未浇筑时也可继续施工上层外套结构，工序类似钢结构拼装，因此可明显缩短工期。根据实际工程施工过程的统计，在预制构件供应可满足要求时，现场预制外套结构施工速度可达到 1～2 天／层。

2）施工现场噪声低、污染少，对住户影响小

本方法实施过程中，现场安装不需要模具或仅需要少量模具，减少了模具安装的噪声污染。此外，现场湿作业量少，仅需在后浇节点或外贴纵墙位置采用现浇混凝土，施工污染少。

3）可实施性强

由于采用旋转钻进预制复合桩和预制结构技术，现场施工工期较短。另外，由于采用剪力墙型钢连接，减少了临时支撑，进一步缩短了工期。根据实际工程统计，单栋楼的桩基施工仅需 3 天，对六层房屋加固时，外套预制结构施工（含基础底板施工）仅需不到 20 天。

4）经济性强

根据实际工程经验，外套结构加固可不进行整体搬迁，且外套结构加固不涉及房屋内部的装修破坏恢复问题，因此与常规加固方式相比，外套结构加固的综合造价相对较低。根据统计，预制结构的造价与现浇结构基本相当，折算至原建筑面积的结构加固造价约为 2000 元／m²。

9.2.6　绿色改造设计

以抗震加固和节能改造为重点，同时兼顾暖通空调、给排水和电气方面的改造，总体上实现绿色化改造，改造的主要内容及应用技术包括：外窗更换为节能型塑钢平开窗，对不符合节能要求的楼门进行更换，外墙及屋面采用 A 级防火保温材料；采用装配化外套

加固技术，该技术安全可靠、工业化程度高、保温节能及外立面装饰改造可一体化解决、可增大居民居住面积以及综合造价相对较低；采用自主研发的新型旋转钻进预制复合钢桩，该桩型具有承载力相对较大、成桩角度多样化、施工机械小型化、施工方便快捷、工期短、绿色环保等优点；本着绿色节能原则，对暖通空调、给排水、电气和小区绿化等也进行相应改造。

通过绿色化改造，将现有小区改造为舒适、现代和宜居的现代化社区，全面改善小区环境品质，提升安全性、舒适性和便利性，并在改造过程中通过应用新技术提升改造的经济效益、社会效益和环境效益。

（1）建筑户型改造

在抗震加固改造设计中，由于采用了外套结构加固的方式，增加了建筑使用面积，因此，对原有建筑户型也进行了改造。现以农光里小区 17 号楼为例，说明建筑户型的改造特点。标准层建筑改造示意图如图 9-44 所示，原有建筑采用了一梯三户的布置方式，共有三个楼梯，每层一共 9 户。以每一个楼梯为单位，原有建筑平面图及改造后建筑平面图分别如图 9-2 和图 9-3 所示。

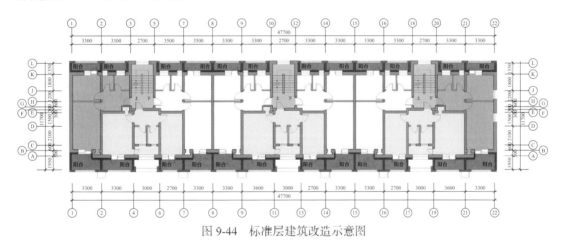

图 9-44 标准层建筑改造示意图

西户型的建筑改造方案如图 9-45 所示，南侧外扩约 1.9m，新增阳台净进深约 1.5m；北侧外扩约 1.35m，新增阳台净进深约 0.95m；本户新增建筑面积约 14.3m²，西端户新增建筑面积约 14.9m²。南侧原阳台拆除，重新做阳台，原阳台门连窗保留不动，北侧卧室拆除窗户及窗下墙至距地面 200mm 高，并扩大洞口至 750mm 宽，北侧厨房拆除窗户及 750mm 宽窗下墙；北侧厨房及卫生间外新增的阳台上设一道 100mm 厚的加气混凝土砌块隔墙；北侧卫生间外阳台设置一根供洗衣机用的下水管及地漏，并设置电源插座；所有外围护结构按照国家及北京市现行节能规范设置外保温，并安装双玻塑钢窗。

南户型的建筑改造方案如图 9-46 所示，南侧外扩约 1.9m，新增阳台净进深约 1.5m；本户新增建筑面积约 17.7m²。两个卧室均拆除窗户及窗下墙，变为垭口；厨房及卫生间的外阳台新增部分设置一根供洗衣机用的下水管及地漏，并设置电源插座；所有外围护结构按照国家及北京市现行节能规范设置外保温，并安装双玻塑钢窗。

东户型的建筑改造方案如图 9-47 所示，与西户型类似。

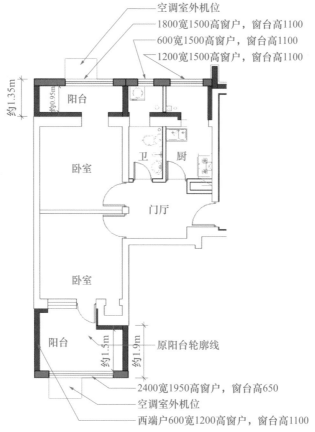

图 9-45　西户型建筑改造方案

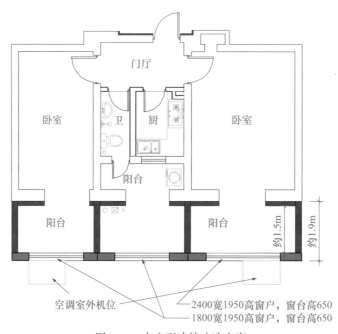

图 9-46　南户型建筑改造方案

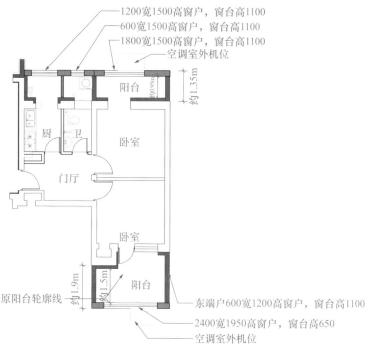

1200宽1500高窗户，窗台高1100
600宽1500高窗户，窗台高1100
1800宽1500高窗户，窗台高1100
空调室外机位

阳台
约0.95m
约1.35m

厨
卫
卧室

门厅

卧室

约1.9m
约1.5m
原阳台轮廓线
阳台

东端户600宽1200高窗户，窗台高1100
2400宽1950高窗户，窗台高650
空调室外机位

图 9-47 东户型建筑改造方案

（2）建筑立面改造

建筑立面改造主要包括以下内容：拆除私搭乱建；结合节能改造与抗震加固工程，对局部或整体立面进行重新设计；外立面的清洗粉饰；部分楼体增加外墙外保温；根据建筑节能改造进行平改坡工程；更换外窗，统一更换成双层中空降噪保温窗；整合空调室外机位置并加装饰栏；更换铸铁雨水管，根据立面重新选择安装位置；拆除室外防盗铁笼、首层统一安装贴窗防盗护栏；周边架空管线全部入地。

建筑外立面如图 9-48 所示，老旧建筑整体缺乏细部，局部外饰面有残损，改造后增加装饰线脚与插入屋面，丰富立面构图。改造前后的门窗如图 9-49 所示，改造前用户自行安装的门窗与防盗网杂乱无规律；拆除现有门窗，统一换成有防盗功能的铝合金窗。

（a）改造前

（b）改造后

图 9-48 建筑外立面改造

（a）改造前　　　　　　　　　　　　　　（b）改造后

图 9-49　门窗改造

老旧建筑空调室外机位置杂乱，管线外露，如图 9-50 所示。统一安装空调板，将现有室外空调移机。

（a）改造前　　　　　　　　　　　　　　（b）改造后

图 9-50　空调室外机位置改造

老旧建筑周边存在大量架空管线，改造后将架空管线统一安置，埋入地下，如图 9-51 所示。

（a）改造前　　　　　　　　　　　　　　（b）改造后

图 9-51　架空管线改造

改造后的南立面和北立面效果图分别如图 9-52、图 9-53 所示。

图 9-52　农光里小区 17 号楼改造后建筑南立面效果图

图 9-53　农光里小区 17 号楼改造后建筑北立面效果图

（3）围护结构改造

建筑围护结构改造主要包括：外立面重新粉饰；更换外窗（外窗更换为塑钢平开窗，传热系数 2.8）；外墙及屋面保温（采用 A 级防火保温材料，传热系数≤0.6）；楼门节能改造（对不符合节能要求的楼门进行更换）。

① 外立面粉饰

原建筑物的基层主要有未涂刷的清水墙基面、水刷石基面、旧涂料基面、装饰抹灰基层等。改造内容如下：

a）基层清理：去除基层表面的沾污物、酥松物及灰尘等。

b）基层修补：对基层存在的缺陷如空鼓、裂纹、空洞、剥落、起皮等问题，根据具体情况采用不同的材料及适宜的方法进行修补。

c）面层涂料：分别采用普通平壁式外墙涂料和清水墙涂料进行重新粉饰。外墙涂料技术指标应符合《合成树脂乳液外墙涂料》GB/T 9755—2014 中一等品的要求。

d）外立面清洗、修补：根据实际情况，对部分不需要进行外立面粉饰的建筑物进行清洗，使建筑物外立面保持整洁、干净。

② 外墙及屋面保温

外墙及屋面保温构造如表 9-2 所示，以复合硬泡聚氨酯板为保温材料，用复合硬泡聚氨酯板胶粘剂并加设锚栓安装于外墙外表面，用玻纤网进行增强的复合硬泡聚氨酯板抹面胶浆作抹面层，用涂料等轻质饰面材料进行表面装饰。

表 9-2　外墙及屋面保温构造示意图

基本构造								构造示意
基层墙体①	粘结层②	保温层③	抹面层				饰面层⑧	
			辅助联结件④	底层⑤	增强材料⑥	面层⑦		
混凝土墙、各种砌体墙	胶粘剂	复合板	锚栓	抹面胶浆	玻纤网	抹面胶浆	饰面材料	

③ 门窗工程

考虑到节能保温及隔声要求，外门窗统一更换为塑钢门窗，窗开启形式为推拉窗，型材采用 60 系列，内加 1.5mm 壁厚镀锌钢材，玻璃为双层透明中空玻璃（5mm＋9mm＋5mm）。门窗的物理性能要求：

a）抗风压性能：高层建筑抗风压性能不小于 5 级。

b）气密性能：多层建筑不应低于 3 级，高层建筑不应低于 4 级。

c）水密性能：不应低于 3 级。

d）保温性能：不应低于 7 级，传热系数为 2.8W/（m² · K）。

e）隔声性能：隔声性能应不小于 30dB。

单块大于 1.5m² 及高度小于 900mm 的窗玻璃应采用双层钢化玻璃。门窗分格图为标准门窗分格，门窗厂家根据现场实际尺寸提供门窗技术详图，经确认后进行加工。所有工程的物料与施工均符合有关国家标准。

（4）住区绿化

根据现有场地条件，农光里小区绿色化综合改造过程中，对原有绿化进行了重新梳理，并补种了一些本地化、绿化效果好的灌木和乔木，提高了绿化率。结合绿化整治，对住区的道路系统和交通组织进行了重新规划，重新划定了停车位置，部分解决了小区停车难的问题。

（5）暖通空调

① 室内供热系统计量及温控改造

安装跨越管、温控阀、楼栋热计量表和分户热计量装置（流量温度法或散热器热分配法）。改造后达到《供热计量技术规程》JGJ 173—2009 和《北京市供热计量应用技术导则》要求。

② 热源及管网热平衡改造

包括更新、改造老旧供热管网，应用气候补偿、烟气冷凝热回收、水泵风机变频（调速）技术、管网水力平衡调节、分区分时控制、供热系统集控等节能技术。改造后达到《北京市供热计量应用技术导则》等有关供热系统节能改造的规范要求。

（6）给水排水

① 节水器具与设备改造

为了节约用水，每户独立设干式水表计量，坐便器采用不大于 6L 的冲洗水箱。将原来的镀锌钢管全部换成符合饮用水要求的有内衬或耐腐蚀的管道，减少水的阻力，提高水的流量，减少水的污染。为了防止水污染，阀门采用塑钢、铜或不锈钢的材质，禁用螺旋升降式铸铁水嘴。

② 节水系统改造

在给水系统设计中，充分利用小区周边市政给水管网的压力供水。在室内给水入口处加设减压阀，把配水点出水压力控制在 0.2MPa 以下，减少因水龙头出流压力过大造成的水资源浪费。

（7）电气

改造后，供配电系统按系统分类或管理单元设置电能计量表；变压器工作在经济运行区；配电系统按现行标准设置电气火灾报警系统，且插座回路设置漏电断路保护；不采用间接照明或漫射发光顶棚的照明方式。楼梯、走廊等公用部位均采用自熄式节能灯，减少了用电量。小区路灯改造也采用了节能灯。通过新增结构基础桩作整幢建筑的总等电位接地，增加屋面防雷措施，以增强建筑的防雷接地可靠性。

9.2.7 改造效果评价

与传统建造方式比较，建筑工业化一般节材 20% 以上，施工节水率 60% 以上，减少建造垃圾约 80%，综合节能 70%，降低后续维护费用 95% 左右。在建造过程中，与每立方米混凝土工程量产生的建筑垃圾对比，废钢筋的节约比例为 40.63%，废木材的节约比例为 52.31%，废砖块的节约比例为 55.32%。根据施工用水定额，循环水混凝土养护节水 $0.3t/m^3$；循环水冲洗石子节水 $1t/m^3$；地面做法免湿作业节水 $0.2t/m^2$；免砌筑、免抹灰节水 $0.3t/m^3$；产业化方式改变了混凝土的养护方式，实现了清洗和养护用水的循环使用，减少了湿作业，节水效率高。传统施工每平方米产生垃圾量 $0.022m^3$，工业化施工每平方米产生垃圾量 $0.002m^3$，垃圾减量 91%。延长了关键工种的保质期，外墙饰面保质期从 2 年提升到 10 年，外墙和卫生间防水的保质期从 5 年提升到 10 年。增强了工业化建筑产品的外观识别度，取消了二次湿作业。

装配化外套技术通过在示范工程中的应用，实现了抗震加固设计意图，减少了对住户的干扰，提高了住宅品质。其中工程桩基研发应用了新型旋转钻进复合钢桩，成桩角度多样化、施工机械化、施工机械小型化、施工方便快捷、工期短、绿色环保；工程外套钢筋混凝土墙由工厂预制生产，产品质量高，规格精度高，构件现场安装，劳动强度小，湿作业少，施工周期快，对环境影响小；工程结构加固整体施工对住户干扰小，入户工作量很少，居民不必搬出，解决居民搬迁周转问题，仅安置费用可节省资金 316.8 万元（按每户每月 3000 元，共 132 户，提供 8 个月安置费计算）；工程保温节能及外立面装饰改造一体化，可显著改善建筑的热工性能，提高保温隔热性能，增加居住的舒适度；同时对外立面进行了更新，提高了建筑物外观环境效果。工程综合造价适宜，经济性好。

9.3 低配筋混凝土住宅装配化外套加固工程应用

9.3.1 工程概况

朝阳区农光里 25 号楼位于北京市朝阳区劲松地区，建造于 1977 年，建筑功能为普通住宅，地上 6 层，层高 2.9m，建筑面积 3778m²。原建筑平面布置如图 9-54 所示。原结构形式为内浇外砌结构，墙体为实心钢筋混凝土墙；采用横墙承重，横墙间距 2.7～3.3m；房屋宽度约 10.33m，高宽比为 1.74。内墙厚度 240mm，外墙厚度 360mm。抗震设防烈度为 8 度，设计基本地震加速度为 0.2g，抗震设防类别为标准设防类，场地类别为 Ⅲ 类，设计地震分组为第一组。

限于建造时的社会经济发展水平和技术条件，原建筑结构的抗震性能不能满足要求，主要表现在几个方面：

1）抗震措施不足。原结构未设置圈梁构造柱，也没有其他有效的约束砌体的措施，其在大震下的延性及抗倒塌能力不足。

2）抗震承载力不足。原结构材料强度不高，根据计算，其在纵向和横向的楼层抗震综合承载力均不能满足要求。

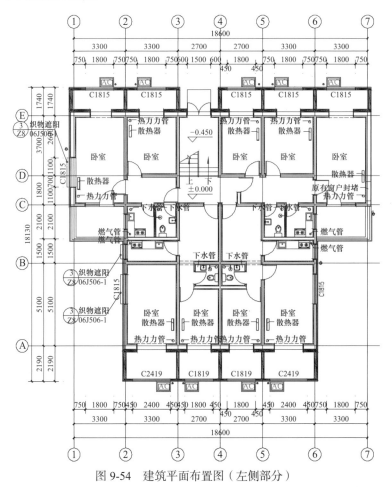

图 9-54 建筑平面布置图（左侧部分）

9.3.2　加固改造方案

改造后结构设计使用年限为 30 年，结构安全等级为二级，基础设计等级为甲级。根据使用方需求及抗震加固需要，确定采用外套预制结构对该建筑进行抗震加固及相关改造，加固后的建筑平面布置如图 9-55 所示。

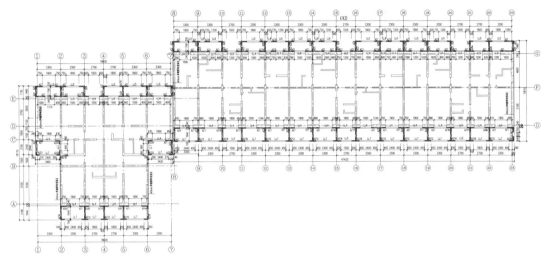

图 9-55　加固后建筑平面布置图

加固改造后，对原外纵墙上的窗下墙进行拆除，外套结构部分可用于建筑使用空间，各户型的面积均有所增加。

本工程中，在原外纵墙外侧设置外贴纵墙，在每个原横墙的位置新增横墙；外贴纵墙厚度共 140mm，新增横墙厚度 200mm，楼板厚度 100mm。

具体加固方案为：在建筑纵墙外侧外贴 12cm 厚预制钢筋混凝土墙板，同时在建筑外侧横墙方向增设 1.49m（北侧）和 1.94m（南侧）宽的钢筋混凝土墙板，在建筑外侧楼层标高处设置预制钢筋混凝土楼板，形成进深 1.35m（北侧）和 1.95m（南侧）的外套结构；楼梯间周边墙面及山墙采用单面钢筋网砂浆面层加固；原有外纵墙外表面的阳台、挑板等拆除重做。屋顶新增轻钢结构坡屋顶。图 9-55 所示为外套结构加固后的平面布置图，填充部分为新增外套墙体。图 9-56 为旋转钻进预制复合桩布置图。坡屋顶采用了钢结构，平面布置图如图 9-57 所示。

9.3.3　结构加固设计

外套结构混凝土强度等级采用 C30，钢筋采用 HRB4000。砖墙的弹性模量为 2080 N/mm^2，泊松比为 0.15；混凝土的弹性模量为 30000N/mm^2，泊松比为 0.2。采用 Fecis-RM 进行结构计算分析，计算模型如图 9-58 所示。

左侧和右侧结构的基本振型如图 9-59、图 9-60 所示。

恒载下墙肢轴力如图 9-61 所示。

活载下墙肢轴力如图 9-62 所示。

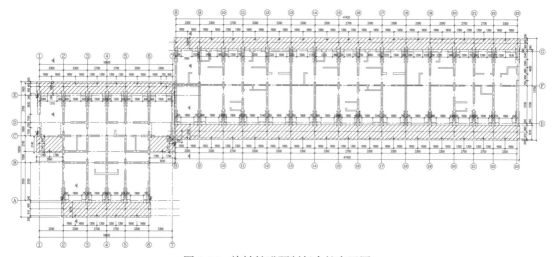

图 9-56　旋转钻进预制复合桩布置图

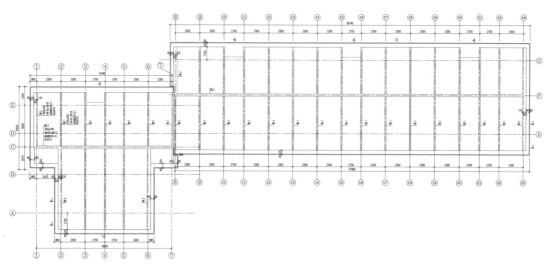

图 9-57　坡屋顶钢结构平面布置图

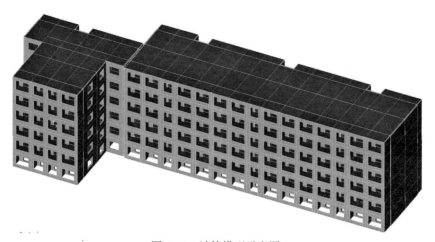

图 9-58　计算模型示意图

 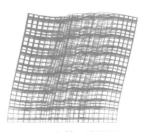 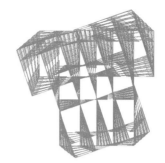

（a）第一阶振型　　　　　　　（b）第二阶振型　　　　　　　（c）第三阶振型

图 9-59　左侧结构的基本振型

 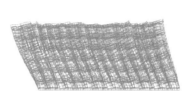 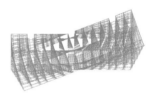

（a）第一阶振型　　　　　　　（b）第二阶振型　　　　　　　（c）第三阶振型

图 9-60　右侧结构的基本振型

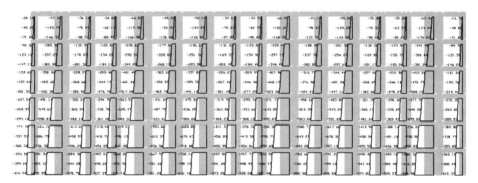

图 9-61　恒载下墙肢轴力

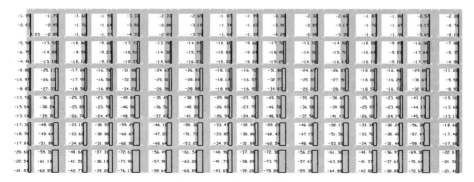

图 9-62　活载下墙肢轴力

X 方向水平地震作用下墙肢剪力如图 9-63 所示。

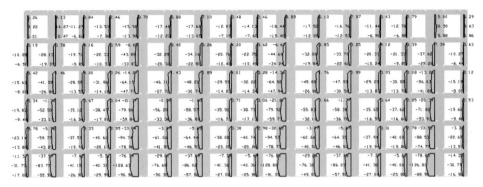

图 9-63　X 方向水平地震作用下墙肢剪力

X 方向水平地震作用下墙肢弯矩如图 9-64 所示。

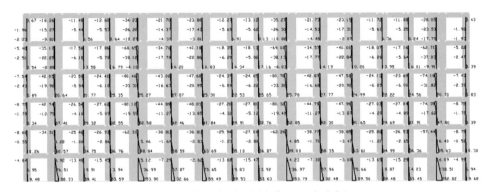

图 9-64　X 方向水平地震力作用下墙肢弯矩

Y 方向水平地震作用下横墙墙肢剪力和弯矩如图 9-65、图 9-66 所示。

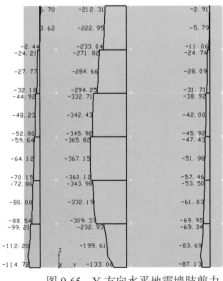
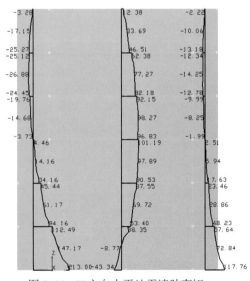

图 9-65　Y 方向水平地震墙肢剪力　　　图 9-66　Y 方向水平地震墙肢弯矩

9.4 钢筋混凝土框架外贴加固工程应用

9.4.1 工程概况

如图 9-67 所示，平谷区第一职业学校综合实验楼 1 号楼采用钢筋混凝土框架结构，始建于 1996 年，高度为 16.05m，共 4 层（带局部塔楼），平面尺寸为 14.1m×50.2m，底层层高 5.55m，2、3 层层高均为 3.9m，4 层高度为 2.7m。框架柱采用了 C30 混凝土，大部分尺寸为 400mm×400mm。抗震设防烈度为 8 度，设计基本地震加速度为 0.2g，设计地震分组为第二组，场地类别为 II 类，特征周期为 0.40s。原结构设计规范基于 89 规范。四层为轻质彩钢屋顶，仅在周围有框架柱，顶部直接做彩钢屋顶，五层为局部塔楼，布置于建筑两端。根据鉴定报告，混凝土评定等级为 C30，地震力作用下层间位移不满足要求，需要进行加固方可继续使用。

采用外贴带屈曲约束支撑框架进行加固，结构平面图及防屈曲支撑布置如图 9-68 所示，加固采用的防屈曲支撑初始刚度为 $1.0×10^8$N/m，初始屈服力为 190kN，屈服后刚度为 $3.75×10^6$N/m，极限承载力 300kN，一共设置了 64 个防屈曲支撑。对于边框在布置阻尼器的框架柱外侧新设置钢筋混凝土柱，并与原柱锚固。加固后结构三维有限元模型如图 9-69 所示[126]。

图 9-67 平谷区第一职业学校综合实验楼 1 号楼

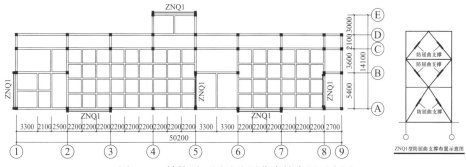

图 9-68 结构平面图及防屈曲支撑布置示意图

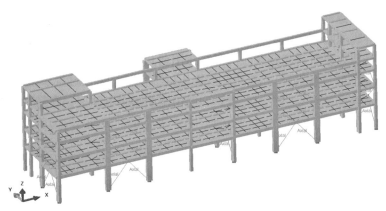

图 9-69　结构三维有限元模型

9.4.2　结构外贴加固方案

屈曲约束支撑是一种应用广泛的消能减震装置，一般由三个基本部分组成：轴力构件单元、屈曲约束单元和连接单元。当轴力构件单元受压时，由于受到外部的屈曲约束单元的约束，使得轴力构件单元不会发生屈曲，当压力达到其屈服极限时，轴力构件单元会发生屈服从而消耗输入体系的能量。

采用自主研发的工字钢屈曲约束支撑如图 9-70 所示，该支撑包括轴力构件单元、屈曲约束单元，以及间隙阻隔单元。这种支撑采用国内普通钢材制作，具有构造简单、加工方便和成本低廉等特点，并且可免于维护和更换，性能稳定，消能区集中，易于调整屈服点。它能够较为明显地减小震害，可广泛用于新建高层建筑的钢结构或已有建筑的加固中，以达到抗震抗风、提高结构刚度、控制侧移的目的。

图 9-70　工字钢屈曲约束支撑

在发生地震时，结构会发生侧向变形，消能支撑随之发生轴向变形，由于消能区截面较小，该部分材料会进入屈服，在地震作用的往复作用下，消能支撑承受往复压力的作用。在屈曲约束单元的约束下，消能区不会发生失稳破坏，其力与变形的关系形成一个饱满的滞回环，实现消能目标，数值模拟与试验得到的滞回曲线如图 9-71 所示。

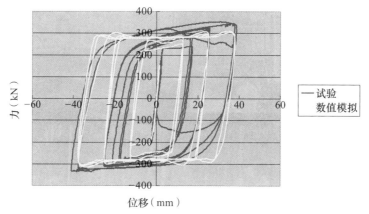

图 9-71　工字钢屈曲约束支撑滞回曲线

9.4.3　结构抗倒塌能力分析

（1）计算选用地震波

根据规范要求，选取 3 组地震波：天然波 1、天然波 2、人工波，其时程曲线如图 9-72 所示，反应谱曲线如图 9-73 所示，三组地震波持时、反应谱均满足规范要求。设防烈度 8 度（0.2g），考虑加固后结构后续使用年限 50 年，罕遇地震加速度峰值取 0.4g，地震波输入时采用三向输入，加速度比值分别为 1：0.85：0.65。地震波施加时，首先采用渐变荷载的方式施加竖向重力加速度，时间为 6s，接着施加水平向和竖向地震波。共考虑了 6 种工况，其中工况人工波 XY 代表 X 主向输入，其余工况以此类推。

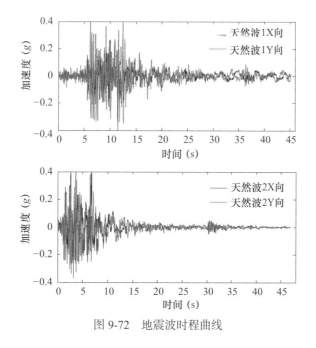

图 9-72　地震波时程曲线

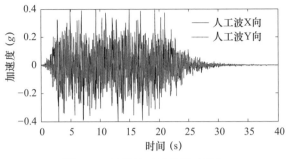

图9-72　地震波时程曲线（续）

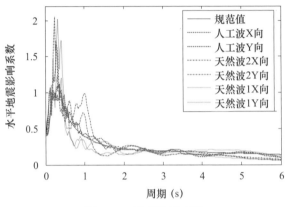

图9-73　地震波反应谱

（2）未加固结构连续倒塌分析

6种工况计算下的结果都表明，未加固结构产生了连续倒塌，其中3种工况的初始倒塌状态如图9-74所示，人工波XY、天然波1XY和天然波2XY工况下初始倒塌的时间分别为19.5s、19.0s和17.0s，并最终引起结构全部倒塌。由此可见，对该结构进行抗震加固是非常必要的。

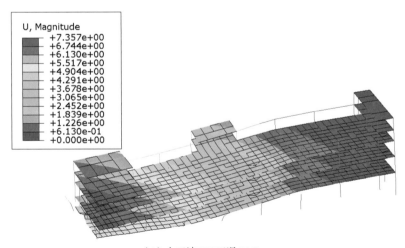

（1）人工波XY工况19.5s

图9-74　未加固结构初始倒塌状态

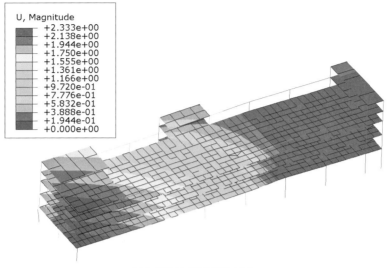

（2）天然波 1XY 工况 19.0s

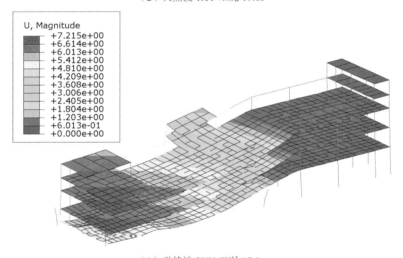

（3）天然波 2XY 工况 17.0s

图 9-74　未加固结构初始倒塌状态（续）

有限元软件 ABAQUS 中矩形空间梁单元 B31 四个角点的积分点号分别为 1、5、21 和 25，图 9-75 所示为天然波 2XY 工况下第 369 号角柱角部混凝土纤维积分点应变－应力滞回曲线，可见在地震过程中由于 4 个积分点应变均大于 0.0033 而失效。

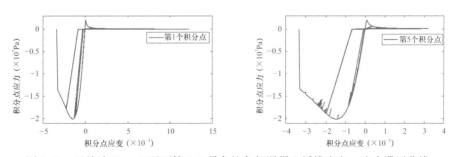

图 9-75　天然波 2XY 工况下第 369 号角柱角部混凝土纤维应变－应力滞回曲线

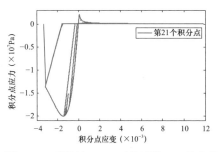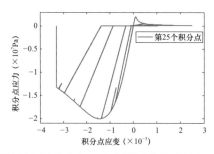

图 9-75　天然波 2XY 工况下第 369 号角柱角部混凝土纤维应变－应力滞回曲线（续）

（3）加固后结构连续倒塌分析

根据 6 种工况的计算结果，加固后的结构最终并未产生连续倒塌，下面对加固后结构的连续倒塌分析结果进行分析。

1）加固结构层间位移角

加固后结构各层 X 向和 Y 向层间位移角如图 9-76 所示，从图中可以看出 Y 方向底层层间位移角都略大于 1/100，X 方向的层间位移角较大，具体数值如表 9-3 所示，从表中可以看出天然波 2 和人工波 XY 工况下结构的层间位移角分别为 1/59rad 和 1/63rad，小于规范限值 1/50rad，但富余量并不太多。

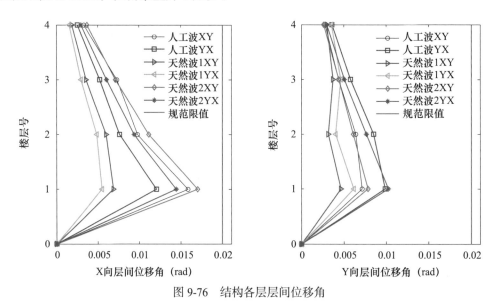

图 9-76　结构各层层间位移角

表 9-3　结构层间位移角（rad）

人工波 XY	人工波 YX	天然波 1XY	天然波 1YX	天然波 2XY	天然波 2YX
1/63	1/83	1/145	1/181	**1/59**	1/69
1/103	1/131	1/168	1/204	1/90	1/107
1/137	1/191	1/279	1/339	1/141	1/165
1/299	1/395	1/538	1/646	1/272	1/336

2）加固结构构件损坏情况

由于天然波 2 和人工波 XY 工况下结构的地震反应最大，所以重点考察了这两种工况下结构的构件损坏情况。人工波 XY 工况下梁与柱构件损坏情况如图 9-77 所示，可见有两根框架梁出现混凝土压溃，框架柱并未出现严重损坏。天然波 2XY 工况下梁与柱构件损坏情况如图 9-78 所示，可见右边 369 号角柱和 372 号边柱出现混凝土压溃，综合结构最终倒塌情况，框架柱混凝土并未全部压溃而退出工作，与该工况下结构底层最大层间位移角 1/59rad 相互印证，也说明规范规定框架结构层间位移角限值为 1/50rad 是合理的。

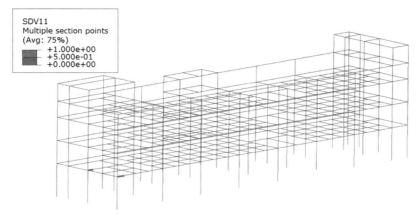

图 9-77　人工波 XY 工况下梁与柱构件损坏情况

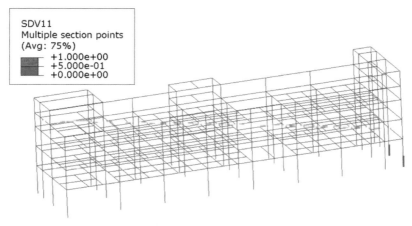

图 9-78　天然波 2XY 工况下梁与柱构件损坏情况

3）框架角柱地震反应

为对框架结构的倒塌机理进一步探讨，具体考察了天然波 2XY 工况下第 369 号框架角柱的地震反应。图 9-79 所示为 369 号矩形角柱角部混凝土纤维应变－应力滞回曲线，从图中可以看出边缘纤维第 1 个和第 21 个积分点因压应变大于 0.0033 而退出工作，而第 5 个和 25 个积分点则未退出工作。图 9-80 所示为角部混凝土与钢筋纤维应变比较曲线，从图中可见第 1 个和第 21 个积分点混凝土由于压溃退出了工作，而钢筋并未压屈。以上结果说明框架柱出现局部压溃，并未全部压溃，所以并未引起结构倒塌，与构件损坏情况可以相互印证。图 9-81 所示为天然波 2XY 工况下加固与未加固结构第 369 号矩形角柱角部混凝土纤维应变比较曲线，从图中可以看出未加固与加固的结构前期地震反应较接近，随着防屈曲支撑参与耗能作用，后期差别较大，未加固结构的 369 号柱在第 19.5s 左右倒塌，与实际倒塌过程一致。

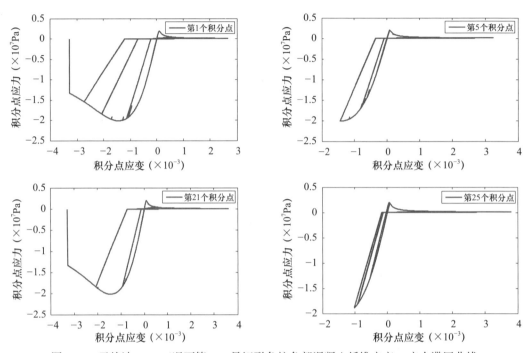

图 9-79　天然波 2XY 工况下第 369 号矩形角柱角部混凝土纤维应变－应力滞回曲线

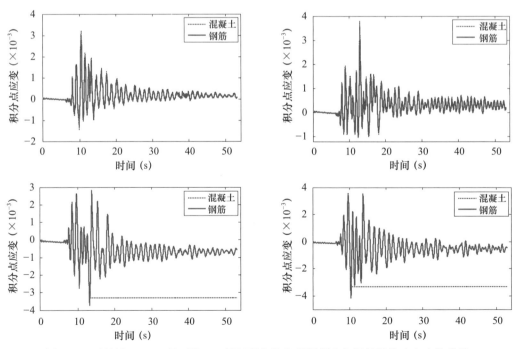

图 9-80　天然波 2XY 工况下第 369 号矩形角柱角部混凝土与钢筋纤维应变比较曲线

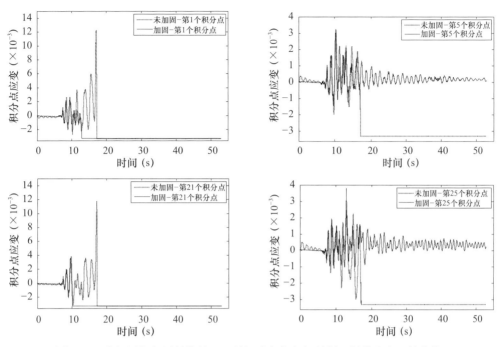

图 9-81　未加固与加固结构第 369 号矩形角柱角部混凝土纤维应变比较曲线

4）防屈曲支撑地震反应

天然波 2XY 工况下 X 向与 Y 向首层支撑滞回曲线分别如图 9-82 和图 9-83 所示，从图中可见，X 向和 Y 向支撑发挥了较好的耗能减震效果，由于底层层间位移角较大，X 向部分支撑由于受压屈曲退出工作。

未进行抗震加固的框架结构在罕遇地震下极易发生连续倒塌，采用防屈曲支撑加固后的框架结构未出现连续倒塌，说明进行抗震加固是必要的。加固后的框架结构最大层间位移角为 1/59rad，且对应工况下的框架结构有两根框架角柱和边柱边缘混凝土压溃，但并未全部压溃而产生连续倒塌。

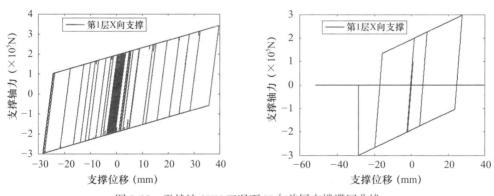

图 9-82　天然波 2XY 工况下 X 向首层支撑滞回曲线

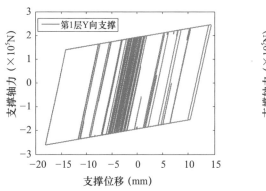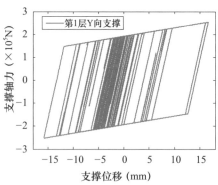

图 9-83　天然波 2XY 工况下 Y 向首层支撑滞回曲线

　　施工过程及竣工图片分别如图 9-84 和图 9-85 所示。屈曲约束支撑在北京市中小学校舍抗震加固工程中被大量使用，在校舍加固工程当中，针对校舍抗震构造措施不满足乙类建筑抗震设防标准的情况，以提高校舍抗震承载能力为主导，通过设置消能减震装置，大大提高结构的抗震承载力，并且保证了良好的加固效果。在抗震加固过程中不需要增加基础，大大减小了加固工程量和造价。防屈曲支撑全部位于校舍外部，并不影响学校的内部使用功能，也大大减少了对学校环境的破坏。

图 9-84　施工过程图片

图 9-85　竣工图片

根据吴徽[89]与黄海涛[90]等针对框架结构外贴 BRB 加固试验研究成果，使用外贴混凝土框架并安装防屈曲支撑的加固方法大幅度提高了混凝土原有框架的工作性能，抗震能力明显增强，变形能力和抗侧刚度良好，附加框架能够显著增加既有钢筋混凝土框架结构的阻尼，从而有效降低地震反应，改善既有框架结构抗震性能。这种加固方法能够满足规范"大震不倒"的设防要求，防屈曲支撑起到了第一道抗震设防作用，植筋和抗剪键两种连接方法安全可靠，外贴框架与原有框架之间产生较小的相对位移，试验全程未出现连接破坏。

9.5　本章小结

结合北京市抗震节能综合改造工程和校安工程等，进行了装配化外套加固方法工程应用研究，并对工程设计及实施过程中的技术要点进行了归纳总结。实际工程应用表明，提出的既有建筑装配化外套加固成套技术是可行的，该结构加固方法可避免住户整体搬迁，可实施性强，符合建筑工业化发展、节能环保、资源节约与综合利用的方向，很好地适应了既有居住建筑改造的特殊环境，具有工业化程度高、施工周期短、质量可靠、施工安全和入户工作量少等特点，取得了显著的经济、社会和环境效益，具有广泛的推广应用价值。

参 考 文 献

[1] WANG C L, JOHN P F, NIKOLAOS N, et al. Retrofitting of masonry walls by using a mortar joint technique: experiments and numerical validation. Engineering Structures, 2016, (117): 58-70.

[2] SARKAR N, MANICKA D, DAVID P T. Out-of-plane deformation and failure of masonry walls with various forms of reinforcement. Composite Structures, 2016, 140(15): 262-277.

[3] 许清风, 江欢成, 朱雷, 等. 钢筋网水泥砂浆加固旧砖墙的试验研究. 土木工程学报. 2009, 42（4）: 77-83.

[4] 刘琛, 刘洁平, 张令心, 等. 钢筋网水泥砂浆面层加固砖砌体结构振动台模型设计. 结构工程师, 2012, 28（6）: 72-78.

[5] 刘沩. 高性能水泥复合砂浆钢筋网薄层（HPFL）加固农村民居空斗砌体抗震性能试验研究. 长沙: 湖南大学, 2009.

[6] 王亭, 姜忻良, 李茂銮. 历史风貌建筑砖砌体加固试验及模拟计算分析. 工程力学, 2012, 29（S1）: 92-96.

[7] 尚守平, 罗业雄. 带剪切销钉的复合砂浆加固砌体界面抗剪性能研究. 建筑结构学报, 2011, 32（2）: 54-59.

[8] 周芬娟, 单玉川, 金成, 等. 砌体砖墙抗震加固与节能改造一体化的试验研究. 建筑结构, 2015, 45（9）: 73-75.

[9] 康艳博, 巩正光, 宋红, 等. 混凝土板墙加固砖墙抗震性能综述. 工程抗震与加固改造, 2010, 32（4）: 80-85, 93.

[10] 于江, 王萍. 格构式钢板组合剪力墙加固砌体结构试验. 沈阳建筑大学学报（自然科学版）. 2012, 28（5）: 820-825.

[11] NAJIF I, PETERSEN R B, MASIA M J, et al. Ingham. Diagonal shear behaviour of unreinforced masonry wallettes strengthened using twisted steel bars. Construction and Building Materials, 2011, 25(12): 4386-4393.

[12] MUSTAFA T, MICHEL B, MURAT S. Seismic retrofitting of low-rise masonry and concrete walls using steel strips. Journal of Structural Engineering. 2000, 126(9), 1017-1025.

[13] MUSTAFA T, MICHEL B, MURAT S. Analysis and design of low-rise masonry and concrete walls retrofitted using steel strips. Journal of Structural Engineering. 2000, 126(9), 1026-1032.

[14] THAINSWEMONG C, GABRIELE M, HEMANT B K. Comprehensive numerical approaches for the design and safety assessment of masonry buildings retrofitted with steel bands in developing countries: The case of India. Construction and Building Materials, 2015(85): 227-246.

[15] 欧阳煜, 刘能科. 外包钢加固轴心受压砖柱的受力性能分析. 建筑结构, 2006, 36（11）: 27-29.

[16] 肖丹. 外贴钢板加固砌体结构的抗震研究. 扬州：扬州大学，2012.

[17] 乾勇. 钢箍加固砖石古塔砌体墙抗震性能试验研究. 扬州：扬州大学，2012.

[18] 杨威，朱尔玉，郝节，等. 开洞砖砌体两种加固方法的抗震对比试验. 北京交通大学学报，2013，37（1）：62-66.

[19] 张杰. 钢板加固砌体结构的抗震性能研究. 扬州：扬州大学，2014.

[20] BENGI A, EMRE E, ALI D. Strengthening of brick masonry with PVA fiber reinforced cement stucco. Construction and Building Materials, 2015, (79): 255-262.

[21] NAJIF I, JASON M I. In-plane and out-of-plane testing of unreinforced masonry walls strengthened using polymer textile reinforced mortar. Engineering Structures, 2016, 118(1): 167-177.

[22] DANIEL V，OLIVEIRA I B, PAULO B. Lourenco. Experimental bond behavior of FRP sheets glued on brick masonry. Journal of Composites for Construction. 2011, 15(1): 32–41.

[23] PETERSEN R B, MASIAM J, SERACINO R. In-plane shear behavior of masonry panels strengthened with NSM CFRP strips. I: experimental investigation. Journal of Composites for Construction. 2010, 14(6): 754–763.

[24] PETERSEN R B, MASIA M J, SERACINO R. In-plane shear behavior of masonry panels strengthened with NSM CFRP strips. II: finite-element model. Journal of Composites for Construction. 2010, 14(6): 764–774.

[25] LUKASZ J B, JERZY J, MARCIN R. Strengthening and long-term monitoring of the structure of an historical church presbytery. Engineering Structures,2014, (81): 62-75.

[26] PARET T F, FREEMAN S A, SEARER G R,et al. Using traditional and innovative approaches in the seismic evaluation and strengthening of a historic unreinforced masonry synagogue. Engineering Structures. 2008, 30(8): 2114-2126.

[27] MILANI G, LOURENÇO P B. Simple homogenized model for the nonlinear analysis of FRP-strengthened masonry structures. I: theory. Journal of Engineering Mechanics, 2013, 139(1): 59-76.

[28] MILANI G, LOURENÇO P B. Simple homogenized model for the nonlinear analysis of FRP-strengthened masonry structures. II: structural applications. Journal of Engineering Mechanics, 2013, 139(1): 77-93.

[29] VINCENZO G, GIANLUCA L, GIANCARLO M, et al. Simulations of FRP reinforcement in masonry panels and application to a historic facade. Engineering Structures, 2014, (75): 604-618.

[30] SALEEM M U, MUNEYOSHI N, MUHAMMAD N A , et al. Seismic response of PP-band and FRP retrofitted house models under shake table testing. Construction and Building Materials, 2016, (111): 298-316.

[31] SALEEM M U, MUNEYOSHI N, MUHAMMAD N A, et al. Shake table tests on FRP retrofitted masonry building models. Journal of Composites for Construction. 2016, 04016031.

[32] 韦昌芹，周新刚. CFRP 加固砌体结构的试验研究. 工程力学，2006，23（S2）：150-154.

[33] 周新刚，韦昌芹，叶列平. CFRP 加固砌体结构的力学性能分析. 工程力学，2008，25（6）：51-59.

[34] 黄奕辉，陈华艳，罗才松. 玻璃纤维布包裹加固砖柱轴压试验研究与极限承载力分析. 建筑结构学报. 2009，30（2）：136-142.

[35] 刘丽. 喷射玻璃纤维聚合物加固无筋砌体墙的抗剪性能研究. 武汉：武汉理工大学，2008.

[36] 谷倩，蒋华，张广海，等. 喷射 GFRP 加固开窗洞砌体墙抗震性能试验研究. 东南大学学报（自然科学版），2010，40（S2），72-78.

[37] 左宏亮，孙赟峰，朱琳琳. 粘贴碳纤维布砖砌体墙在低周反复荷载作用下的有限元分析. 沈阳建筑大学学报（自然科学版），2010，26（2）：276-281.

[38] ZHOU D Y, ZHOU S Y, ZHEN L. In-Plane Shear Behaviors of Constrained Masonry Walls Externally Retrofitted with BFRP. Journal of Composites for Construction, 2016, 20(2): 04015059.

[39] 杜永峰，寇佳亮，杨静成，等. 纤维砂浆加固多孔砖砌体墙片抗震性能试验研究. 兰州理工大学学报，2009，35（3）：107-110.

[40] 杜永峰，朱翔，耿继芳. 纤维砂浆带加固砌体墙片的抗震性能研究. 地震工程与工程振动，2012，32（3）：99-103.

[41] 雷真，周德源，王继兵. 玄武岩纤维增强材料加固砌体砖墙的抗震性能. 华南理工大学学报（自然科学版），2013，41（3）：43-49.

[42] 雷真，周德源，张晖. 玄武岩纤维加固震损砌体结构振动台试验研究. 振动与冲击，2013，32（15）：130-137.

[43] AHMET T, SERRA Z K, HASAN H K. Performance improvement studies of masonry houses using elastic post-tensioning straps. Earthquake Engineering and Structural Dynamics, 2007, 36(5): 683-705.

[44] YANG K, JOO D, SIM J,et al. In-plane seismic performance of unreinforced masonry walls strengthened with unbonded prestressed wire rope units. Engineering Structures, 2012, 45: 449-459.

[45] SARA B, DMYTRO D, JOHN T. Performance of posttensioned seismic retrofit of two stone masonry buildings during the Canterbury earthquakes. Journal of Performance of Constructed Facilities, 2015, 29(4): 04014111.

[46] JENNIFER R, POPEHN B, SCHULTZ A E. Finite element models for slender, post-tensioned masonry walls loaded out-of-plane. Journal of Structural Engineering, 2011, 137(12): 1489-1498.

[47] FRANCESCA D P, GIOVANNI G, ENRICO G,et al. In-plane behavior of clay masonry walls: experimental testing and finite-element modeling. Journal of Structural Engineering, 2010, 136(11): 1379-1392.

[48] FRANCESCA D P, FLAVIO M, CLAUDIO M. In-plane cyclic behaviour of a new reinforced masonry system: Experimental results. Engineering Structures, 2011, 33(9): 2584-2596.

[49] FRANKLIN L M, TIANYI Y, ROBERTO T L, et al. Testing of a full-scale unreinforced masonry building following seismic strengthening. Journal of Structural Engineering, 2007, 133(9): 1215-1226.

[50] 尹新生，桑艳丽，徐蕾. 已建砌体房屋低预应力度体外预应力砌体墙抗震加固研究. 土木工程学报，2010，43（S）：458-461.

[51] 周乐伟. 砌体结构预应力斜拉筋抗震加固性能试验研究. 兰州：兰州理工大学，2009.

[52] 兰春光，班力壬，韩明杰，等. 后张预应力加固无构造柱砌体墙抗震性能试验. 地震工程与工程振动，2014，34（S）：560-565.

[53] 刘航，兰春光，华少锋，等. 多层砖砌体建筑预应力抗震加固新技术研究进展. 建筑结构，

2016，46（5）：67-74.

[54] 刘航，韩明杰，兰春光，等. 预应力加固两层足尺砖砌体房屋模型抗震性能试验研究. 土木工程学报，2016，49（3）：43-55.

[55] 韩明杰. 预应力加固足尺砌体房屋模型抗震性能试验研究. 北京：北京交通大学，2015.

[56] 徐秀凤，王涛，韩明杰，等. 加固砌体结构试验破坏评估与模拟. 地震工程与工程振动，2015，35（6）：8-17.

[57] 徐秀凤. 基于性能的砌体结构加固与修复研究. 哈尔滨：中国地震局工程力学研究所，2015.

[58] RAFAELA C, MARIO L, RITA B. Seismic evaluation of old masonry buildings. Part I: Method description and application to a case-study. Engineering Structures, 2005, 27(14): 2024-2035.

[59] RITA B, MARIO L, RAFAELA C. Seismic evaluation of old masonry buildings. Part II: Analysis of strengthening solutions for a case study. Engineering Structures, 2005, 27(14): 2014-2023.

[60] 徐荣桓. 用钢筋混凝土梁柱加固的砌体结构抗震性能. 北京：北方工业大学，2012.

[61] ANTONELLO D L, ELENA M, JAVIER M, et al. Base isolation for retrofitting historic buildings: Evaluation of seismic performance through experimental investigation. Earthquake Engineering and Structural Dynamics, 2001,30: 1125-1145.

[62] EL-BORGI S, SMAOUIH, CASCIATIF,et al. Seismic evaluation and innovative retrofit of a historical building in Tunisia. Structural Control and Health Monitoring, 2005, 12(2): 175-195.

[63] EL-ATTAR A G, SALEH A M, ZAGHW A H. Conservation of a slender historical Mamluk-style minaret by passive control techniques. Structural Control and Health Monitoring, 2005, 12(2): 157-177.

[64] CHRYSOSTOMOU C Z, DEMETRIOU T, PITTAS M, et al. Retrofit of a church with linear viscous dampers. Structural Control and Health Monitoring, 2005, 12(2): 197-212.

[65] SYRMAKEZIS C A. Seismic protection of historical structures and monuments. Structural Control and Health Monitoring, 2006, 13(6): 958–979.

[66] BRANCO M, GUERREIRO L M. Seismic rehabilitation of historical masonry buildings. Engineering Structures, 2011, 33(5): 1626-1634.

[67] BRANCO M, GONCALVES A, GUERREIRO L, et al. Cyclic behavior of composite timber-masonry wall in quasi-dynamic conditions reinforced with superelastic damper. Construction and Building Materials, 2014(52): 166-176.

[68] 张洪锟. 基于隔震的砌体结构校舍抗震加固设计研究. 扬州：扬州大学，2013.

[69] 尹飞，张珍珍，丁志娟，等. 北京西藏中学男生宿舍楼隔震加固设计. 建筑结构，2013，43（17）：121-124.

[70] SOLOMON S K, SMITH D W, CUSENS A R. Flexural tests of steel-concrete-steel sandwiches. Magazine of Concrete Research, 1976, 28(94): 13-20.

[71] JONES R, SWAMY R N, ANG T H. Under and over reinforced concrete beams with glued steel plates. International Journal of Cement Composites and Lightweight Concrete, 1982, 4(1): 19-32.

[72] MANDER J B, PRIESTLEY M J N, PARK R. Theoretical stress-strain model for confined concrete . Journal of Structural Engineering, ASCE, 1988, 114(8): 1804-1826.

[73] SAUCIES J R, HOLMAN J A. Structural partideboard reinforced with glass fiber-progress in its

development. Forest Products Journal, 1975,9(25): 69-72.

[74] AN W, SAADATMANESH H, EHSANI M R. RC beams strengthened with FRP plates. II: Analysis and parametric study. Journal of Structural Engineering, 1991, 117(11): 3434-3455.

[75] CEB-fib. Retrofitting of Concrete Structures by externally bonded FRPs with emphasis on seismic applications FIB, 2006.

[76] ACI Committee. Guide for the design and construction of externally bonded FRP systems for strengthening concrete structures. 2000

[77] ESHGHI S, ZANJANIZADEH V. Retrofit of slender square reinforced concrete columns with glass fiber-reinforced polymer for seismic resistance. Iranian Journal of Science & Technology Transaction B Engineering, 2008, 32(5B): 437-450.

[78] ROY N, LABOSSIÈRE P, PROULX J, et al. FRP wrapping of RC structures submitted to seismic loads// Seismic risk assessment and retrofitting. 2009: 297-305.

[79] SAADATMANESH H, EHSANI M R, JIN L. Seismic strengthening of circular bridge pier models with fiber composites. Aci Structural Journal, 1996, 93(6): 639-647.

[80] REALFONZO R, NAPOLI A. Cyclic behavior of RC columns strengthened by FRP and steel devices. American Society of Civil Engineers, 2009, 135(10): 1164-1176.

[81] PERRONE M, BARROS J A O, APRILE A. CFRP-based strengthening technique to increase the flexural and energy dissipation capacities of RC columns. Journal of Composites for Construction, 2009, 13(5): 372-383.

[82] KIM J, KWON M, JUNG W, et al. Seismic performance evaluation of RC columns reinforced by GFRP composite sheets with clip connectors. Construction & Building Materials, 2013, 43(2): 563-574.

[83] XIAO Y, MA R. Seismic retrofit of RC circular columns using prefabricated composite jacketing. Journal of Structural Engineering, 1997, 123(10): 1357-1364.

[84] BAILEY C G, YAQUB M. Seismic strengthening of shear critical post-heated circular concrete columns wrapped with FRP composite jackets. Composite Structures, 2012, 94(3): 851-864.

[85] 光军. 刚度理论在既有结构改造加固设计中的应用. 建筑结构, 2013, 4: 791-794.

[86] 穆卫平. 混凝土框架结构抗震加固技术的应用研究. 西安: 西安建筑科技大学, 2012.

[87] 常征. 医院建筑钢筋混凝土框架结构抗震加固技术研究. 北京: 中国矿业大学, 2015.

[88] 曲哲, 和田章, 叶列平. 摇摆墙在框架结构抗震加固中的应用. 建筑结构学报, 2011, 09: 11-19.

[89] 吴徽, 张国伟, 赵健, 等. 防屈曲支撑加固既有 RC 框架结构抗震性能研究. 土木工程学报, 2013, 07: 37-46.

[90] 黄海涛, 高向宇, 李自强, 等. 用附加防屈曲支撑钢筋混凝土框架加固既有钢筋混凝土框架抗震性能试验研究. 建筑结构学报, 2013, 12: 52-61.

[91] 郭子雄, 张鹏, 梅真, 等. 摩擦耗能支撑加固震损框架抗震性能试验研究. 土木工程学报, 2015, 04: 23-30.

[92] 陈曦. 装配整体式预应力板柱结构体系抗震性能评估与加固技术研究. 建筑结构, 2021, 51（19）: 94-100.

[93] 阎东东，陈曦，李文峰，等. 地震作用下砌体结构倒塌数值模拟应用. 建筑结构，2016，46（17）：88-92.

[94] 阎东东，陈曦，苗启松. 地震作用下高层钢筋混凝土结构倒塌数值模拟. 建筑结构，2015，45（23）：106-111.

[95] GE D D, DU C, MIAO Q S, et al. Seismic collapse simulation of existing masonry buildings with different retrofitting techniques. Earthquake Engineering and Engineering Vibration, 2021, 20(1):127-139.

[96] 陈曦. 采用预制 RC 构件加固的砌体结构抗震性能研究. 哈尔滨：中国地震局工程力学研究所，2011.

[97] 王啸霆. 型钢 - 混凝土装配式剪力墙节点抗震性能研究. 北京：北京建筑大学，2013.

[98] 蔡柳鹤. 型钢 - 混凝土装配式剪力墙节点抗震性能研究. 北京：北京建筑工程学院，2011.

[99] 吴辉. 预制装配式剪力墙连接节点抗震性能的研究. 北京：北京建筑大学，2014.

[100] 王啸霆，李文峰，王涛，等. 采用螺栓连接的预制钢骨剪力墙拟静力试验研究. 地震工程与工程振动，2013，33（5）：167-175.

[101] 张永群. 预制钢筋混凝土墙板加固砌体结构的抗震性能研究. 哈尔滨：中国地震局工程力学研究所，2014.

[102] 刘继新. 既有建筑外套预制加固设计方案研究. 北京：北京科技大学，2013.

[103] 苏宇坤，潘鹏，邓开来，等. 老旧砌体住宅外套抗震加固参数分析. 建筑结构，2014，44（11）：69-72.

[104] WANG T, CHEN X, LI W F, et al. Seismic performance of masonry buildings retrofitted by pre-cast RC panels. Applied Mechanics and Materials 2012, 168: 1811-1817.

[105] WANG T, MIAO Q S, LI W F, et al. Seismic performance evaluation of masonry buildings retrofitted by pre-cast RC walls. 15th World Conference on Earthquake Engineering, Lisbon, Portugal, 2012.

[106] LI W F, WANG T, CHEN X,et al, Pseudo-dynamic tests on masonry residential buildings seismically retrofitted by PSRCWs. Earthquake Engineering and Engineering Vibration, 16(3), 587-597.

[107] 阎东东，陈曦，苗启松，等. 砌体结构房屋加固足尺实验模型数值模拟. 土木工程与管理学报，2011，28（3）：344-349.

[108] 邓开来，潘鹏，石苑苑，等. 老旧住宅中低配筋剪力墙抗震性能试验研究. 土木工程学报，2012，45（SI）：213-217.

[109] 潘鹏，邓开来，李吉超，等. 低配筋剪力墙双边抗震加固试验研究. 工程抗震与加固改造，2013，35（5）：55-60.

[110] 苏宇坤，潘鹏，邓开来，等. 子结构拟动力试验方法在老旧住宅外套式加固改造工程中的应用. 建筑结构学报，2014，35（2）：8-13.

[111] 阎东东，苗启松，李文峰. 地震作用下高位层间隔震体系参数优化设计. 振动工程学报，2013，26（6）：895-900.

[112] 阎东东，苗启松，李文峰. 外套加层结构中的隔震支座优化参数研究. 土木工程与管理学报，2011，28（3）：349-355.

[113] 阎东东，苗启松，韩龙勇，等. 增层隔震后的老旧砌体住宅动力时程分析. 建筑结构，

2013，43（17）：113-116.

[114]　刘鑫，刘伟庆，王曙光，等. 加固加层隔震结构阻尼比特性的振动台试验. 东南大学学报，2012，42（6）：1151-1155.

[115]　王曙光，苗启松，刘金龙，等. 砌体结构外套预制钢筋混凝土墙板加固及隔震加层振动台试验研究. 建筑结构学报，2012，33（11）：99-106.

[116]　王曙光，苗启松，刘金龙，等. 砌体结构外套预制钢筋混凝土墙板加固及隔震加层振动台试验研究. 建筑结构学报，2012，11（S2）：173-176.

[117]　杜东升，苗启松，梁羽，等. 老旧砌体房屋加固及顶部加层隔震的理论分析及振动台试验. 土木工程学报，2013，46（8）：45-54.

[118]　刘鑫，刘伟庆，苗启松，等. 砌体加层隔震体系下部结构刚度退化后的抗震性能试验研究. 工程力学，2013，30（9）：117-124.

[119]　王曙光，赵学斐，苗启松，等. 加层隔震结构隔震支座参数优化及试验研究. 振动工程学报，2013，26（5）：722-731.

[120]　林琦. 既有结构外套增层隔震加固振动台试验研究. 哈尔滨：哈尔滨工业大学，2012.

[121]　许国山，林琦，丁勇，等. 既有结构外套增层隔震加固振动台试验研究. 土木工程学报，2014，47（3）：19-25.

[122]　李文峰，王曙光，苗启松，等. 砌体结构加固及加层隔震模型的非线性数值模拟. 土木工程学报，2014（s2）：35-40.

[123]　武云鹏，李文峰，王宏伟，等. 既有砌体结构外套加固分析方法及软件实现. 建筑结构，2013，43（17）：117-120.

[124]　万金国，陈晗，李文峰，等. 砌体结构外套加固设计方法及试点工程. 建筑结构，2013，43（18）：92-95.

[125]　阎东东，李文峰，苗启松. 抗震加固后的老旧砌体住宅数值模拟研究. 建筑结构，2014，44（3）：71-74.

[126]　阎东东，李文峰，苗启松. 某框架结构增设防屈曲支撑抗震加固效果分析. 建筑结构，2015，45（9）：26-30.